U0577659

机器人技术基础

主　编　黄　新　陈德立
副主编　安婧毓　王昭春
　　　　高善平　尹　力
参　编　李雪锋　胡美姣

北京理工大学出版社
BEIJING INSTITUTE OF TECHNOLOGY PRESS

内容简介

本书围绕机器人工程专业以及机械类、自动化类专业的培养目标，依据工程教育认证通用标准、机械类和自动化类专业教学质量国家标准以及新工科建设的总体要求组织内容，系统地讲解了机器人技术的基础知识、相关理论和技术，展示了各类机器人的应用案例，注重学生的工程实践训练和创新实践训练，突出应用性和实用性，使学生从整体上认识和掌握机器人技术的基本内容，提高学习兴趣，培养创新意识和实践能力。本书共8章，分别为绪论、机器人本体结构、位姿描述与齐次变换、机器人运动学、机器人动力学、机器人轨迹规划、机器人控制、工业机器人。

本书既可作为普通高等学校、应用型本科高校机械类、自动化类专业的教材，也可供从事机器人相关领域的工程技术人员参考。

图书在版编目（CIP）数据

机器人技术基础 / 黄新，陈德立主编. -- 北京：
北京理工大学出版社，2025. 1.
ISBN 978-7-5763-5003-6

Ⅰ. TP24

中国国家版本馆 CIP 数据核字第 2025PP5532 号

责任编辑：陆世立　　**文案编辑**：李　硕
责任校对：刘亚男　　**责任印制**：李志强

出版发行 / 北京理工大学出版社有限责任公司
社　　址 / 北京市丰台区四合庄路 6 号
邮　　编 / 100070
电　　话 /（010）68914026（教材售后服务热线）
（010）63726648（课件资源服务热线）
网　　址 / http://www.bitpress.com.cn

版 印 次 / 2025 年 1 月第 1 版第 1 次印刷
印　　刷 / 三河市天利华印刷装订有限公司
开　　本 / 787 mm×1092 mm　1/16
印　　张 / 13.5
字　　数 / 317 千字
定　　价 / 89.00 元

图书出现印装质量问题，请拨打售后服务热线，负责调换

前言

随着新一代信息技术的发展，传统制造业面临转型升级，世界各国均在大力推进信息化和工业化的深度融合，机器人也面临进一步智能化的形势。在机器人产业爆发式成长的趋势下，我国需要大量掌握机器人技术、实践能力强、创新能力强的专业人才。不论是机械电子工程、机电一体化等传统专业，还是机器人工程、智能制造工程等新兴专业，纷纷将机器人技术相关课程纳入其培养体系。

现有适合本科教学的机器人学基础、机器人技术基础教材多侧重于讲解机器人和机器人技术的基础理论和分析方法，较少提及机器人的具体应用；而现有适合高职高专教学的机器人技术基础教材多侧重于介绍机器人的工业应用，对机器人基础理论和分析方法的介绍较少。这些教材都不能很好地适应现在众多的以应用型本科人才培养为办学定位的高校。为了解决以上两大类问题，编者结合多年的一线教学感受和机器人领域的研究心得，撰写了本书。

本书围绕机器人工程专业以及机械类、自动化类专业的培养目标，依据工程教育认证标准、机械类和自动化类专业教学质量国家标准和新工科建设的总体要求组织内容，系统地讲解了机器人技术的基础知识、相关理论和技术，展示了各类机器人的应用案例，注重学生的工程实践训练和创新实践训练，突出应用性和实用性，使学生从整体上认识和掌握机器人技术的基本内容，提高学习兴趣，培养创新意识和实践能力。本书共 8 章，涉及机器人的概述、机械结构、数理基础、运动学、动力学、轨迹规划、控制、应用等内容。第 1 章简述机器人的发展与定义、机器人的特点与分类，以及机器人的应用与机器人学的研究领域。第 2 章介绍机器人本体的结构组成以及机器人本体的每部分的结构特点。第 3 章讨论机器人的数理基础，包括空间点的位姿描述、坐标变换、齐次坐标的平移与旋转变换等。第 4 章先对机器人的位姿进行分析，并讨论建立坐标系的方法，然后进一步讨论机器人运动学方程的表示方法、连杆参数求解以及机器人逆运动学的求解方法，并对典型的斯坦福和 PUMA560 机器人进行正逆运动学分析求解。第 5 章先介绍与机器人速度和静力学有关的雅可比矩阵，然后在此基础上进行静力学分析，并着重分析运用拉格朗日功能平衡法进行机械手的动力学方程建立的方法。第 6 章介绍机器人的轨迹规划的相关概念，以及机器人关节轨迹的多种计算方法。第 7 章介绍机器人传感器和机器人控制的特点、策略，着重介绍了位置控制等内容。第 8 章介绍工业机器人中常见的机器人工作站系统。

本书由沈阳科技学院黄新、辽宁理工学院陈德立担任主编，参加编写的人员有黄新（第 1、6、7 章）、陈德立（第 2、3、4、8 章）、安婧毓（第 1、5、8 章）、胡美姣（第 2 章）、高善平（第 3 章）、王昭春（第 2、4 章）、尹力（第 6 章）、李雪锋（第 7 章）。

本书得到了辽宁省教育厅高校基本科研项目的面上项目（项目编号：LJKMZ20221943）、教育部产学合作协同育人项目（项目编号：220600862275805）的支持。在此向辽宁省教育厅、教育部高等教育司、沈阳中德新松教育科技集团有限公司表示感谢！

由于机器人技术发展迅速，加之编者水平有限，书中难免存在遗漏和不妥之处，敬请读者批评指正，不胜感激。

编　者

目录

第 1 章 绪　论

当今社会，人们对“机器人”这个名词并不陌生。从古代的神话传说，到现代的科学幻想(简称科幻)小说、戏剧、电影和电视剧中，都有许多关于机器人的精彩描绘。计算机技术的不断进步使机器人技术的发展一次次达到一个新水平。机器人技术是集电气工程、计算机科学、机械工程、力学、控制工程、系统工程与数学于一体的一门技术，是跨越传统工程领域，对接前沿新技术，引领科技方向的一个年轻领域。机器人技术已经发展了几十年，从行为层面来说，对于完成独立的某种行动，机器人及其控制技术的发展已经有了长足的进步，其中工业机器人的处理精度、处理速度都远远超过了人类。

本章将主要介绍机器人的起源与发展、机器人的定义、机器人技术的研究领域与相关学科以及机器人的分类、应用、组成与技术参数等。

1.1　机器人概述

1.1.1　机器人的起源与发展

机器人的概念在人类的想象中已存在 3 000 多年。早在我国西周时期(前 1066—前 771 年)，就流传着巧匠偃师献给周穆王一个人偶(歌舞机器人)的故事。春秋后期，鲁班曾制造过一只木鸟，能在空中飞行“三日不下”。东汉时期，著名科学家张衡不仅发明了地动仪、记里鼓车，而且发明了指南车。三国时期，蜀国丞相诸葛亮创造出了“木牛流马”，用其运送军粮。

1920 年，捷克斯洛伐克作家卡雷尔・恰佩克在他的科幻情节剧《罗萨姆的万能机器人》中，第一次提出了“机器人(robot)”这个名词，这也被当成机器人一词的起源。美国著名科幻小说家阿西莫夫在他的小说《我，机器人》中，提出了以下著名的“机器人三原则”。

第一条：机器人必须不危害人类，也不允许它眼看人类受害而袖手旁观；

第二条：机器人必须绝对服从人类的命令，除非这条命令与第一条相矛盾；

第三条：机器人必须保护自身不受伤害，除非这种保护与以上两条相矛盾。

现代机器人的研究始于 20 世纪中期，是继计算机、自动化及原子能快速发展后出现的新一代的生产工具。随着相关自动化技术的发展，为了满足大批量产品制造的迫切需求，数控机床在 1952 年诞生。而与数控机床有关的控制系统、关键零部件的深入研究也为机器人的研发奠定了基础。

机器人的研发主要经历了三代：第一代机器人(示教再现机器人)、第二代机器人(感知机器人)和第三代机器人(智能机器人)。

1. 国外机器人的发展

1)产生阶段(20 世纪 50—70 年代)

1954 年，美国发明家乔治·德沃尔最早提出了工业机器人的概念，提出了“通用重复操作机器人”的方案，并于 1961 年获得了专利。该类型机器人能实现简单的示教再现，即机器人能执行简单重复的生产动作，但每个动作都需要操作人员通过示教盒用程序进行控制，没有对外界进行反馈和判断的能力。

1959 年，美国约瑟夫·恩盖尔伯格成立 Unimation 公司，利用乔治·德沃尔的专利，研制出了世界上第一台工业机器人的实用机型(示教再现)——Unimate，开创了机器人发展的新纪元。该类型机器人的控制方式与数控机床类似，但外形上不尽相同，主要由类似于人的手和臂组成，如图 1.1 所示。

1967 年，机械手研究协会在日本成立，并举办了日本首届机器人学术会议。同年，日本川崎重工业公司首先从美国引进机器人及技术，建立生产厂房，并于 1968 年试制出第一台日产 Unimate 机器人。经过短暂的摇篮时期，日本的工业机器人很快进入实用阶段，并由汽车业逐步扩大到其他制造业及非制造业。

1968 年，美国斯坦福研究所公布他们研发成功的智能机器人 Shakey，如图 1.2 所示，它带有视觉传感器，能根据指令发现并抓取积木，但控制它的计算机有一个房间大小。Shakey 可以算是世界上第一台智能机器人，它的出现拉开了第三代机器人研发的序幕。1969 年，日本早稻田大学加藤一郎实验室研发出第一台以双脚走路的机器人，为后来本田公司的 ASIMO 和索尼公司的 QRIO 的诞生奠定了技术基础。

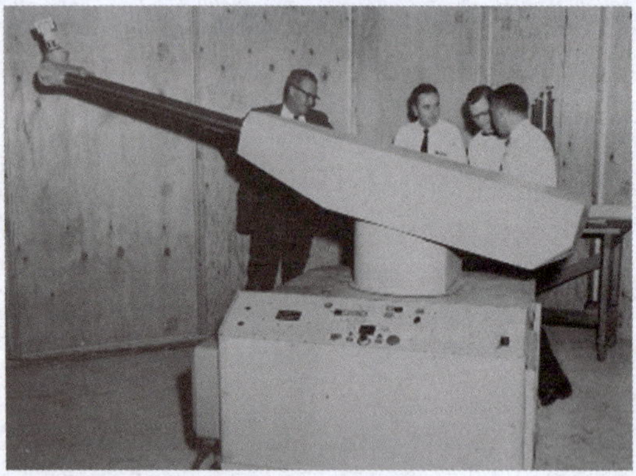

图 1.1　第一台工业机器人 Unimate

图 1.2　第一台智能机器人 Shakey

1970 年，第一届国际工业机器人学术会议在美国举行。自此以后，机器人的应用领域进一步扩大，为了适应不同的应用场所，各种结构的机器人相继出现，同时大规模集成电路和计算机技术的快速发展使得机器人的性能不断提高，成本不断下降。

1973 年，机器人和小型计算机第一次携手合作，美国 Cincinnati Milacron 公司的工业机器人 T3 诞生，它由液压驱动，能提升的有效负载达 45 kg。

1978 年，美国 Unimation 公司推出了 PUMA(Programmable Universal Manipulator for Assembly,

可编程序的通用装配操作器)系列工业机器人，它是全电动驱动、关节型结构、多CPU二级微机控制，采用VAL语言(VAL是Unimate机器人的程序语言)，可配置视觉和触觉感受器，这标志着工业机器人技术已经完全成熟。

2)迅速发展阶段(20世纪80—90年代)

1980年被称为日本的“机器人普及元年”，为了缓解市场劳动力严重短缺的境况，日本开始在各个领域推广使用机器人，再加上日本政府的多方面鼓励政策，工业机器人在日本得到了快速发展，1985年，日本FANUC和GMF公司推出了交流伺服驱动的工业机器人产品。

进入20世纪80年代后，除日本外，不同类型的机器人在工业发达国家也正式进入了实用化的普及阶段，德国KUKA公司推出了KUKA系列机器人，瑞士的ABB公司推出了ABB机器人，丹麦推出了吸尘器机器人Roomba。

与此同时，美国政府和企业界也开始对机器人真正地重视起来，一方面鼓励工业界发展和应用机器人；另一方面制订计划，加大投资，增加机器人项目的研发经费，美国机器人产业从此迅速发展起来。1986年，美籍华人郑元芳博士成功研制出两台步行机器人SD-1和SD-2，其中SD-2是美国第一台真正类人的双足步行机器人，可以平地前进、后退、左右侧行和斜坡行走。

3)智能化阶段(21世纪初至今)

2004年5月，日本发布了《新产业发展战略》，其中包括机器人产业在内的7个产业领域。同时，在进一步实施《新产业发展战略》的《新经济成长战略》报告中也把机器人放在使日本成为“世界技术创新中心”的支柱地位上，近年来也开始重新审视机器人产业政策。

随着传感器技术和智能技术的发展，各国开始进入智能机器人研究阶段。机器人的视觉、感觉、触觉、力觉、听觉等项目的研究和应用，极大地提高了机器人的适应能力，扩大了机器人的应用范围，加快了机器人的智能化进程。

2010年，美国哥伦比亚大学成功研制了一种由脱氧核糖核酸(DNA)分子构成的“纳米蜘蛛”微型机器人，能够跟随DNA的运动轨迹运动。

2011年，日本的FANUC公司研制了R-1000iA机器人。为了减小振动，该公司采用减振装置对机器人运动轨迹进行优化，使其实现更为快速的动作。

2013年，Ben Kehoe和Akihiro Matsukawa团队提出了云机器人对象识别抓取引擎，它集成了一个Willow Garage PR2机器人和机载彩色深度相机，配备专有对象识别引擎、点云库来实现三维机器人的抓取。

2018年，Toru Kobayashi等研究者研发了一种面向老年人的社交网络服务代理机器人，该机器人可通过现有的社交网络服务便于老年人进行和年轻人之间的交互式通信。

2. 国内机器人的发展

我国机器人的研究开始于20世纪70年代初，虽然起步较晚但进步较快，现已在工业机器人、特种机器人和智能机器人等各个方面取得了明显成就，为我国机器人的后续发展打下了坚实基础。

1972年，我国开始研制工业机器人，经过了数十年的发展，大致可分为4个阶段：20世纪70年代的萌芽期，20世纪80年代的开发期，20世纪90年代至2010年的初步应用期，2010年以来的井喷式发展与应用期。随着改革开放和科技的进步，我国越来越重视工业机器人的发展，资助了大量的科研项目，并于“七五”期间将机器人列入国家重点科研规划内容，全面开展了工业机器人基础技术、基础元器件、工业机器人整机及应用工程等方面的开发研究。经过5年攻关，完成了示教再现式工业机器人成套技术(包括机械手、控制系统、驱动传动单元、测试系统的设计、制造、应用和小批量生产的工艺技术等)的开发，研制出了喷涂、弧焊、点焊和搬运等门类齐全的工业机器人，并具备了小批量生产的能力。

1986年3月，面对世界高技术快速发展、国际竞争日趋激烈的境况，为了“跟踪先进水平，研发水下机器人等极限环境下作业的特种机器人”，我国启动实施了“国家高技术研究发展计划(863计划)”，并将智能机器人列为两大主题之一，该计划的实施提高了我国自主创新能力。在20世纪90年代中期，国家选择以焊接机器人的工程应用为重点进行开发研究，迅速掌握了焊接机器人应用工程成套开发、关键设备制造、工程配套、现场运行等技术，并于20世纪90年代后半期至21世纪前几年，实现了国产机器人的商品化和工业机器人的推广应用，为机器人产业化奠定了基础。

在水下机器人领域，中国科学院沈阳自动化研究所领衔研制的6 000 m级自主水下机器人——CR-01分别于1995年、1997年两次赴太平洋我国多金属结核开辟区开展调查工作，获得了大量海底多金属结核录像、照片及声图资料，为开辟区资源勘查提供了重要的依据，它的成功，使我国成为当时世界上少数几个拥有6 000 m级水下机器人的国家之一。2011年7月26日，我国研制的深海载人潜水器“蛟龙号”成功潜至海面以下5 057 m，标志着我国已经进入载人深潜技术的全球先进国家之列。2012年6月24日，“蛟龙号”成功下潜至7 062 m，标志着我国成为世界上第2个深海载人潜水器下潜到7 000 m以下的国家，达到国际先进水平。2020年6月8日，我国首台作业型全海深自主遥控潜水器“海斗一号”(图1.3)，“海斗一号”此次在马里亚纳海沟成功完成首次万米海试与试验性应用任务后载誉归来，这标志着中国无人潜水器技术跨入了一个可覆盖全海深探测与作业的新时代。

图1.3 “海斗一号”

在空间机器人领域，我国对无人飞行系统和月球车的研究成果也十分可观。我国研发的“玉兔号”月球车是一种典型的空间机器人，如图1.4所示，2013年12月2日，我国成功地将由着陆器和巡视器(“玉兔号”月球车)组成的“嫦娥三号”探测器送入轨道。12月15日，“嫦娥三号”完成着陆器与巡视器分离，巡视器顺利驶抵月球表面，于同日完成围绕“嫦娥三号”旋转拍照任务，并传回照片，这标志着我国探月工程获得阶段性的重大成果。2020年7月23日，在中国文昌航天发射场，用长征五号遥四运载火箭将“天问一号”火星探测器发射升空。2021年，“中国航天日”启动仪式在江苏南京举行，仪式上中国首辆火星车被正式命名为“祝融号”，表示火神祝融登陆火星；5月17日，“祝融号”

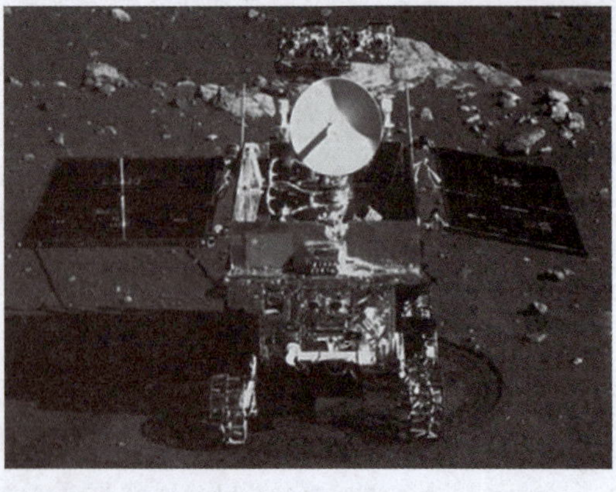

图1.4 “玉兔号”月球车

火星车首次通过环绕器传回遥测数据；5 月 22 日，“祝融号”火星车已安全驶离着陆平台，到达火星表面，开始巡视探测；6 月 11 日，“祝融号”火星车在登陆火星后拍摄的首批科学影像图公布。

“十三五”期间，围绕实现制造强国的战略目标，国务院于 2015 年发布的《中国制造2025》，明确了制造业强国的五大工程和十大领域。智能制造工程作为五大工程之一，成为国家全力打造制造强国的重要抓手。

机器人主要应用于汽车、电子电器、金属加工、塑料橡胶等行业。截至 2019 年底，我国已经成为世界最大的工业机器人市场。2019 年，我国工业机器人新安装量为 14.05 万台，工业机器人密度为 187 台/万工人，高于全球平均水平。

1.1.2 机器人的定义

机器人技术是一门不断发展的学科。随着计算机技术的飞速发展，机器人所涵盖的内容越来越丰富，正逐渐向着智能化方向发展，其定义也在不断地充实和创新。因此，迄今为止也没有一个统一的机器人的定义。

国际上关于机器人的定义主要有以下几种。

美国机器人协会对机器人的定义：机器人是一种用于移动各种材料、零件、工具或专用装置，通过可编程的动作来执行各种任务，并具有编程能力的多功能机械手。

美国国家标准学会对机器人的定义：机器人是一种能够进行编程并在自动控制下执行某些操作和移动作业任务的机械装置。这也是一种比较广义的工业机器人定义。

日本工业机器人协会对机器人的定义：机器人是一种装备有记忆装置和末端执行器(以下简称为手部)的，能够转动并通过自动完成各种动作来代替人类劳动的通用机器。

中国科学家对机器人的定义：机器人是一种自动化的机器，所不同的是这种机器具备一些与人或生物相似的智能能力，如感知能力、规划能力、动作能力和协同能力，是一种具有高度灵活性的自动化机器。

英国简明牛津字典对机器人的定义：机器人是“貌似人的自动机，具有智力和顺从于人但不具有人格的机器”。这一定义并不完全正确，因为还不存在与人类在智力上相似的机器人在运行。

国际标准化组织对机器人的定义如下：

(1)机器人的动作机构具有类似于人或其他生物体的某些器官(肢体、感官等)的功能；

(2)机器人具有通用性，工作种类多样，动作程序灵活易变；

(3)机器人具有不同程度的智能性，如记忆、感知、推理、决策、学习等；

(4)机器人具有独立性，完整的机器人系统在工作中可以不依赖于人的干预。

1.1.3 机器人技术的研究领域与相关学科

1. 研究领域

经过数十年的发展，机器人技术已经发展成为一门新的综合性交叉科学——机器人学，它包括基础研究与应用研究两方面的内容，其主要研究领域有：①机械手设计；②机器人运动学与动力学；③机器人轨迹规划；④机器人驱动技术；⑤机器人传感器；⑥机器人视觉；⑦机器人控制语言与离线编程；⑧机器人本体结构；⑨机器人控制系统；⑩智能机器人等。

2. 相关学科

机器人学所涉及的学科主要有：①力学，主要包括工程力学、弹塑性力学、结构力学等；②机器人拓扑学；③机械学；④电子学与微电子学；⑤控制论；⑥计算机科学；⑦生物学；⑧人工智能；⑨系统工程等。这些学科领域知识的交叉和融入是机器人技术得以发展、拓宽和延伸的基础，也是学习和运用机器人技术的基础。随着机器人技术不断向新的领域拓展，其学科范围亦将更加宽阔。

1.2 机器人的分类

机器人可按照不同的功能、目的、用途、规模、机械结构、坐标结构、驱动方式等分成很多种类型，目前国内外尚无统一的分类标准。参考国内外有关资料，本书将对机器人分类问题进行探讨。

1.2.1 按机器人的开发内容与应用场合分类

机器人按开发内容与应用场合不同，可分为具有一般人体肢体结构特点、用于工业领域的工业机器人，具有操纵性特点、用于非工业领域的操纵型机器人，具有某些生物特性、用于模仿生物特性工作的仿生机器人三大类。

1. 工业机器人

工业机器人是在工业生产中使用的机器人的总称，主要用于完成工业生产中的某些作业。根据具体应用目的的不同，常以其主要用途命名。

焊接机器人是迄今为止应用最多的工业机器人，包括点焊和弧焊机器人，用于实现自动化焊接作业；装配机器人多用于电子部件或电器的装配；喷涂机器人用于代替人工进行各种喷涂作业；搬运、上料、下料及码垛机器人都是用于将物品从一处运到另一处。还有很多其他用途的机器人，如将金属溶液浇注到压铸机中的浇注机器人等，工业领域的很多工作都可以用专门的机器完成。

工业机器人的优点在于它可以通过更改程序，方便迅速地改变工作内容或方式，以适应工业生产要求的变化，例如，改变焊缝轨迹及喷涂位置，变更装配部件或位置等。随着对工业生产线越来越高的柔性制造要求，对各种工业机器人的需求也越来越广泛。

2. 操纵型机器人

操纵型机器人是除工业机器人之外的、用于非工业领域并服务于人类的各种先进机器人，也是一种特种机器人。按照不同的用途可分为军用机器人、水下机器人、农业机器人、娱乐机器人、服务机器人、医用机器人等。

1)军用机器人

军用机器人是一种用于军事领域的具有某种仿人功能的自动机。其巨大的军事潜力，较高的作战效能，预示着机器人在未来的战争舞台上或是一支不可忽视的军事力量，图 1.5 所示是一种军用机器人。

2)水下机器人

水下机器人也称无人遥控潜水器，是一种工作于水下的极限作业机器人，能潜入水中代替人完成某些操作。水下环境恶劣危险，人的潜水深度有限，所以水下机器人已成为开发海洋的重要工具，图 1.6 所示是一种水下机器人。

图 1.5　军用机器人

图 1.6　水下机器人

3) 农业机器人

农业机器人是用于农业生产的特种机器人，是一种新型多功能农业机械。农业机器人的问世，是现代农业机械发展的结果，是机器人技术和自动化技术发展的产物，图 1.7 所示是一种采摘番茄的农业机器人。

4) 娱乐机器人

娱乐机器人以供人观赏、娱乐为目的，具有机器人的外部特征，可以像人、某种动物、童话或科幻小说中的人物等；同时具有机器人的功能，可以行走或完成动作，可以有语言能力，会唱歌，有一定的感知能力。图 1.8 所示是一种娱乐机器人。

5) 服务机器人

服务机器人是一种半自主或全自主工作的机器人，它能完成有益于人类健康的服务工作，但不包括从事生产的投备。服务机器人的应用范围很广，主要从事维护保养、修理、运输、清洗、保安、救援、监护等工作，图 1.9 所示是一种清洗墙壁的服务机器人。

图 1.7　采摘番茄的农业机器人

图 1.8　娱乐机器人

6) 医用机器人

医用机器人是指用于医院、诊所的医疗或辅助医疗机器人，是一种智能型服务机器人，它能独自编制操作计划，依据实际情况确定动作程序，然后把动作变为操作机构的运动，从事医疗或辅助医疗等工作。医用机器人种类很多，按照其用途不同，分为临床医疗用机器人、护理机器人、医用教学机器人和为残疾人服务的机器人等，图 1.10 所示是在为病人做检查的一种医用机器人。

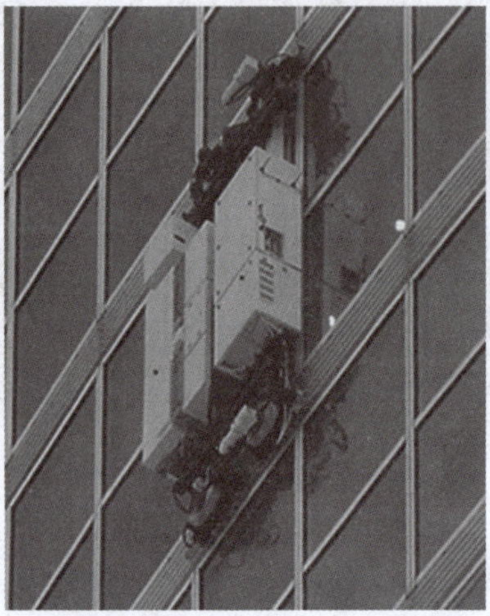

图 1.9　清洗墙壁的服务机器人

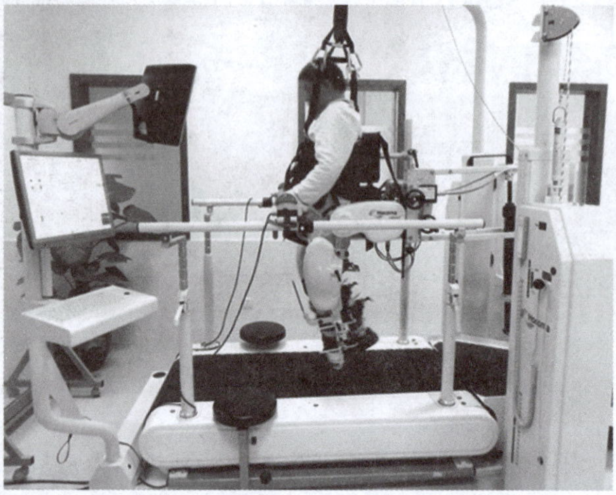

图 1.10　医用机器人

3. 仿生机器人

仿生机器人是指能够高水平地模仿某些生物特性工作的机器人。仿生机器人是仿生学与机器人领域应用需求高水平结合的产物。近年来，伴随着计算机、自动化、智能化、多觉传感器等现代技术水平的不断提升，在视觉、听觉、触觉、力觉、滑觉、嗅觉等多方面，采用仿生学原理研发新型的仿生机器人系统，已成为现代科技快速发展的前沿领域。

众所周知，生物特性为机器人的设计提供了许多有益的参考，机器人可以从生物体的机能上学习如自适应性、鲁棒性、运动多样性和灵活性等一系列良好的性能。仿生机器人按照其工作环境不同可分为陆面仿生机器人、空中仿生机器人和水下仿生机器人 3 种。由于陆面生物的运动方式多种多样，因此陆面仿生机器人又可细分为仿人机器人、四足机器人、仿蛇机器人等多种类型，图 1.11 所示是一些仿生机器人。此外，具有综合用途的水陆两栖、水空两栖等仿生机器人也相继出现。仿人机器人是仿生机器人中最具代表性的研究领域，它可以模仿人的形态和行为，适应人类的生活和工作环境。其研究集机械、电子、计算机、材料、传感器、控制技术等多门学科于一体，代表着一个国家的高科技发展水平。

随着人类对生物系统功能特征认识的不断深入，以及新技术、新材料的不断涌现，仿生机器人进入新的发展阶段。在仿生驱动方面，智能材料如形状记忆合金、离子导电聚合物材料、压电材料等在仿生领域得到广泛应用，并与传统结构相融合形成独具特色的仿生驱动技术，由此开发的新型仿生机器人能够更容易实现柔性运动并完成复杂的任务。在智能控制领域，模糊控制、人工神经网络、脑机接口技术将在未来仿生机器人的行为控制系统的构建当中发挥越来越大的作用。随着新理论、新方法的不断拓展，未来仿生机器人将在生肌电控制技术、敏感触觉技术、会话式智能交互技术、情感识别技术、纳米机器人技术等关键技术领域得到更多的关注和重点发展。

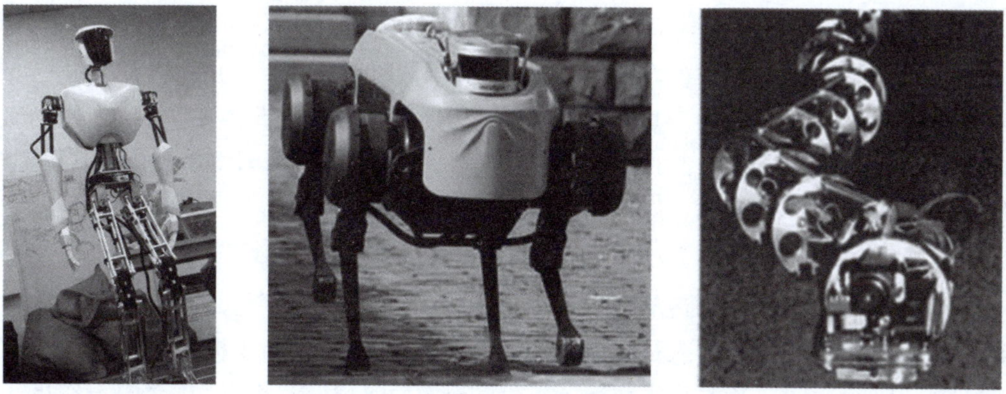

(a) (b) (c)

图 1.11 仿生机器人

(a)仿人机器人；(b)四足机器人；(c)仿蛇机器人

进入 21 世纪以来，仿生机器人已经逐渐在环境监测、反恐防爆、探索太空、抢险救灾等不适合由人来承担任务的环境中凸显出良好的应用前景。同时，发展仿人机器人将解决老龄化社会的年轻劳动力的严重不足、家庭服务和医疗等社会问题，并能开辟新的产业，创造新的就业机会。2013 年 2 月 5 日，英国制造出了第一个仿人机器人，名为“Rex”，造价 100 万美元左右。“Rex”由来自世界各地的人造假肢和器官打造而成，拥有功能性血液循环系统，以及人工的胰腺、肾脏、脾脏和气管等器官，还具有人工眼自动对焦的功能。

1.2.2 按机器人的智能程度分类

机器人按智能程度不同，可以分为示教再现机器人、感知机器人和智能机器人。

1. 示教再现机器人

示教再现机器人是第一代机器人，主要指只能以示教再现方式工作的工业机器人。示教指由人教机器人运动的轨迹、停留的点位、停留的时间等；再现则指机器人依照被教给的行为、顺序和速度重复运动。

2. 感知机器人

感知机器人是第二代机器人，它带有一些可感知环境的装置，对外界环境有一定的感知能力。其在工作时，根据感觉器官(传感器)获得的信息，灵活调整自己的工作状态，保证在适应环境的情况下完成工作。

3. 智能机器人

智能机器人是第三代机器人，它具有感知能力，独立判断和行动的能力，记忆、推理和决策能力，能完成很多复杂的动作。智能是指它具有与外部世界(对象、环境和人)相适应、协调的工作机能，从控制方式看是以一种“认知-适应”的方式自律地进行操作。

1.2.3 按机器人的机械结构分类

机器人按机械结构不同，可以分为串联机器人和并联机器人。

1. 串联机器人

串联机器人是较早应用于工业领域的机器人。串联机器人是一个开放的运动链，主要以开环机构为其机构的原型。由于其开环的串联机构形式，该机构手部可以在大范围内运动，因此其具有较大的工作空间，并且操作灵活、控制系统和结构设计较简单；由于其研究较为成熟，已成功应用于很多领域，如各种机床、装配车间等。

2. 并联机器人

并联机器人是一个封闭的运动链。并联机器人一般由上、下平台，以及两条或两条以上运动支链构成。由于并联机器人是由一个或几个闭环组成的关节点坐标相互关联，其具有运动惯性小、热变形较小、不易产生动态误差和累积误差的特点；此外，其还具有精度较高、机器刚性高、结构紧凑稳定、承载能力大且反解容易等优点。

1.2.4 按机器人的坐标结构分类

机器人的机械配置形式多种多样，最常见的配置形式是用其坐标特性来描述的，因此机器人按坐标结构不同，可分为直角坐标型机器人、圆柱坐标型机器人、球面坐标型机器人和关节坐标型机器人。

1. 直角坐标型机器人

直角坐标型机器人(图 1.12)具有空间上相互垂直的多个直线移动轴(通常为 3 个轴)，可通过直角坐标方向的 3 个独立自由度确定其手部的空间位置，其动作空间为长方体。直角坐标型机器人的位置精度高，控制无耦合、简单，避障性好，但结构较庞大，无法调节工具姿态，灵活性差，难与其他机器人协调工作，移动轴的结构较复杂，且占地面积较大。

2. 圆柱坐标型机器人

圆柱坐标型机器人(图 1.13)主要由旋转基座、垂直移动轴和水平移动轴构成，其以 r、θ 和 z 为坐标系的 3 个坐标，具有 1 个回转自由度和 2 个平移自由度，其动作空间为圆柱体。圆柱坐标型机器人的位置精度仅次于直角坐标型机器人，控制简单，避障性好，但结构也较庞大，难与其他机器人协调工作，两个移动轴的设计较复杂。著名的 Versatran 机器人就是典型的圆柱坐标型机器人。

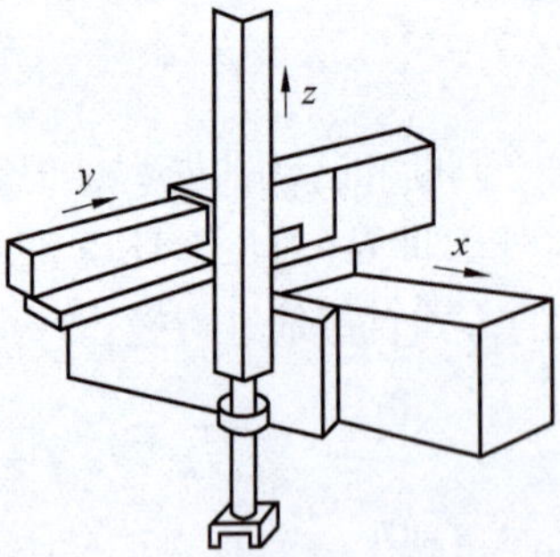

图 1.12 直角坐标型机器人

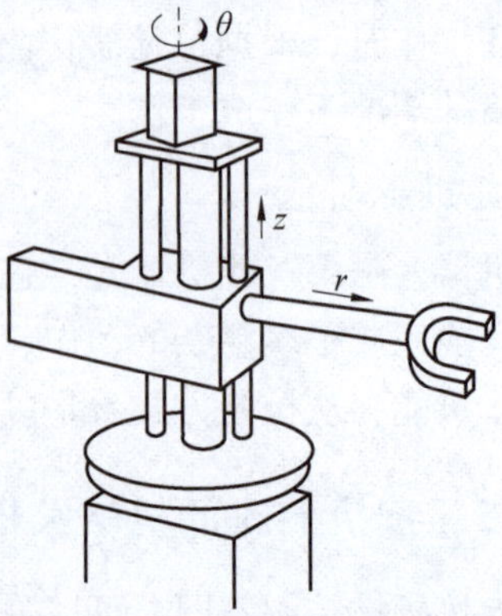

图 1.13 圆柱坐标型机器人

3. 球面坐标型机器人

球面坐标型机器人(图1.14)又称为极坐标型机器人，其以r、θ和φ为坐标系的3个坐标，具有平移、旋转和摆动3个自由度，动作空间为球面的一部分。其机械手能够前后伸缩移动、在垂直平面上摆动以及绕底座在水平上转动。球面坐标型机器人占地面积较小，结构紧凑，位置精度尚可，能与其他机器人协调工作，质量较轻，但避障性较差，存在平衡问题，位置误差与臂长有关。著名的Unimate机器人就是这种类型的机器人。

4. 关节坐标型机器人

关节坐标型机器人(图1.15)主要由立柱、前臂和后臂组成，其运动由前、后臂的俯仰及立柱的回转构成，结构紧凑，灵活性好，占地面积小，工作空间大，能与其他机器人协调工作，避障性好，但位置精度较低，存在平衡问题，控制存在耦合，故比较复杂，这种机器人目前应用得最多。著名的PUMA机器人是这种类型机器人的代表。

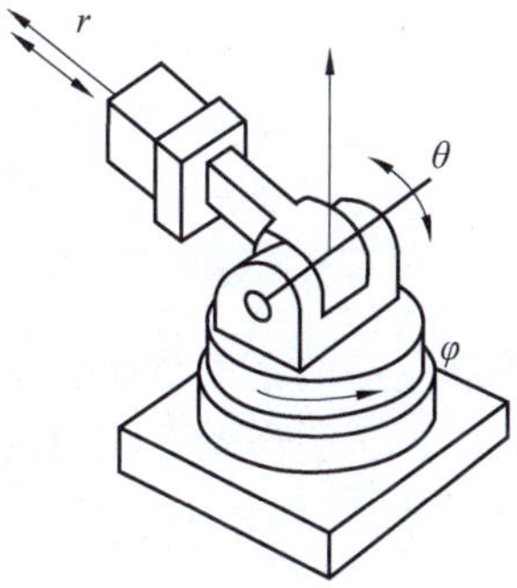

图1.14 球面坐标型机器人

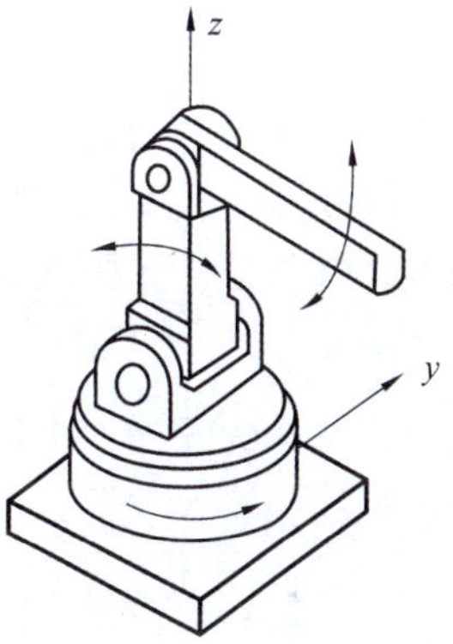

图1.15 关节坐标型机器人

1.2.5 按机器人的控制方式分类

机器人按控制方式不同，可分为非伺服控制机器人和伺服控制机器人。

1. 非伺服控制机器人

非伺服控制机器人的驱动装置接通能源后，将带动机器人的臂部、腕部和手部等装置运动。当它们移动到由限位开关所规定的位置时，限位开关切换为工作状态，给定序器送去工作任务已完成的信息，并使终端制动器动作，切断驱动能源，使机器人停止运动。这种控制方式工作能力比较有限，机器人按照预先编好的程序进行工作，通过限位开关、制动器、插销板和定序器来控制机器人的运动。

2. 伺服控制机器人

伺服控制机器人通过将传感器取得的反馈信号与来自给定装置的综合信号，用比较器进行比较后，得到误差信号，该信号经过放大后用以激发机器人的驱动装置，进而带动手部以一定的规律运动，到达规定的位置和速度等，这是一个反馈控制系统。这种控制方式有更强的工作能力，价格更贵，但在某些情况下不如简单的机器人可靠。伺服系统的被控制量可为机器人手部执行装置的位置、速度、加速度和力等。

1.2.6 按机器人的驱动方式分类

机器人按驱动方式不同，可分为气压驱动机器人、液压驱动机器人、电力驱动机器人和新型驱动机器人。

1. 气压驱动机器人

气压驱动机器人以压缩空气来驱动执行机构。这种驱动方式的优点是空气来源方便，动作迅速，结构简单，造价低；缺点是空气具有可压缩性，工作速度的稳定性较差。由于气源的压力较低，此类机器人适宜在对抓举力要求小的场合使用。

2. 液压驱动机器人

液压驱动机器人使用液体油液来驱动执行机构，相对于气压驱动机器人，其具有大得多的抓举力，抓举质量可达上百千克。液压驱动机器人结构紧凑，传动平稳且动作灵敏，但其对密封的要求较高，要求的制造精度也较高，成本较高，且不宜在高温或低温的场合工作。

3. 电力驱动机器人

电力驱动机器人利用电动机产生的力或力矩驱动执行机构。这种驱动方式具有无污染、易于控制、运动精度高、成本低、驱动效率高等优点，应用最为广泛，可分为步进电动机驱动、直流伺服电动机驱动、无刷伺服电动机驱动等。

4. 新型驱动机器人

伴随着机器人技术的发展，出现了利用新的工作原理制造的新型驱动机器人，如静电驱动机器人、压电驱动机器人、形状记忆合金驱动机器人、人工肌肉及光驱动机器人等。

1.2.7 按机器人的性能指标分类

机器人按负载能力和作业空间等性能指标不同，可分为超大型机器人、大型机器人、中型机器人、小型机器人和超小型机器人。

1. 超大型机器人

超大型机器人的负载能力在 10^7 N 以上，作业空间在 100 m^2 以上。

2. 大型机器人

大型机器人的负载能力为 $10^6 \sim 10^7$ N，作业空间为 10~100 m^2。

3. 中型机器人

中型机器人的负载能力为 $10^5 \sim 10^6$ N，作业空间为 1~10 m^2。

4. 小型机器人

小型机器人的负载能力为 $1 \sim 10^5$ N，作业空间为 0.1~1 m^2。

5. 超小型机器人

超小型机器人的负载能力在 1 N 以下，作业空间在 0.1 m^2 以下。

1.2.8 按机器人的移动性分类

机器人按移动性不同，可分为不可移动式机器人（固定式机器人）、半移动式机器人（机器人整体固定在某个位置，只有部分可移动，如机械手）和可移动式机器人。

1.3 机器人的组成和技术参数

1.3.1 机器人的组成

机器人主要由3大部分6个子系统组成，3大部分是机械部分、控制部分和传感部分；6个子系统是驱动系统、机械系统、人机交互系统、控制系统、感知系统和机器人-环境交互系统，如图1.16所示。机械部分是机器人的本体，由驱动系统和机械系统组成。机械系统即操作机或执行机构系统，由一系列连杆、关节或其他形式的运动副组成，机器人的驱动系统根据驱动源的不同，分为电力驱动、液压驱动、气力驱动(分别简称为电动、液动、气动)3种以及把它们结合应用的综合驱动系统。控制部分由人机交互系统和控制系统组成，控制系统根据机器人的作业指令程序以及从传感器反馈回来的信号，支配机器人的执行机构完成规定的动作与功能。传感部分由感知系统和机器人-环境交互系统组成，感知系统通过内部传感器和外部传感器模块，获取内部和外部环境状态中有益的信息；机器人-环境交互系统是实现机器人与外部环境中的设备相互联系和协调的系统，该系统可使工业机器人与外部设备集成为一个功能单元，如加工制造单元、装配单元、焊接单元等。

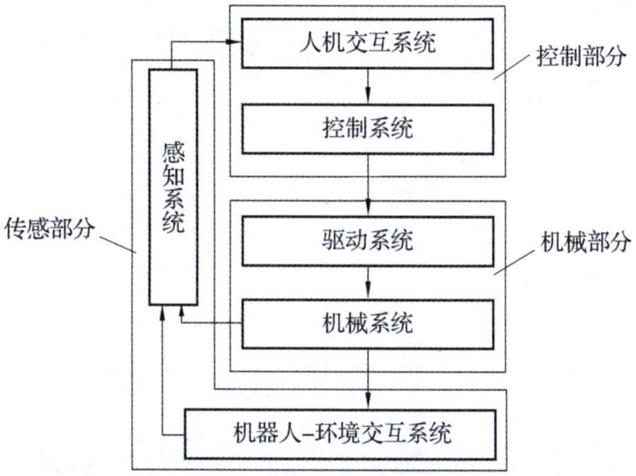

图1.16 机器人的基本组成

1.3.2 机器人的技术参数

虽然工业机器人的种类、用途，以及用户要求都不一样，但其基本组成是一样的，需要研究的主要参数也是一样的。现有的工业机器人，在功能和外观上虽有不同，但所有机器人都有其适用的作业范围和要求。目前，工业机器人的主要技术参数有以下几种：自由度、定位精度和重复定位精度、分辨率、工作范围、最大工作速度和承载能力等。

1. 自由度

自由度是指机器人所具有的独立坐标轴运动的数目，不包括手部的开合自由度。一般情况下，机器人的1个自由度对应1个关节，所以自由度与关节的概念是等同的。自由度是表示机器人动作灵活程度的参数，自由度越多，机器人越灵活，但结构也越复杂、控制难度也就越大，所以机器人的自由度要根据其用途设计，一般为 3~6 个。

大于 6 个的自由度称为冗余自由度。利用冗余自由度可增加机器人的灵活性，方便机器人避开障碍物和改善机器人的动力性能。人类的臂部(大臂、小臂、腕部)共有 7 个自由度，所以工作起来很灵巧，可回避障碍物，并可从不同的方向到达同一目标位置。

2. 定位精度和重复定位精度

精度是一个位置量相对于其参照系的绝对度量，指机器人手部实际到达位置与所需要到达的理想位置之间的差距。机器人的精度取决于机械精度与电气精度，精度包括定位精度和重复定位精度这两种精度指标。

(1)定位精度：机器人手部的实际位置与目标位置之间的偏差。典型工业机器人的定位精度一般在±(0.02~5)mm 范围内。

(2)重复定位精度：机器人重复到达某一目标位置的差异程度。它可衡量一系列误差值的密集程度，即重复度。

因重复定位精度不受工作载荷变化的影响，故通常用重复定位精度作为衡量示教再现工业机器人水平的重要指标。机器人标定重复定位精度时，一般同时给出测试次数、测试过程所加的负载和臂部的姿态。定位精度和重复定位精度测试的典型情况如图 1.17 所示。

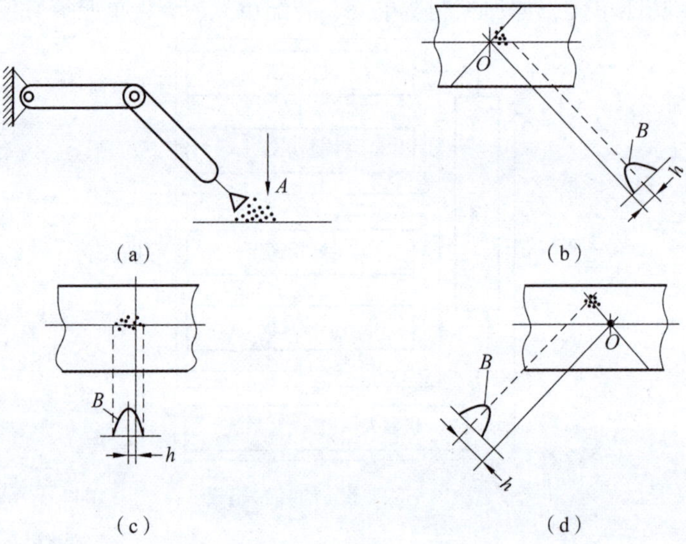

图 1.17　定位精度和重复定位精度测试的典型情况

(a)重复定位精度的测试；(b)合理的定位精度，良好的重复定位精度；
(c)良好的定位精度，很差的重复定位精度；(d)很差的定位精度，良好的重复定位精度

3. 分辨率

机器人的分辨率是指每一关节所能实现的最小移动距离或最小转动角度。工业机器人的分辨率分为编程分辨率和控制分辨率两种，统称为系统分辨率。

(1)编程分辨率：控制程序中可以设定的最小距离，又称为基准分辨率。

例如：当机器人的关节电动机转动 0.1°时，机器人关节端点移动的直接距离为 0.01 mm，其基准分辨率便为 0.01 mm。

(2)控制分辨率：系统位置反馈回路所能检测到的最小位移量，即与机器人关节电动机同轴安装的编码盘发出单个脉冲时电动机所转过的角度。

精度和分辨率不一定相关。一台设备的精度是指命令设定的运动位置与该设备执行此命令后能够达到的运动位置之间的差距，分辨率则反映实际需要的运动位置和命令所能够设定的位置之间的差距。定位精度、重复定位精度和分辨率的关系如图 1. 18 所示。

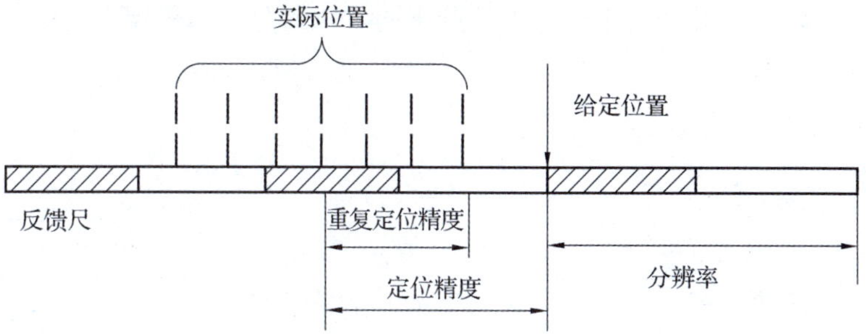

图 1. 18　定位精度、重复定位精度和分辨率的关系

4. 工作范围

工作范围也叫工作区域，是指机器人臂部末端或腕部中心所能到达的所有点的集合。机器人工作范围的形状和大小是十分重要的，机器人在执行某作业时可能会因为存在手部不能到达的作业死区而不能完成任务。图 1. 19 所示为 ABB IRB120 工业机器人的工作范围。

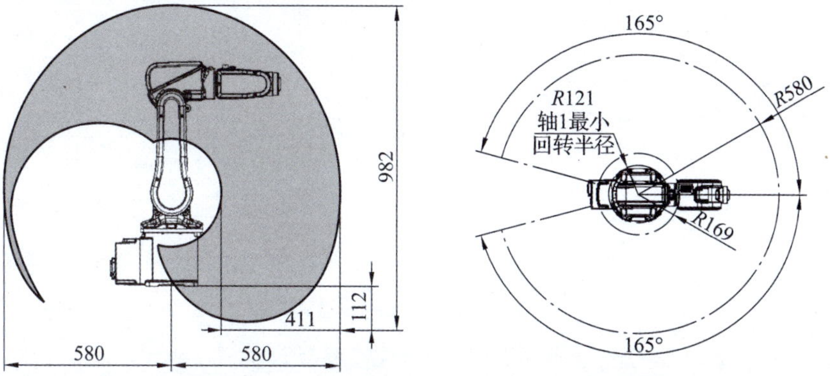

图 1. 19　ABB IRB120 工业机器人的工作范围

5. 最大工作速度

关于最大工作速度的定义，有的厂家指工业机器人主要自由度上的最大的稳定速度，有的厂家指臂部末端最大的合成速度，这些在技术参数中通常都会加以说明。很明显，工作速度越高，工作效率越高。但是，工作速度越高，就要花费更多的时间去升速和降速，这对工业机器人的最大加速度或最大减速度的要求更高。

6. 承载能力

承载能力是指机器人在工作范围内的任何位置上所能承受的最大质量。承载能力不仅取决于负载的质量，而且与机器人运行的速度和加速度的大小和方向有关。为了安全起见，承载能力这一技术指标是指机器人在高速运行时的承载能力。通常，承载能力不仅指负载，还包括机器人手部的质量。

1.4 本章小结

本章简述了机器人的起源与国内外机器人发展史，给出了机器人的定义以及机器人技术的相关学科与研究领域。并介绍了机器人按照不同方式的分类和机器人的组成；最后讲述了机器人的主要技术参数。

习 题

1. 简述机器人的定义，并说明机器人的主要特征。
2. 机器人有哪几种分类方式？是否还有其他的分类方式？
3. 机器人怎么按照坐标结构分类？
4. 机器人怎么按照驱动方式分类？
5. 机器人的主要技术参数有哪些？并简述各参数的含义。
6. 什么叫冗余自由度？

第2章 机器人本体结构

机器人本体，是机器人赖以完成作业任务的执行机构，也称为机械手、操作器或操作手，可以在确定的环境中执行控制系统指定的操作。典型的机器人本体一般由手部、腕部、臂部、腰部和基座构成。机械手多采用关节式机械结构，一般具有6个自由度，其中3个用来确定手部的位置，另外3个则用来确定手部的方向(姿势)。机械臂上的手部可以根据操作需要换成焊枪、吸盘、扳手等作业工具。

2.1 机器人本体概述

机器人本体是机器人的重要部分，所有的计算、分析和编程最终要通过本体的运动和动作完成特定的任务。机器人本体各部分的基本结构和材料的选择将直接影响其整体性能。

2.1.1 机器人本体的基本结构

1. 机器人本体基本结构的组成

机器人本体的基本结构主要包括：①传动部件；②机身及行走机构；③臂部；④腕部；⑤手部。

2. 机器人本体基本结构的介绍

下面以关节型机器人为例来说明机器人本体的基本结构。

关节型机器人的主要特点是模仿人类腰部到臂部的基本结构，因此其本体的基本结构通常包括机器人的机座(即底部和腰部的固定支承)结构及腰部关节转动装置、大臂(即大臂支承架)结构及大臂关节转动装置、小臂(即小臂支承架)结构及小臂关节转动装置、腕部(即腕部支承架)结构及腕部关节转动装置和手部。目前，可以像人一样行走的关节型机器人已经研发成功，并正向具有高级智能的方向拓展。

进行机器人本体的运动学、动力学和其他相关分析时，一般将机器人简化成由连杆、关节和手部首尾相接，并通过关节相连而构成的一个开式连杆系。在连杆系的开端安装有手部。

手部是机器人直接参与工作的部分，其可以是各种夹持器，也可以是各种工具，如焊枪、喷头等。操作时，往往要求手部不仅能够到达指定的位置，而且要使用正确的姿态。

组成机器人的连杆和关节按功能不同可以分成两类：一类是组成臂部的长连杆，也称臂杆，其产生主运动，是机器人的位置机构；另一类是组成腕部的短连杆，它实际上是一组位于臂杆端部的关节组，是机器人的姿态机构，确定了手部在空间的方向。

机器人本体基本结构的特点主要可归纳为以下 4 点。

(1)一般可以简化成各连杆首尾相接、末端无约束的开式连杆系，连杆系末端自由且无支承，这决定了机器人的结构刚度不高，并随连杆系在空间位姿的变化而变化。

(2)开式连杆系中的每根连杆都具有独立的驱动器，属于主动连杆系，连杆的运动各自独立，不同连杆的运动之间没有依从关系，运动灵活。

(3)连杆驱动扭矩的瞬态过程在时域中的变化非常复杂，且和手部反馈的信号有关，连杆的驱动属于伺服控制型，因而对机械传动系统的刚度、间隙和运动精度都有较高的要求。

(4)连杆系的受力状态、刚度条件和动态性能都是随位姿的变化而变化的，因此，极易发生振动或出现其他不稳定现象。

综合以上特点可见，合理的机器人本体的基本结构应当使其操作机的工作负载与自重的比值尽可能大，结构的静、动态刚度尽可能高，并尽量提高操作机的固有频率和改善操作机的动态性能。具体说明如下。

(1)臂杆的质量小有利于改善机器人操作的动态性能。

(2)结构的静、动态刚度高有利于提高臂部端点的定位精度和对编程轨迹的跟踪精度，这在离线编程时是至关重要的。刚度高还可降低对控制系统的要求和系统造价。机器人具有较高的刚度可以增加操作机设计的灵活性，比如在选择传感器安装位置时，刚度高的结构允许传感器放在离手部较远的位置上，减少了设计方面的限制。同时，动态刚度高可以减小定位时的超调量，缩短达到稳定状态的时间，从而提高机器人的使用性能。

(3)尽可能提高机器人本体的基本结构的操作机的固有频率的目的在于避开机器人的工作频率。通常机器人的低阶固有频率为 5~25 Hz，以中等速度运动时，输入信号的脉冲延续时间为 0. 05~1 s，振荡频率相当于为 1~20 Hz，因而操作机可能会因此激发振荡。提高操作机的固有频率有利于系统的稳定。运动速度变化时振荡的振幅和衰减时间是衡量机器人动力学性能好坏的重要指标。

2.1.2 机器人本体材料的选择

机器人本体材料的选择应从机器人的性能要求出发，满足机器人的设计和制作要求。机器人本体用于支承、连接、固定机器人的各部分，当然也包括机器人的运动部分，这一点与一般机械结构的特性相同，因此机器人本体所用的材料也是结构材料。但另一方面，机器人本体又不单是固定结构件，比如机器人的臂是运动的，机器人整体也是运动的，所以机器人运动部分的材料质量应尽量小。精密机器人对机器人的刚度有一定的要求，即对材料的刚度有要求。进行刚度设计时要考虑静、动态刚度，即要考虑振动问题。从材料角度看，控制振动涉及减轻质量和抑制振动两方面，其本质就是材料内部的能量损耗和刚度问题，这与材料的抗振性紧密相关。另外，家用和服务机器人的外观与传统机械大有不同，其会使用比传统工业材料更富有美感的机器人本体材料。从这一点看，机器人本体材料又应具备柔软和外表美观等特点。

总之，正确选用结构件材料不仅可降低机器人的成本，更重要的是可适应机器人的高速化、高载荷化及高精度化，满足其静力学及动力学特性要求。随着材料工业的发展，新材料的出现给机器人的发展提供了宽广的空间。

1. 材料选择的基本要求

与一般机械设备相比，机器人结构的动力学特性十分重要，这是材料选择的出发点。材料选择的基本要求有以下 5 个。

(1)强度高。机器人臂部是直接受力的构件，高强度材料不仅能满足机器人臂部的强度条件，而且可减少臂杆的截面尺寸，减轻质量。

(2)弹性模量大。由材料力学的知识可知，构件刚度(或变形量)与材料的弹性模量 E 有关。弹性模量越大，变形量越小，刚度越大。不同材料弹性模量的差异比较大，而同一种材料的改性对弹性模量却没有太多改变。比如，普通结构钢的强度极限为 420 MPa，高合金结构钢的强度极限为 2 000~2 300 MPa，但是二者的弹性模量 E 却没有多大差别，均为 2.1×10^5 MPa。因此，还应寻找其他提高构件弹性模量的途径。

(3)质量轻。机器人臂部构件中产生的变形很大程度上是由惯性力引起的，而惯性力与构件的质量有关。也就是说，为了提高构件刚度选用弹性模量 E 大且密度 ρ 也大的材料是不合理的。因此，提出了选用高弹性模量、低密度材料的要求。

(4)阻尼大。选择机器人的材料时不仅要求刚度大、质量轻，而且希望材料的阻尼尽可能大。机器人臂部经过运动后，要求能平稳地停下来。可是在终止运动的瞬间，构件会产生惯性力和惯性力矩，构件自身又具有弹性，因而会产生残余振动。从提高定位精度和传动平稳性的角度考虑，需要采用大阻尼材料或采取增加构件阻尼的措施来吸收能量。

(5)材料经济性要好。材料价格是机器人成本的重要组成部分。有些新材料如硼纤维增强铝合金、石墨纤维增强镁合金等用来作为机器人臂部的材料所能达到的效果是很理想的，但价格昂贵。

2. 常用材料简介

1)碳素结构钢和合金结构钢

这类材料强度好，特别是合金结构钢，其强度增大了 4~5 倍，弹性模量 E 大，抗变形能力强，是应用最广泛的材料。

2)铝、铝合金及其他轻合金材料

这类材料的共同特点是质量轻，弹性模量 E 不大，但是材料密度小，故 E/ρ 仍可与钢材相比。有些添加了稀贵金属的铝合金的品质得到了更明显的改善，例如添加 3.2%(质量分数)锂的铝合金，弹性模量 E 增加了 14%，E/ρ 增加了 16%。

3)纤维增强合金

这类材料如硼纤维增强铝合金、石墨纤维增强镁合金等，其 E/ρ 分别达到 $11.4\times10^7\ \mathrm{m^2/s^2}$ 和 $8.9\times10^7\ \mathrm{m^2/s^2}$。这种纤维增强合金具有非常高的 E/ρ，而且没有无机复合材料的缺点，但价格昂贵。

4)陶瓷

陶瓷具有良好的品质，但是脆性大，不易加工成具有长孔的连杆，与金属零件连接的部分需进行特殊设计。日本已经试制了在小型高精度机器人上使用的陶瓷机器人臂样品。

5)纤维增强复合材料

这类材料具有极好的 E/ρ，但存在老化、蠕变、高温热膨胀以及与金属件连接困难等问题。这类材料不但质量轻、刚度大，而且具有十分突出的大阻尼。传统金属材料不可能具有这么大的阻尼，所以在高速机器人上应用纤维增强复合材料的实例越来越多。叠层纤维增强复合材料的制造工艺还允许用户进行优化，可以通过改进叠层厚度、纤维倾斜角、最佳横断面尺寸等，使其具有最大阻尼值。

6)黏弹性大阻尼材料

增大机器人连杆的阻尼是改善机器人动态特性的有效方法。目前有许多方法用来增大构件材料的阻尼，其中最适合机器人采用的一种方法是用黏弹性大阻尼材料对原构件进行约束层阻尼处理。吉林某大学和西安某大学进行了黏弹性大阻尼材料在柔性机械臂振动控制中应用的实验，实验结果表明，机械臂的重复定位精度在阻尼处理前为±0. 30 mm，处理后为±0. 16 mm；残余振动时间在阻尼处理前后分别为 0. 9 s 和 0. 5 s。

2. 2 机身及臂部结构

机器人必须有一个便于安装的基础件机座或行走机构。机座往往与机身做成一体。机身和臂部相连，机身支承臂部，臂部又支承腕部和手部。机身和臂部运动的平稳性也是应重点注意的问题。

2. 2. 1 机身结构的基本形式和特点

1. 机身的典型结构

机身结构一般由机器人总体设计确定。比如，圆柱坐标型机器人把回转与升降这两个自由度归属于机身；球面坐标型机器人把回转与俯仰这两个自由度归属于机身；关节坐标型机器人把回转自由度归属于机身；直角坐标型机器人有时把升降移动(z 轴)或水平移动(x 轴)自由度归属于机身。现介绍回转与升降机身和回转与俯仰机身。

1)回转与升降机身

(1)回转运动采用摆动油缸驱动，升降油缸在下，回转油缸在上。因摆动油缸安置在升降活塞杆的上方，故活塞杆的尺寸要加大。

(2)回转运动采用摆动油缸驱动，回转油缸在下，升降油缸在上，相比之下，回转油缸的驱动力矩要设计得大一些。

(3)链条链轮传动机构。链条链轮传动是将链条的直线运动变为链轮的回转运动，它的回转角度可大于 360°。图 2. 1(a)所示为采用单杆活塞气缸驱动链条链轮传动机构实现机身的回转运动(见 K 向视图)。此外，也有采用双杆活塞气缸驱动链条链轮传动机构实现回转运动的方式，如图 2. 1(b)所示。

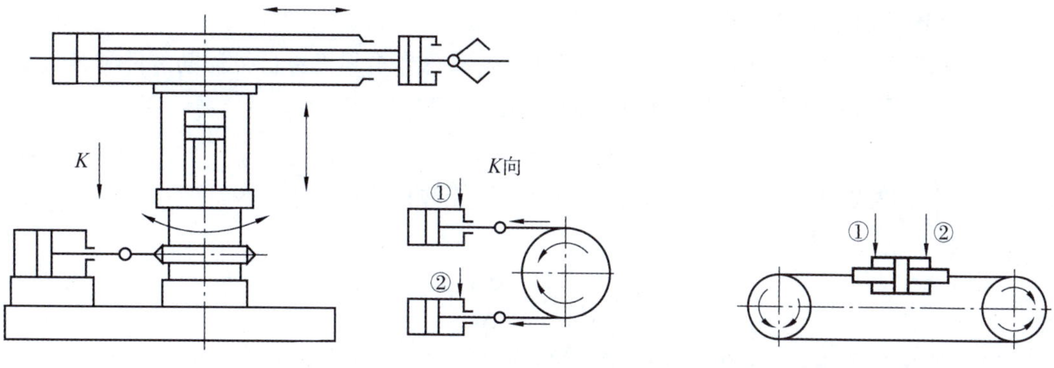

(a)　　(b)

图 2.1　链条链轮传动机构实现机身回转的原理

(a)单杆活塞气缸驱动链条链轮传动机构；(b)双杆活塞气缸驱动链条链轮传动机构

2)回转与俯仰机身

机器人臂部的俯仰运动一般采用活塞油(气)缸与连杆机构实现。臂部的俯仰运动用的活塞油缸位于臂部的下方，其活塞杆和臂部用铰接活塞油缸连接，缸体采用尾部耳环或中部销轴等方式与立柱连接，如图 2.2 所示。此外有时也采用无杆活塞油缸驱动齿条齿轮或四连杆机构实现臂部的俯仰运动。

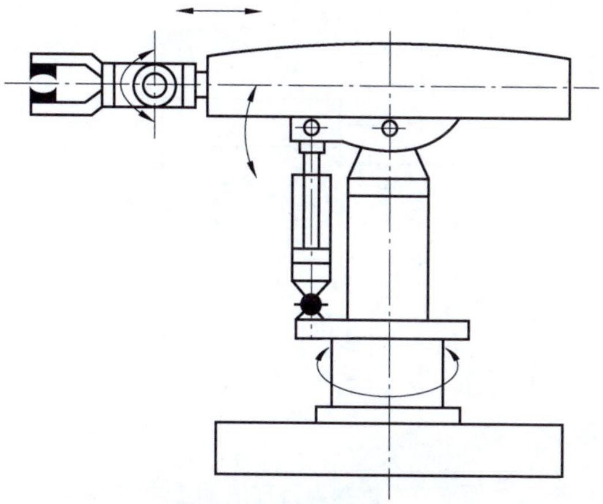

图 2.2　回转与俯仰机身

2. 机身驱动力(矩)的计算

1)垂直升降运动驱动力的计算

机器人做垂直运动时，除克服摩擦力之外，还要克服机身自身运动部件和其支承的臂部、腕部、手部及工件的总重力以及升降运动的全部部件惯性力，故其驱动力 $\boldsymbol{F}_q$ 可按式(2.1)计算：

$$\boldsymbol{F}_q = \boldsymbol{F}_m + \boldsymbol{F}_g \pm \boldsymbol{W} \tag{2.1}$$

式中：$\boldsymbol{F}_m$ 为各支承处的摩擦力，N；$\boldsymbol{F}_g$ 为启动时的总惯性力，N；$\boldsymbol{W}$ 为运动部件的总重力，N。对于式中的正、负号，取上升时为正，下降时为负。

2) 回转运动驱动力矩的计算

回转运动驱动力矩只包括两项：回转部件的摩擦总力矩和机身自身运动部件和其支承的臂部、腕部、手部及工件的总惯性力矩，故驱动力矩 $\boldsymbol{M}_q$ 可按式(2.2)计算：

$$\boldsymbol{M}_q = \boldsymbol{M}_m + \boldsymbol{M}_g \tag{2.2}$$

式中：$\boldsymbol{M}_m$ 为总摩擦阻力矩，N·m；$\boldsymbol{M}_g$ 为各回转部件的总惯性力矩，N·m。

而

$$M_g = J_0 \frac{\Delta\omega}{\Delta t} \tag{2.3}$$

式中：$\Delta\omega$ 为升速或制动过程中的角速度增量，rad/s；Δt 为回转运动升速或制动过程的时间，s；J_0 为全部回转部件对机身回转轴的转动惯量，kg·m^2。当零件轮廓尺寸不大，重心到回转轴线的距离远时，一般可按质点计算它对回转轴的转动惯量。

3) 升降立柱下降不自锁(不卡死)的条件计算

偏重力矩是指臂部全部部件及工件的总重力对机身回转轴的静力矩。当臂部悬伸为最大行程时，其偏重力矩最大。故偏重力矩应按臂部悬伸为最大行程且最大抓重时进行计算。

各部件的重力可根据其结构形状和材料密度进行粗略计算。由于大多数部件采用对称形状的结构，其重心位置就在几何截面的几何中心上，根据静力学原理可求出臂部重力的重心位置距机身回转轴的距离 L，亦称作偏重力臂，如图 2.3 所示。

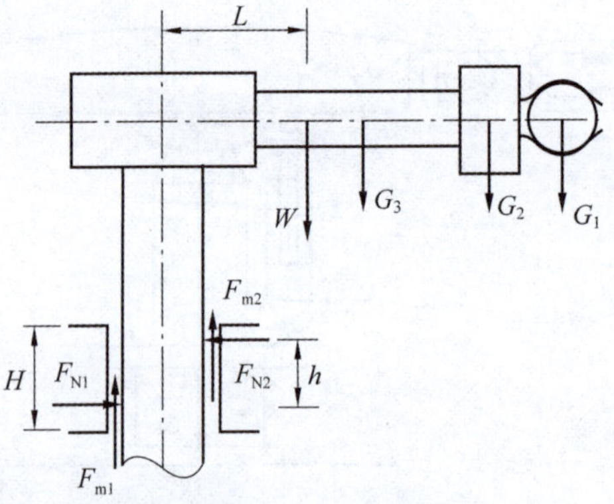

图 2.3　机器人臂部的偏重力矩

偏重力臂的大小为

$$L = \frac{\sum G_i L_i}{\sum G_i} \tag{2.4}$$

式中：G_i 为臂部各部件及工件的重力，N；L_i 为臂部各部件及工件重心到机身回转轴的距离，m。

偏重力矩为

$$M = WL \tag{2.5}$$

式中：M 为偏重力矩，N·m；W 为臂部全部部件及工件的总重力，N。

臂部在总重力 W 的作用下有一个偏重力矩，而立柱支承导套中有阻止臂部倾斜的力矩，显然偏重力矩对升降运动的灵活性有很大影响。如果偏重力矩过大，使支承导套与立柱之间的摩擦力过大，就会出现卡滞现象，此时必须增大升降驱动力，而相应的驱动及传动装置的结构庞大。如果依靠自重下降，立柱可能卡死在支承导套内而不能进行下降运动，这就是自锁。故必须根据偏重力矩的大小决定立柱支承导套的长短。根据升降立柱的平衡条件可知：

$$F_{N1}h = WL$$

所以

$$F_{N1} = F_{N2} = \frac{L}{h}W$$

式中：F_{N1} 和 F_{N2} 是导套作用于机身的法向力，N。

要使升降立柱在导套内下降自由，臂部总重力 W 必须大于导套与立柱之间的摩擦力 F_{m1} 及 F_{m2} 之和，因此升降立柱依靠自重下降而不引起自锁的条件为

$$W > F_{m1} + F_{m2} = 2F_{N1}f = 2\frac{L}{h}Wf \tag{2.6}$$

即

$$h > 2fL$$

式中：h 为导套的长度，m；f 为导套与立柱之间的摩擦因数，$f = 0.015 \sim 0.1$，一般取较大值；L 为偏重力臂，m。

假如立柱升降都是依靠驱动力进行的，则不存在立柱自锁条件，升降驱动力计算中摩擦力按式(2.6)计算。

3. 机身设计要注意的问题

(1)机身要有足够的刚度、强度和稳定性；

(2)运动要灵活，用于实现升降运动的立柱支承导套长度不宜过短，以避免发生自锁现象；

(3)驱动方式要适宜；

(4)结构布置要合理。

2.2.2　臂部结构的基本形式和特点

机器人的臂部由大臂、小臂(或多臂)所组成。臂部的驱动方式主要有气压驱动、液压驱动和电力驱动 3 种基本类型，其中电力驱动方式最为通用。

1. 臂部的典型机构

1)臂部伸缩机构

臂部设计的行程小时，采用油(气)缸直接驱动；行程较大时，可采用油(气)缸驱动齿条传动的倍增机构或采用步进电动机及伺服电动机驱动，也可采用丝杠螺母或滚珠丝杠传动。为了增加臂部的刚性，防止臂部在伸缩运动时绕轴线转动或产生变形，臂部伸缩机构须设置导向装置，或设计方形、花键等形式的臂杆。常用的导向装置有单导向杆和双导向杆等，可根据臂部的结构、抓重等因素选取。

图 2.4 所示为采用 4 根导向柱的臂部伸缩结构。臂部的垂直伸缩运动由油缸驱动，其特点是行程长、抓重大。工件形状不规则时，为了防止产生较大的偏重力矩，可采用 4 根导向柱，这种结构多用于箱体加工线上。

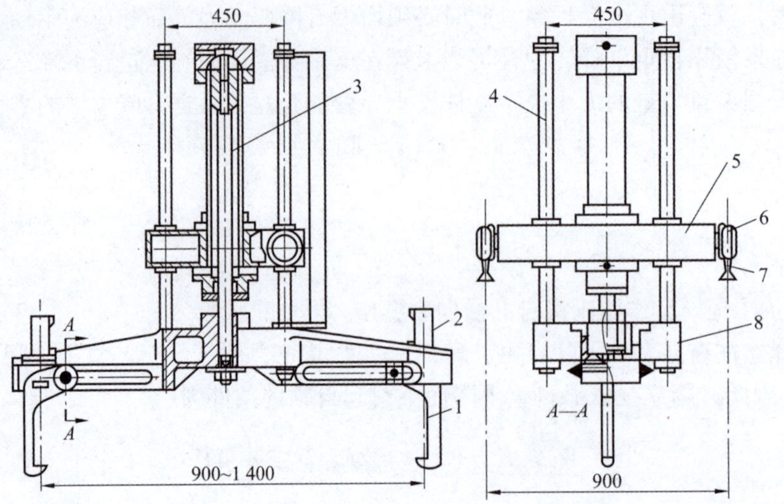

1—手部；2—夹紧缸；3—油缸；4—导向柱；5—运行架；6—行走车轮；7—轨道；8—支座。

图 2.4 采用 4 根导向柱的臂部伸缩机构

2）臂部俯仰机构

机器人臂部的俯仰运动一般通过铰接活塞缸、铰链连杆机构、摆动（汽）油缸与连杆机构联用等方式来实现，图 2.5 所示为摆动缸驱动连杆的臂部俯仰机构。

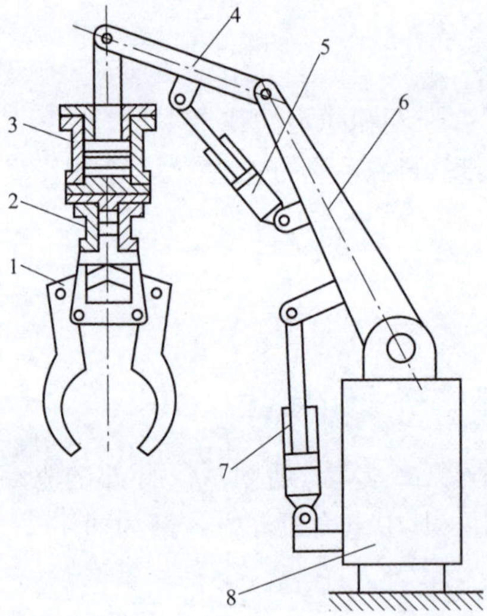

1—手部；2—夹紧缸；3—升降缸；4—小臂；5、7—摆动缸；6—大臂；8—立柱。

图 2.5 摆动缸驱动连杆的臂部俯仰机构

3）臂部回转与升降机构

臂部回转与升降机构常采用活塞液压缸与升降液压缸单独驱动，适用于升降行程短而回转角度小于 360°的情况，也有采用升降缸与气动马达-锥齿轮传动的结构。图 2.6 所示为一种臂部回转与升降机构。活塞液压缸两腔分别进压力油，推动齿条活塞往复运动（见 *A—A* 剖面），与齿条 7 啮合的齿轮 4 即做往复回转运动。齿轮、升降液压缸 2、连接板 8 均用螺钉连接成一体，连接板又与臂部固连，从而实现臂部的回转运动。升降液压缸的活塞杆通过连接盖 5 与机座 6 连接而固定不动，升降液压缸沿导套 3 上下移动，因升降液压缸外部装有导套，故刚性好、传动平稳。

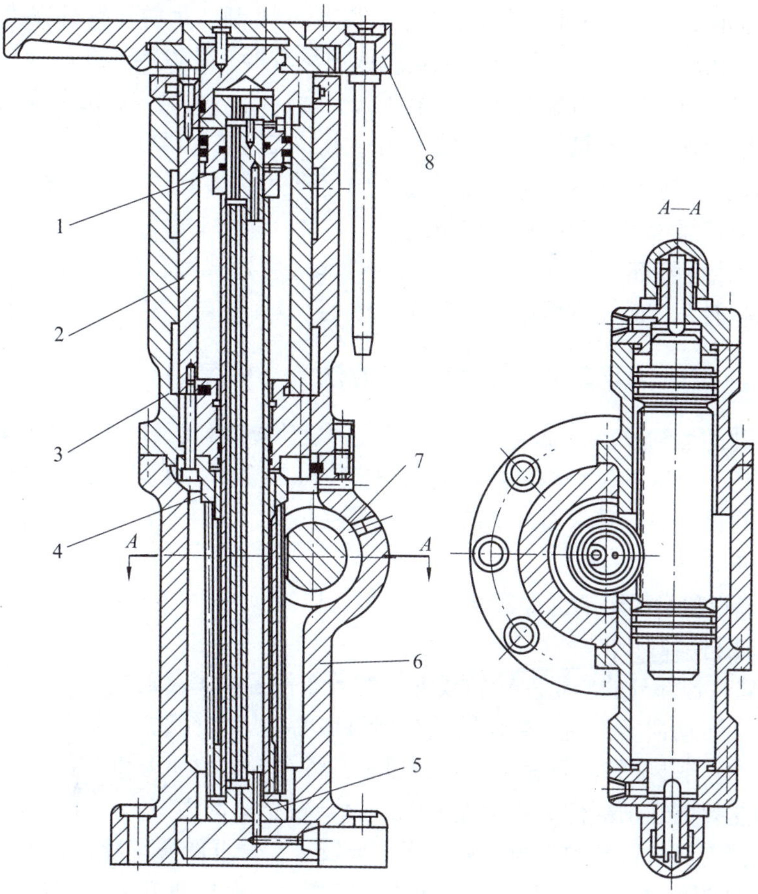

1—活塞杆；2—升降液压缸；3—导套；4—齿轮；5—连接盖；6—机座；7—齿条；8—连接板。

图 2.6　臂部回转与升降机构

2. 机器人臂部材料的选择

机器人臂部材料应根据臂部的工作状况来选择。一方面，根据设计要求，机器人臂部要完成各种运动。因此，臂部作为运动的部件，它应是轻型材料。另一方面，臂部在运动过程中往往会产生振动，这将大大降低它的运动精度。因此，选择材料时，需要对质量、刚度、阻尼进行综合考虑，以便有效地提高臂部的动态性能。

首先，臂部材料应选择结构材料；其次，臂部承受载荷时不应有变形和断裂，从力学角度看，即要具有一定的强度，故臂部材料应选择高强度材料，如钢、铸铁、合金钢等；最后，机器人臂部是运动的，需要具有很好的受控性，因此，要求臂部比较轻。综合而言，应该优先选择强度大而密度小的材料制作臂部，其中，非金属材料有尼龙 6、聚乙烯和碳素纤维等；金属材料以轻型合金(特别是铝合金)为主。

3. 臂部设计需注意的问题

(1)承载能力足。不仅要考虑抓取物体的质量，还要考虑运动时的动载荷。

(2)刚度高。为防止臂部在运动过程中产生过大的变形，应合理选择臂部的截面形状。工字形截面弯曲刚度一般比圆截面大，空心管的弯曲刚度和扭转刚度都比实心轴大得多，所以常用钢管制作臂杆及导向杆，用工字钢和槽钢制作支承板。

(3)导向性能好，动作迅速、灵活、平稳，定位精度高。为防止臂部在直线运动过程中沿运动轴线发生相对转动，应设置导向装置，或设计方形、花键等形式的臂杆。由于臂部运动速度越高，定位前惯性力引起的冲击也就越大，运动越不平稳，定位精度越低。因此，臂部设计除要求结构紧凑、质量轻外，也要采用一定形式的缓冲措施。

(4)质量轻、转动惯量小。为提高机器人的运动速度，要尽量减少臂部运动部分的质量，以减少整个臂部对回转轴的转动惯量。

(5)合理设计与腕部和机身的连接部位。臂部安装形式和位置不仅关系到机器人的强度、刚度和承载能力，而且直接影响机器人的外观。

2.2.3 机器人的平稳性和臂杆平衡方法

机身和臂部的运动较多，质量较大，如果运动速度和负载又较大，当运动状态变化时，将产生冲击和振动。这不仅影响机器人的精确定位，甚至还会使其不能正常运转。为了提高工作平稳性，在设计时应采取有效的缓冲装置吸收能量。从减少能量产生的方面来看，一般应注意以下两点。

(1)要求机身和臂部运动部件紧凑，质量轻，以减少惯性力。例如，臂部运动构件采用铝合金或非金属材料制作。

(2)运动部件各部分的质量对转轴或支承的分布情况，即重心的布置。如果重心与转轴不重合，将增大转动惯量，同时会使转轴受到附加的动压力(其方向在臂部转动过程中是不断变化的)，并且当转速较高及速度变化剧烈时，将有较大的冲击和振动。

臂杆作为主要的运动部件需要重点考虑。为了减小驱动力矩和增加运动的平稳性，大、小臂臂杆一般都需要进行动力平衡。只有当负载较小，臂杆的质量较轻，关节力矩不大和驱动装置有足够的容量时，才可以省去动力平衡装置。从机械驱动的合理性和安全性角度考虑，机器人臂杆的平衡还有助于在动力被突然切断时降低对刹车装置的要求。总之，臂杆平衡技术对提高操作机的整体性能和动态特性十分重要，也是简化编程和控制的重要措施。常见操作机臂杆的平衡方法有 4 种，即质量平衡法、弹簧平衡法、气动和液动平衡法以及采用平衡电动机法，下面介绍前 3 种。

1. 质量平衡法

质量平衡法的原理是合理地分布臂杆质量，使臂杆重心尽可能落在支点上，必要时甚至采用在适当位置配置平衡物体质量(即配重)的方法，使臂杆的重心落在支点上。例如 PUMA262 型机器人就是采用将关节驱动电动机布置到各臂部转轴另一端的方法，巧妙地解决了大部分悬臂质量的平衡问题。这种方法虽然会使臂杆的总质量有所增加，但由于重力悬臂力矩减小，总的驱动扭矩、扭矩间的耦合和非线性程度有所降低。在关节型机器人的应用中，由于小臂臂杆质量对驱动扭矩的不利影响更大，因而在小臂臂杆上使用平衡技术更为普遍；对于大臂臂杆，主要使用弹簧力或其他可控力(如气、液、电力等)进行平衡。

图 2.7 所示为一种在质量平衡技术中最经常使用的平行四边形平衡机构。图中 L_2、L_3 和 G_2、G_3 分别代表下臂和上臂的长度与质心，m_2、m_3 和 θ_2、θ_3 分别代表它们的质量与转角，m 为可移动的平衡物体的质量，用来平衡下臂和上臂的质量。杆 SA、AB 与上臂、下臂铰接，构成一个平行四边形平衡系统。

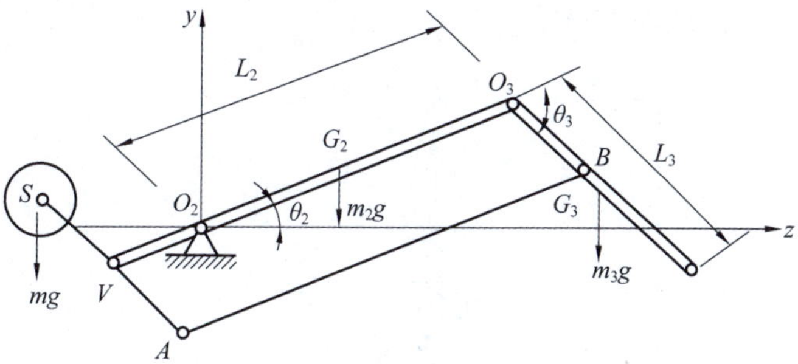

图 2.7　机器人平行四边形平衡机构

可以证明，只要满足

$$SV = \frac{m_3 O_3 G_3}{m} \tag{2.7}$$

$$O_2 V = \frac{m_2 O_2 G_2 + m_3 O_3 G_3}{m} \tag{2.8}$$

就能保证

$$\sum M = 0$$

即平行四边形平衡机构处于平衡状态。

式中：M 为力矩；O_3G_3 为关节 O_3 与质心 G_3 的距离；O_2G_2 为关节 O_2 与质心 G_2 的距离；O_2O_3 为关节 O_2 与 O_3 的距离；SV 为平衡物体的质心与关节 V 的距离；O_2V 为关节 O_2 与关节 V 的距离。

式(2.7)及式(2.8)表明平衡与否只与可移动平衡质量 m 的大小和位置有关，与 θ_2、θ_3 无关，这说明该平衡系统在机械臂的任何构形下都是平衡的。

2. 弹簧平衡法

弹簧平衡法一般使用长弹簧。分析表明，在关节模型中，只要采用合适刚度和长度的弹簧平衡系统，就可以全部平衡关节模型重力项。

如图 2.8 所示，设杆 2 为要平衡的臂杆，平衡时在杆 2 的尾端离转动中心 r_2 处安装一根长弹簧。长弹簧的另一端安装在长度为 r_1 的固定连杆 1 上，固定连杆 1 的另一端固定在转动中心 O 上。如果杆 2 的原始位置和固定连杆 1 垂直，工作时杆 2 顺时针转动了角度 θ，则在工作位置上弹簧力 F 产生的平衡力矩 M_0 为

$$M_0 = F r_1 \sin\gamma \tag{2.9}$$

式中：γ 为固定连杆 1 和弹簧间的夹角。

$$\sin\gamma = \frac{r_2 \sin(90° + \theta)}{l} = \frac{r_2 \cos\theta}{l} \tag{2.10}$$

$$F = k(l - l_0) \tag{2.11}$$

将式(2.10)和式(2.11)代入式(2.9)中，有

$$M_0 = \frac{k(l - l_0) r_1 r_2}{l} \cos\theta \tag{2.12}$$

式中：l 为弹簧拉伸后的长度；l_0 为弹簧的原始长度；k 为弹簧的刚度。

实际应用时由于许多因素的作用，所制造弹簧的刚度很难完全满足要求，此时，可通过

适当改变弹簧的长度和刚度加以修正。

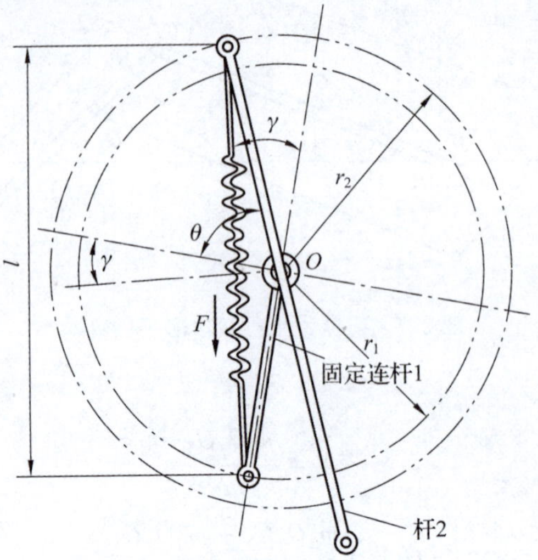

图 2.8　弹簧平衡原理

3. 气动和液动平衡法

气动和液动平衡法的原理和弹簧平衡法的原理很相似，但气动和液动平衡法在两个方面有显著优点，即平衡缸中的压力是恒定的，不会随臂杆的位置变化而变化；同时平衡缸的压力很容易得到调节和控制，有利于提高整个机器人的动态性能，因此应用较广泛。气动和液动平衡法的缺点是需要动力源和储能器，因而系统比较复杂，结构比较庞大，不像弹簧平衡法或质量平衡法那么简单；而且设计时如果采用这种方案，需考虑动力源中断时(如臂部会因自重下滑等)的防范措施，以免发生事故。

2.3　腕部及手部结构

手是人类最灵活的肢体部分，能完成各种各样的动作和任务。同样机器人的手部是完成抓握工件或执行特定作业的重要部件，也需要有多种结构。而腕部是臂部与手部的连接部件，起支承手部和改变手部姿态的作用，如工业机器人的腕部是连接臂部和手部的部件，用以调整手部的方位和姿态。因此，腕部具有独立的自由度，以使机器人手部完成复杂的姿态，通常由 2 个或 3 个自由度组成；目前，RRR 型三自由度腕部应用较为普遍。

2.3.1　腕部结构的基本形式和特点

腕部可利用自身的活动度确定手部的空间姿态。对于一般的机器人，与手部相连接的腕部都具有独驱自转的功能，若腕部能在空间取任意方位，则与之相连的手部就可在空间取任意姿态，即达到完全灵活。

从驱动方式看，腕部一般有两种驱动方式，即直接驱动和远程驱动。直接驱动是指驱动器安装在腕部运动关节的附近直接驱动关节运动，因而传动路线短、传动刚度好，但腕部的尺寸和质量大、转动惯量大。远程驱动是指驱动器安装在机器人的大臂、基座或小臂远端上，通过连杆、链条或其他传动机构间接驱动腕部关节运动，因而腕部的结构紧凑，尺寸和质量小，对改善机器人的整体动态性能有好处，但传动设计复杂，传动刚度也降低了。

按转动特点的不同，用于腕部关节的转动又可细分为滚转和弯转两种。如图 2.9(a)所示，滚转是指组成关节的两个零件自身的几何回转中心和相对运动的回转轴线重合，能实现 360°无障碍旋转的关节运动，通常用 R 来标记。如图 2.9(b)所示，弯转是指两个零件的几何回转中心和其相对转动轴线垂直的关节运动，但由于受到结构的限制，其相对转动角度一般小于 360°，通常用 B 来标记。

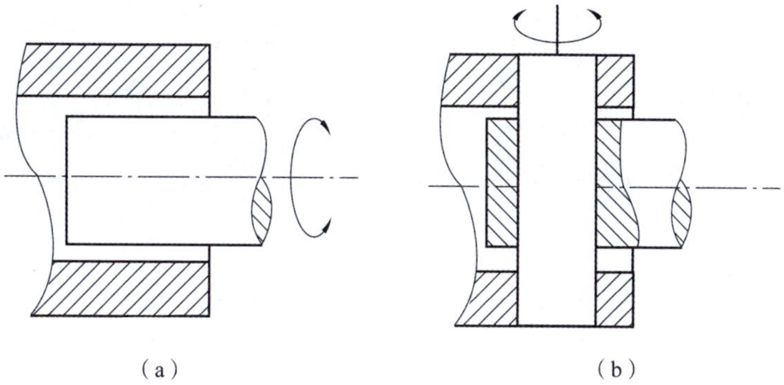

图 2.9　腕部关节的转动

(a)滚转；(b)弯转

1. 腕部的自由度

机器人一般具有 6 个自由度才能使手部达到目标位置和处于期望的姿态。为了使手部能处于空间任意方向，要求腕部能实现对空间 3 个坐标轴 x、y、z 的转动，即具有翻转、俯仰和偏转 3 个自由度，如图 2.10 所示。

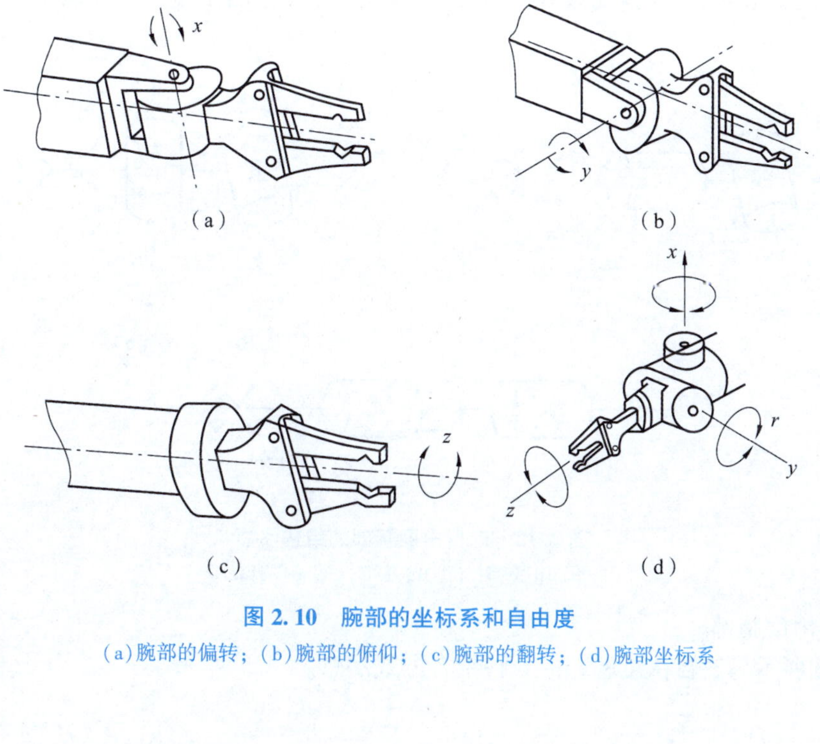

图 2.10　腕部的坐标系和自由度

(a)腕部的偏转；(b)腕部的俯仰；(c)腕部的翻转；(d)腕部坐标系

腕部按自由度数目不同可分为单自由度腕部、二自由度腕部和三自由度腕部。可以证明，三自由度腕部能使手部取得空间任意姿态。

腕部实际所需要的自由度数目应根据机器人的工作性能要求来确定。在有些情况下，腕部具有 2 个自由度，即翻转和俯仰或翻转和偏转。一些专用机械手甚至没有腕部，而有些腕部为了满足特殊要求还有横向移动自由度。

1)单自由度腕部

图 2. 11 所示为单自由度腕部的结构示意。

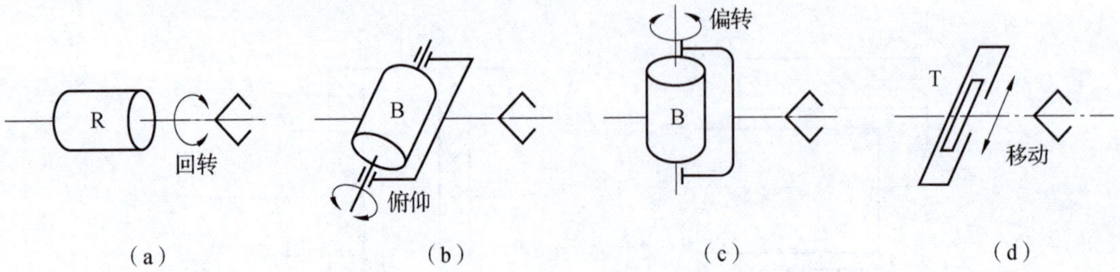

图 2.11　单自由度腕部的结构示意

(a)R 关节；(b)B 关节 1；(c)B 关节 2；(d)T 关节

图 2. 11(a)所示为回转关节(简称 R 关节)，这种 R 关节旋转角度大，可达到 360°以上；图 2. 11(b)、(c)所示为俯仰和偏转关节(简称 B 关节)，这种 B 关节因为受到结构上的干涉，旋转角度小；图 2. 11(d)所示为移动关节，其腕部关节轴线与臂部及手部的轴线在一个方向上成一平面不能转动只能平移。

2)二自由度腕部

图 2. 12(a)所示为由一个 R 关节和一个 B 关节组成的 BR 腕部；图 2. 12(b)所示为由两个 B 关节组成 BB 腕部。如图 2. 12(c)所示，不能由两个 R 关节组成 RR 腕部，因为两个 R 关节共线，两个滚转关节的功能是重复的，所以退化了 1 个自由度，实际只构成了 1 个单自由度腕部。

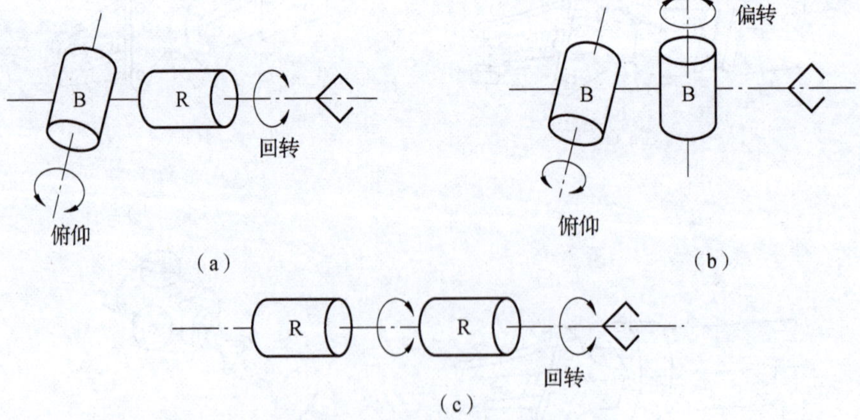

图 2. 12　二自由度腕部的结构示意

(a)BR 腕部；(b)BB 腕部；(c)RR 腕部

3)三自由度腕部

图 2. 13 所示为三自由度腕部的 6 种结合方式示意。

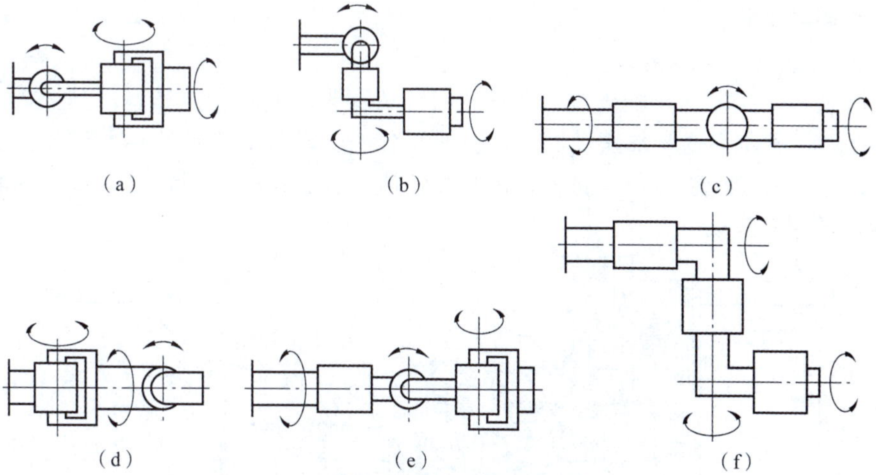

图 2.13　三自由度腕部的 6 种结合方式示意

(a) BBR 型三自由度腕部；(b) BRR 型三自由度腕部；(c) RBR 型三自由度腕部；
(d) BRB 型三自由度腕部；(e) RBB 型三自由度腕部；(f) RRR 型三自由度腕部

2. 腕部的典型结构

1) 单自由度回转运动腕部

单自由度回转运动腕部用回转油（气）缸直接驱动实现腕部回转运动。图 2.14 所示为采用回转油缸直接驱动的单自由度回转运动腕部结构。这种腕部具有结构紧凑、体积小、灵活性好、响应快、精度高等特点，但回转角度受限制，一般小于 270°。

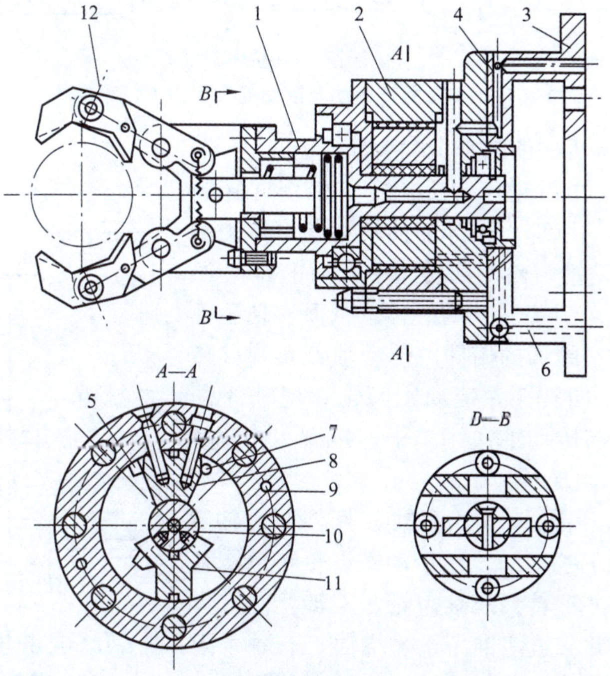

1—手动驱动位；2—回转液压缸；3—腕架；4—通向手部的油管；5—左进油孔；6—通向摆动液压缸油管；
7—右进油孔；8—固定叶片；9—缸体；10—回转轴；11—回转叶片；12—手部。

图 2.14　回转油缸直接驱动的单自由度回转运动腕部结构

2）二自由度腕部

（1）双回转油缸驱动的腕部。

图 2.15 所示为采用两个轴线互相垂直的回转油缸驱动的具有回转运动与摆动的二自由度腕部结构。*V—V* 剖面为腕部摆动回转油缸，工作时，动片 6 带动摆动回转油缸 5 使整个腕部绕固定中心轴 3 摆动。*L—L* 剖面为腕部回转油缸，工作时，回转轴 7 带动回转中心轴 2，实现腕部的回转运动。

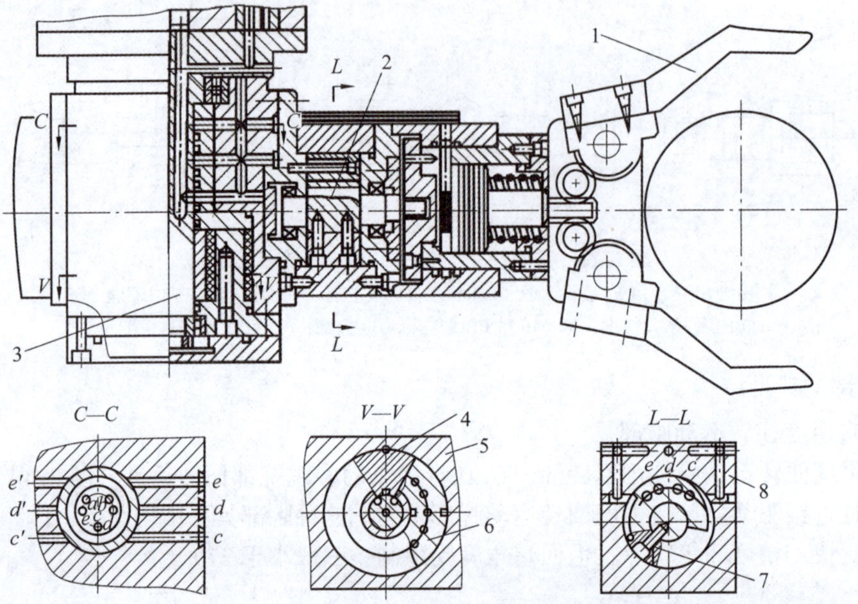

1—手部；2—回转中心轴；3—固定中心轴；4—定片；5—摆动回转油缸；6—动片；7—回转轴；8—回转油缸。

图 2.15　具有回转运动与摆动的二自由度腕部结构

（2）采用齿轮传动机构的二自由度腕部。

图 2.16 所示为采用齿轮传动机构实现腕部回转和俯仰的二自由度腕部的原理。腕部的回转运动由传动轴 *S* 传递，传动轴 *S* 驱动锥齿轮 1 回转，并带动锥齿轮 2、3、4 转动。因腕部 8 与锥齿轮 4 为一体，从而实现手部 9 绕轴 *C* 的回转运动。腕部的俯仰由传动轴 *B* 传递，传动轴 *B* 驱动锥齿轮 5 回转，并带动锥齿轮 6 绕轴 *A* 回转，因腕部的壳体 7 与传动轴 *A* 用销子连接为一体，故可实现腕部的俯仰运动。

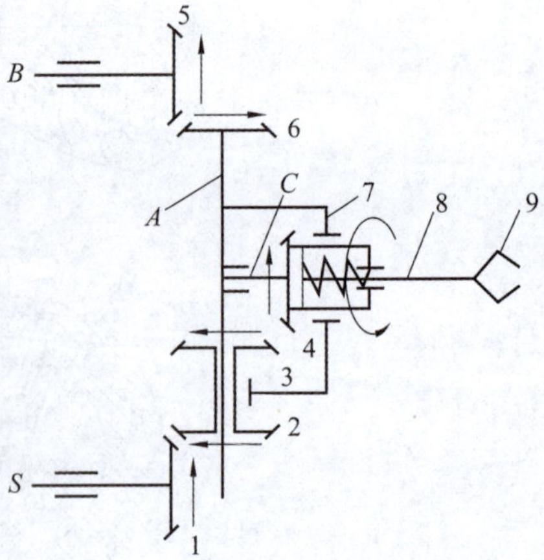

图 2.16　采用齿轮传动机构的二自由度腕部的原理

由图 2.16 可知，当轴 *S* 不转而轴 *B* 回转时，轴 *B* 除带动腕部绕轴 *A* 上下摆动外，还带动锥齿轮 4 也绕轴 *A* 转动。由于锥齿轮 1 不转，故锥齿轮 3 不转，但锥齿轮 4 与 3 相啮合，因此，迫使锥齿轮 4 绕轴 *C* 有一个附加的自转，即为腕部的附加回转运动。由腕部俯仰运动引起的腕部附加回转运动称为诱导运动，这在考虑腕部的回转运动时应予以注意。

这种传动机构结构紧凑、轻巧，传动扭矩大，能提高机器人的工作性能。在示敏型机器人中较多地采用这类传动机构作为腕部结构。但该结构的缺点是腕部有一个诱导运动，设计时要注意采取补偿措施，消除诱导运动的影响。

3)三自由度腕部

(1)液压直接驱动的三自由度腕部。

图2.17所示为液压直接驱动，具有偏转、俯仰和翻转运动的三自由度腕部结构示意。这种液压直接驱动腕部的关键是能否设计和加工出尺寸小、质量轻，而驱动力矩大、驱动特性好的驱动电动机或液压驱动马达。

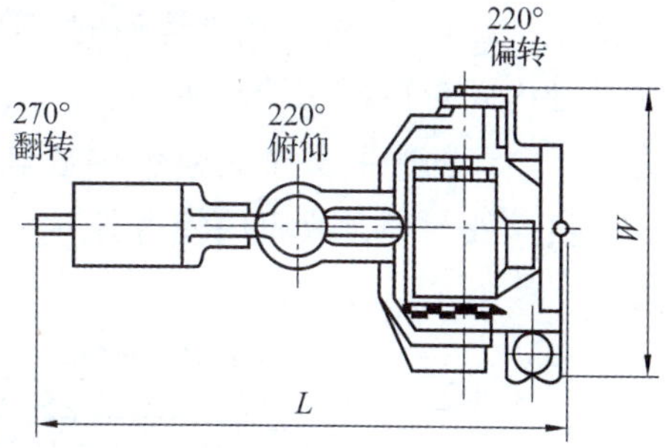

图2.17　液压直接驱动的三自由度腕部结构示意

(2)齿轮链轮传动的三自由度腕部。

图2.18所示为齿轮链轮传动实现偏转、俯仰和回转运动的三自由度腕部的原理。

齿轮链轮传动的三自由度腕部在图2.16所示腕部的基础上增加了一个360°偏转运动。其工作原理如下：当油缸1中的活塞左右移动时，通过链条、链轮2、锥齿轮3和4带动花键轴5和6转动，而花键轴6与行星架9连成一体，因而也就带动行星架作偏转运动，即为腕部所增加的360°偏转运动。由于增加了传动轴 T(即花键轴6)的偏转运动，将诱使腕部产生附加俯仰运动和附加回转运动。这2个诱导运动产生的原因是当传动轴 B 和传动轴 S 不动时，双联圆柱齿轮21和23是相对不动的，由于行星架的回转运动，势必引起圆柱齿轮22绕双联圆柱齿轮21和圆柱齿轮11绕双联圆柱齿轮23的转动，圆柱齿轮22的自转通过锥齿轮20、16、17、18传递到摆动轴19，引起腕部的诱导俯仰运动。而圆柱齿轮11的自转通过锥齿轮12、13、14、15传递到手部夹紧缸的壳体，使腕部做附加回转运动。同样当传动轴 S、T 不动时，传动轴 B 的转动也会诱使手部夹紧缸的壳体做附加回转运动。设计时要注意采取补偿措施消除诱导运动的影响。

这种机构在轴线重合时会出现奇异状态，即自由度退化。图2.18所示腕部所处的位置即为奇异状态。

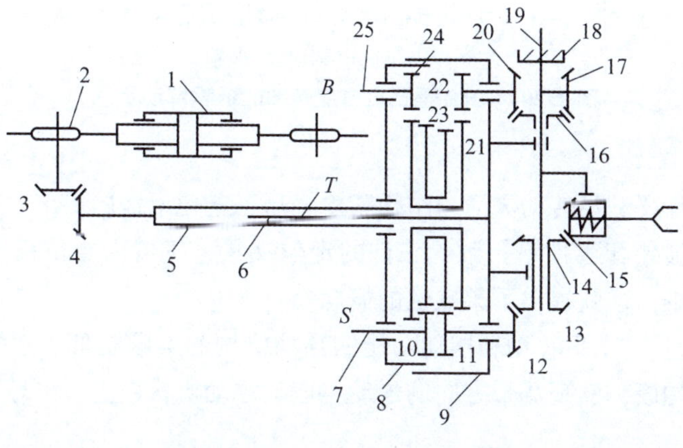

1—油缸；2—链轮；3、4—锥齿轮；5、6—花键轴；7—传动轴 S；8—腕架；9—行星架；10、11、22、24—圆柱齿轮；12、13、14、15、16、17、18、20—锥齿轮；19—摆动轴；21、23—双联圆柱齿轮；25—传动轴 B。

图2.18　齿轮链轮传动的三自由度腕部的原理

(3)RRR 型三自由度腕部。

RRR 型三自由度腕部容易实现远程传动。其结构示意如图 2.19 所示，远程传动示意如图 2.20 所示。为了实现运动的传递，RRR 型三自由度腕部的中间关节是斜置的，3 根转动轴内外套在同一转动轴线上，最外面的转动轴套直接驱动整个腕部转动，中间的轴套驱动斜置的中间关节运动，中心轴驱动第三个滚转关节。该腕部制造简单、润滑条件好、机械效率高，故应用较为普遍。PUMA262 机器人的腕部就采用了这种远程关节传动形式。

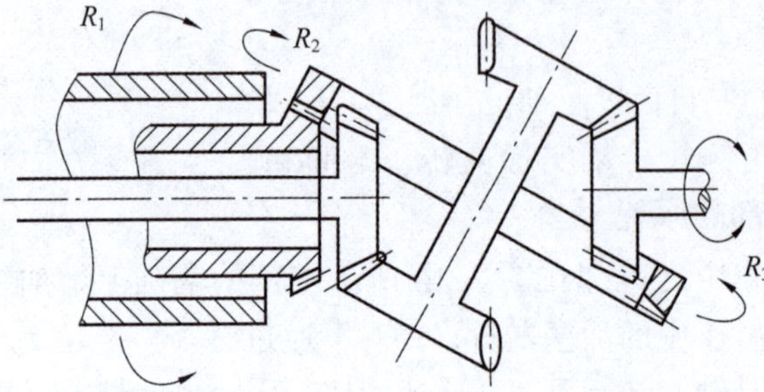

图 2.19 RRR 型三自由度腕部的结构示意

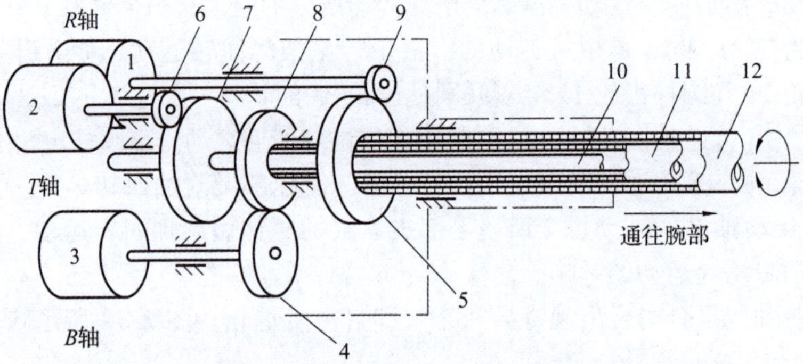

1—R 轴伺服电动机；2—T 轴伺服电动机；3—B 轴伺服电动机；4、5、6、7、8、9—齿轮；10—T 轴；11—B 轴；12—R 轴。

图 2.20 RRR 型三自由度腕部的远程传动示意

4)柔顺腕部

腕部结构的设计要满足传动灵活、结构紧凑轻巧、避免干涉的要求。在用机器人进行精密装配作业时，若被装配零件不一致，工件的定位夹具、机器人定位精度不能满足装配要求，装配将非常困难，这就提出了柔顺性的概念。

图 2.21 所示为具有水平移动和摆动功能的浮动机构的柔顺腕部。水平移动浮动机构由平面、钢球和弹簧构成，实现 2 个方向的浮动；摆动浮动机构由上、下球面和弹簧构成，实现 2 个方向的摆动。

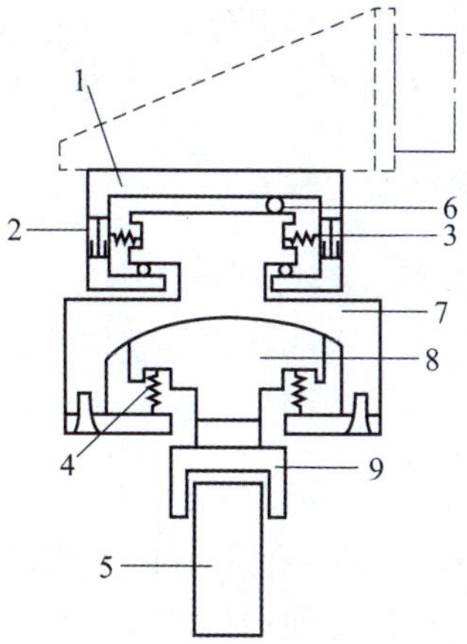

1—中空固定件；2—螺栓；3、4—弹簧；5—工件；6—钢球；
7— 上部浮动件；8—下部浮动件；9—手爪。

图 2.21　柔顺腕部

在装配作业中，如遇夹具定位不准或机器人手爪定位不准，可自行校正。其动作过程如图 2.22 所示，在装配时，工件在局部被卡住时会受到阻力，促使柔顺腕部起作用，使手爪有一个微小的修正量。

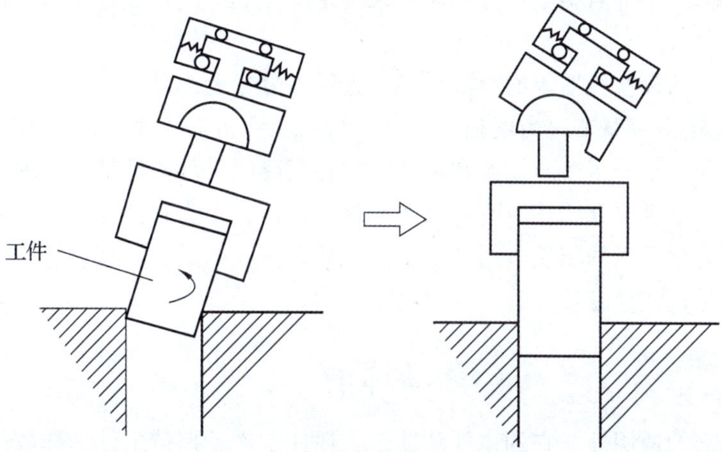

图 2.22　柔顺腕部动作过程

3. 设计腕部时一般应注意的问题

(1)结构紧凑，质量轻。

(2)动作灵活、平稳，定位精度高。

(3)强度、刚度高。

(4)合理设计腕部结构以及传感器和驱动装置的布局与安装。

腕部结构是机器人中最复杂的结构，而传动系统互相干扰，更增加了腕部结构的设计难度。对腕部的设计要求是质量轻；满足作业对手部姿态的要求，并留有一定的裕量(5%~10%)；传动系统结构简单并有利于小臂对整机的静力平衡。一般来说，由于腕部处在开式连杆系末端的特殊位置，它的尺寸和质量对操作机的动态特性和使用性能影响很大。

因此，除要求其动作灵活、可靠外，还应使其结构尽可能紧凑，质量尽可能小。而在所有的三自由度腕部结构中，RRR 型三自由度腕部构造较简单，应用较为普遍。

2.3.2 手部结构的基本形式和特点

机器人的手部是装在机器人腕部上直接抓握工件或执行作业的部件。人的手有两种定义：第一种定义是医学上把包括上臂、腕部在内的整体叫作手；第二种定义是把手掌和手指部分叫作手。机器人的手部接近于第二种定义。

1. 机器人手部的特点

(1)手部与腕部相连处可拆卸。手部与腕部有机械接口，也可能有电、气、液接头，有利于工业机器人作业对象不同时，可以方便地拆卸和更换手部。

(2)手部是机器人的执行部件。它可以像人手那样具有手指，也可以是不具备手指的手；可以是类人的手爪，也可以是进行专业作业的工具，比如装在机器人腕部上的喷漆枪、焊接工具等。

(3)手部的通用性比较差。机器人手部通常是专用的装置，一种工具只能执行一种作业任务，例如，一种手爪往往只能抓握一种或几种在形状、尺寸、质量等方面相近似的工件。

(4)手部是一个独立的部件。如果把腕部归属于臂部，那么机器人操作机的三大件就是机身、臂部和手部。手部对整个工业机器人来说是决定其完成作业好坏以及作业柔性好坏的关键部件之一。

有一种弹钢琴的表演机器人的手部已经与人手十分相近，具有多个多关节手指，一个手的自由度达到 20 余个，每个自由度独立驱动。目前工业机器人手部的自由度还比较少，因为把具备足够驱动力量的多个驱动源和关节安装在紧凑的手部内部是十分困难的。手部可分为手爪和工具，这里主要介绍和讨论手爪的原理和设计，因为它具有一定的通用性。具有复杂感知能力的智能化手爪的出现也增加了工业机器人作业的灵活性和可靠性。喷漆枪、焊具之类的专用工具是行业性专业工具，这里不予介绍。

2. 手部的分类

1)手爪

手爪具有一定的通用性，它的主要功能是：抓住工件、握持工件、释放工件。

抓住工件：在给定的目标位置和期望姿态上抓住工件，工件在手爪内必须具有准确的定位，以保持工件与手爪之间相对位姿，并保证机器人后续作业的准确性。

握持工件：确保工件在搬运过程中或零件在装配过程中定义了的位置和姿态的准确性。

释放工件：在指定点上除去手爪和工件之间的约束关系。

如图 2.23 所示，手爪夹持圆柱工件时尽管夹紧力足够大，在工件和手爪接触面上有足够的摩擦力来平衡工件的重力，但是从运动学观点来看其约束条件不够，不能保证工件在手爪上的准确定位。手爪的不同分类如下。

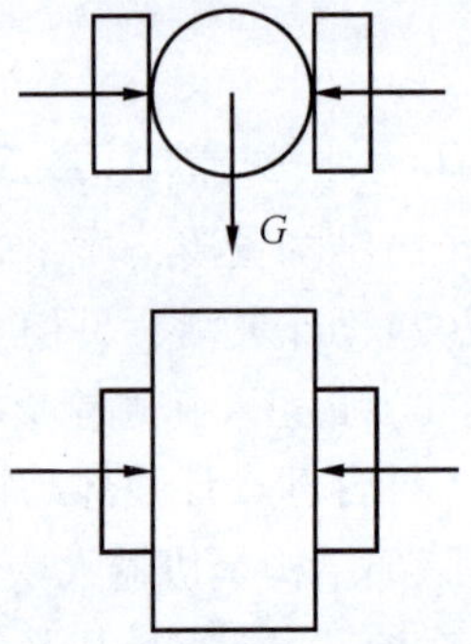

图 2.23 手爪夹持圆柱工件

(1)按夹持原理分类。

手爪按夹持原理不同可分为机械手爪、磁力类手爪和真空类手爪3种。机械手爪有靠摩擦力夹持和吊钩承重2类，机械手爪是有指手爪，磁力类手爪和真空类手爪是无指手爪。机械手爪产生夹紧力的驱动源有气动、液动、电动和电磁4种。磁力类手爪主要是磁力吸盘，有电磁吸盘和永磁吸盘两种。真空类手爪主要是真空式吸盘，根据形成真空的原理不同可分为真空吸盘、气流负压吸盘和挤气负压吸盘3种。手爪按夹持原理分类如图2.24所示。

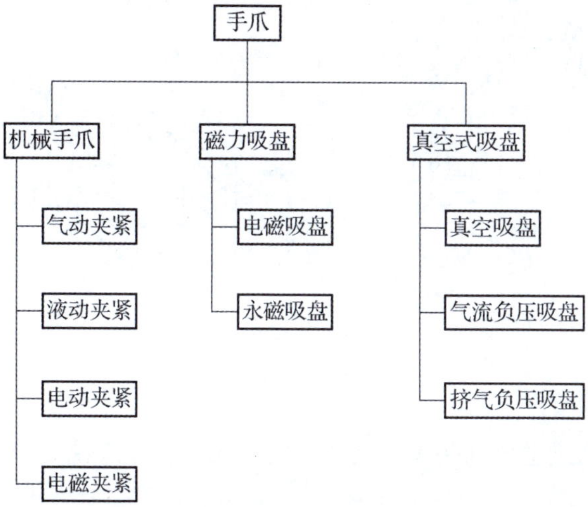

图2.24　手爪按夹持原理分类

(2)按手指或吸盘数目分类。

①手爪按手指数目不同可分为二指手爪及多指手爪。

②手爪按手指关节数目可分为单关节手指手爪及多关节手指手爪。

③吸盘式手爪按吸盘数目不同可分为单吸盘式手爪及多吸盘式手爪。

图2.25所示为一种三指手爪，每个手指是独立驱动的。这种三指手爪与二指手爪相比可以抓取类似立方体、圆柱体及球体等不同形状的物体。图2.26所示为一种多关节柔性手指手爪，它的每个手指具有若干个被动式关节，每个关节不是独立驱动的。在拉紧并夹紧钢丝绳后，柔性手指环抱住物体，因此这种柔性手指手爪对物体形状有一定适应性。

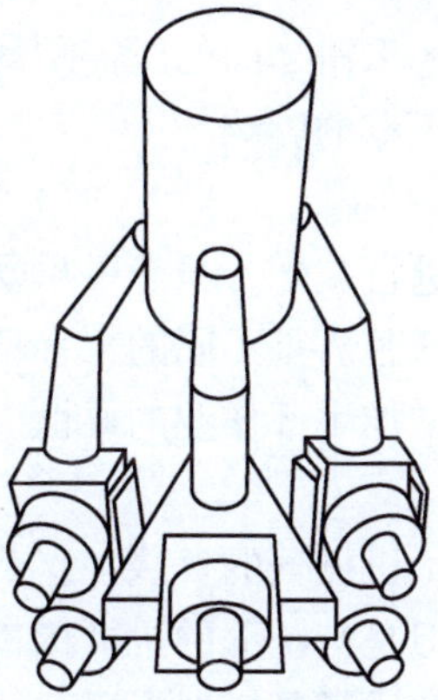

图2.25　三指手爪

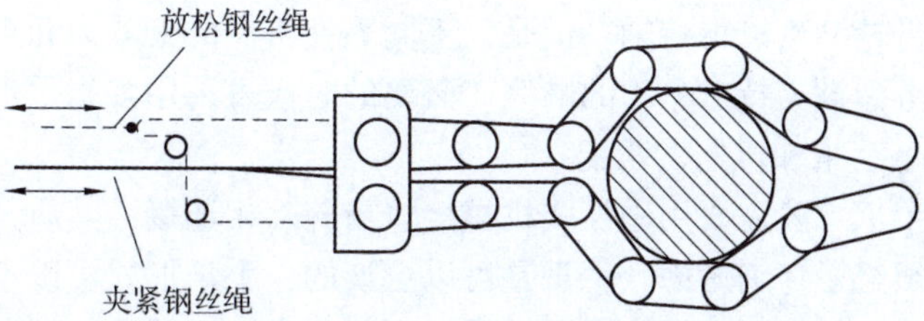

图2.26　多关节柔性手指手爪

(3)按智能化程度分类。

①普通式手爪。这类手爪不具备传感器。

②智能化手爪。这类手爪具备一种或多种传感器，如力传感器、触觉传感器及滑觉传感器等，手爪与传感器集成为智能化手爪。

2)工具

工具是进行某种作业的专用工具，如喷漆枪、焊具等，如图 2. 27 所示。

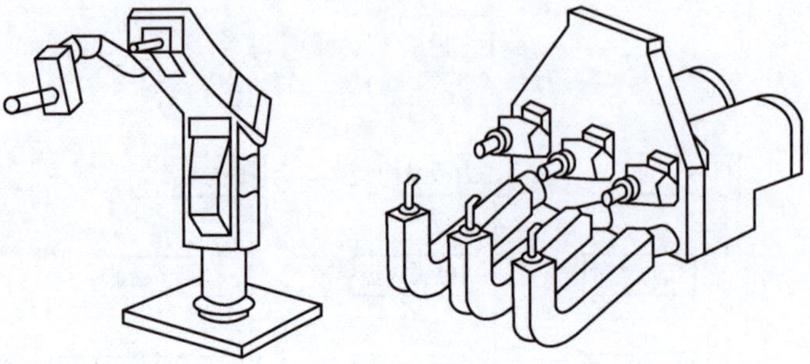

图 2. 27　专用工具

3. 设计和选用手爪的要求

设计和选用手爪时最主要的是满足功能上的要求，具体来说要围绕以下几个方面进行调查，提出设计参数和要求。

1)被抓握的对象物

设计和选用手爪时首先要考虑的是要抓握什么样的工件，因此，必须充分了解工件的几何参数及机械特性。

(1)几何参数。

几何参数包括：①工件尺寸；②可能给予抓握表面的数目；③可能给予抓握表面的位置和方向；④夹持表面之间的距离；⑤夹持表面的几何形状。

(2)机械特性。

机械特性包括：①质量；②材料；③固有稳定性；④表面质量和品质；⑤表面状态；⑥工件温度。

2)物料馈送器或储存装置

与机器人配合工作的物料馈送器或储存装置对手爪最小和最大爪钳之间的所需距离以及夹紧力都有要求，同时，还应了解其他可能的不确定因素对手爪工作的影响。

3)机器人作业顺序

例如一台机器人在齿轮箱装配作业中需要搬运齿轮和轴，并进行装配。虽然手爪既可以抓握齿轮又可以夹持轴，但是，不同零件所需的夹紧力和爪钳张开距离是不同的，手爪设计时应考虑被夹持对象物的顺序。必要的时候可采用多指手爪，以增加手部作业的柔性。

4)手爪和机器人匹配

手爪一般需要用法兰式机械接口与腕部相连接，其质量增加了机械臂的负载，这两个问题必须给予仔细考虑。手爪是可以更换的，手爪形式可以不同，但是与腕部的机械接口必须相同，这就是接口匹配。手爪质量不能太大，机器人能抓取工件的质量是机器人承载能力减去手爪质量，因此手爪质量要与机器人承载能力匹配。

5)环境条件

作业区域内的环境状况很重要，高温、水、油等不同环境会影响手爪的工作。例如，一个锻压机械手要从高温炉内取出红热的锻件坯，就必须保证手爪的开合、驱动在高温环境中均能正常工作。

4. 典型手爪的介绍

1)机械手爪

(1)驱动

机械手爪根据产生夹紧力的驱源不同，可分为气动手爪、液动手爪、电动手爪和电磁手爪。气动手爪目前得到了广泛的应用，这是因为气动手爪有许多突出的优点：结构简单，成本低，容易维修，开合迅速，质量轻。其缺点是空气介质的可压缩性使爪钳位置控制比较复杂。液动手爪成本稍高一些。电动手爪的优点是手指开合电动机的控制与机器人控制可以共用一个系统，缺点是夹紧力比气动手爪、液压手爪小，开合时间比它们长。电磁手爪的控制信号简单，但是其电磁夹紧力与爪钳行程有关，只能在开合距离小的场合使用。图 2.28 所示为一种气动手爪，气缸 4 中压缩空气推动活塞 3 使连杆齿条 2 作往复运动，经扇形齿轮 1 带动平行四边形机构，使爪钳 5 平行地快速开合。

(2)爪钳。

爪钳是与工件直接接触的部分，它们的形状和材料对夹紧力有很大影响。夹紧工件的接触点越多，所要求的夹紧力越小，夹持工件时就越安全。图 2.29 所示为具有 V 形爪钳的手爪，其有 4 条折线与工件相接触，形成力封闭形式的夹持状态，比平面爪钳夹持安全可靠。

(3)传动机构。

驱动源的驱动力通过传动机构驱使爪钳开合并产生夹紧力。机械手爪还常以传动机构来命名，如平行连杆式手爪(图 2.28)、齿轮齿条式手爪[图 2.30(a)]、拨杆杠杆式手爪[图 2.30(b)]、滑槽式手爪[图 2.30(c)]、重力式手爪[图 2.30(d)]等。机械手爪对传动机构有运动要求和夹紧力要求。图 2.28 所示的平行连杆式手爪及图 2.30(a)所示的齿轮齿条式手爪可保持爪钳平行运动，夹持宽度变化大，对其夹紧力的要求是爪钳开合度不同时夹紧力能保持不变。

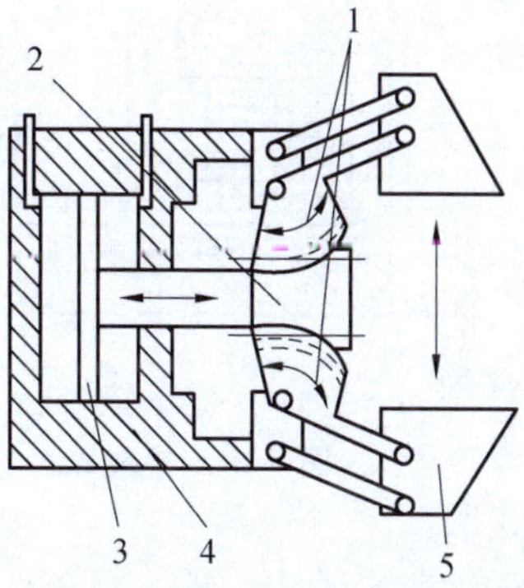

1—扇形齿轮；2—连杆齿条；3—活塞；4—气缸；5—爪钳。

图 2.28　气动手爪(平行连杆式手爪)

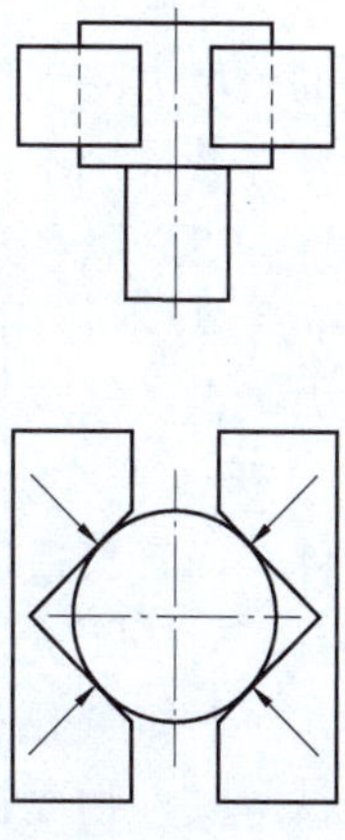

图 2.29　具有 V 形爪钳的手爪

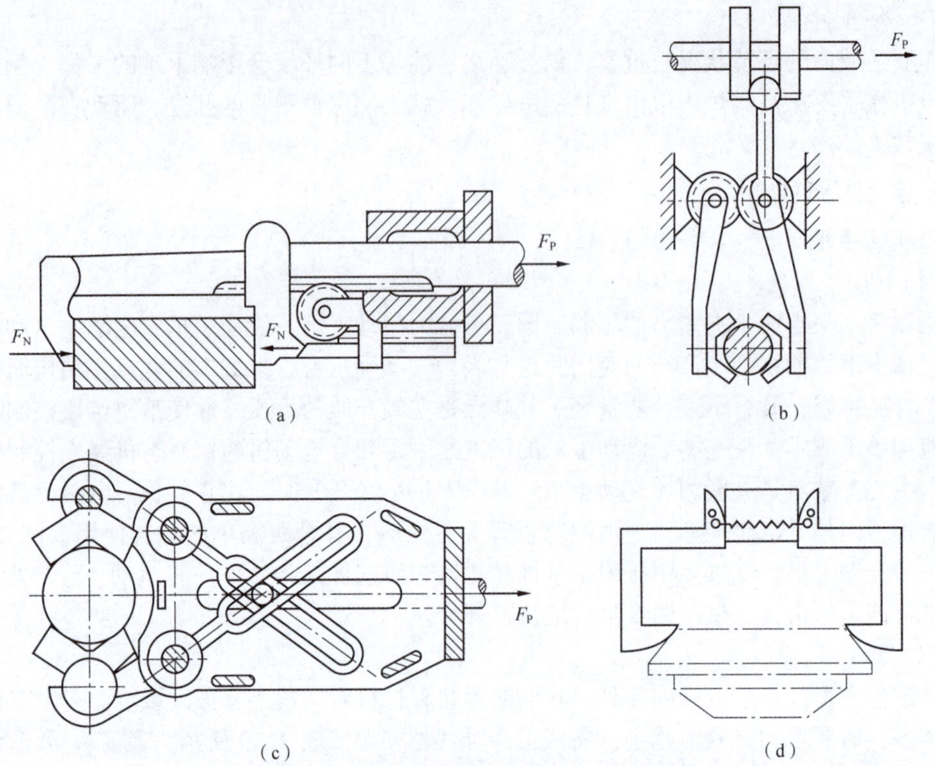

图 2.30　4 种手爪传动机构

(a)齿轮齿条式手爪；(b)拨杆杠杆式手爪；(c)滑槽式手爪；(d)重力式手爪

2)磁力吸盘

磁力吸盘有电磁吸盘和永磁吸盘两种。电磁吸盘是在手爪装上电磁铁，通过磁场力把工件吸住。图 2.31 所示为电磁吸盘的结构示意。在线圈通电的瞬间，由于空气间隙的存在，磁阻很大，线圈的电感和启动电流很大，这时产生的磁场力将工件吸住，一旦断电，磁场力消失，工件松开。若采用永久磁铁作为吸盘，则必须强迫性地取下工件。电磁吸盘只能吸住用铁磁材料制成的工件(如钢铁件)，吸不住用有色金属和非金属材料制成的工件。磁力吸盘的缺点是被吸取工件有剩余磁化强度(简称剩磁)，吸盘上常会吸附一些铁屑，致使不能可靠地吸住工件，而且只适用于对工件要求不高或有剩磁也无妨的场合。对于不允许有剩磁的工件(如钟表零件及仪表零件)，不能选用磁力吸盘，可用真空式吸盘。另外钢、铁等磁性物质在温度为 723 ℃以上时磁性就会消失，故高温条件下不宜使用磁力吸盘。

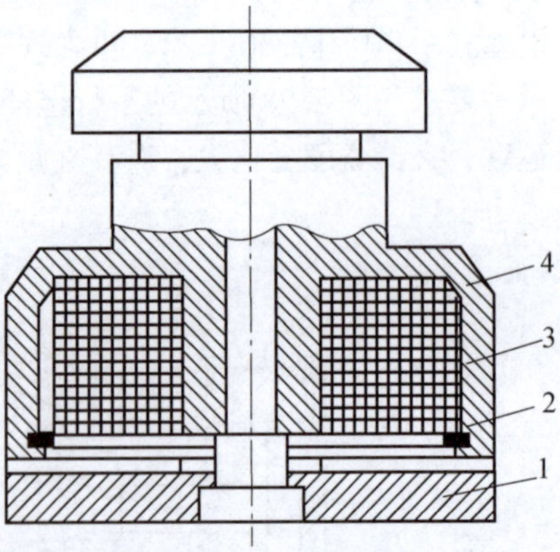

1—磁盘；2—防尘盖；3—线圈；4—外壳体。

图 2.31　电磁吸盘的结构示意

磁力吸盘要求工件表面清洁、平整、干燥，以保证可靠地吸附。磁力吸盘的设计内容主要包括电磁吸盘中电磁铁吸力的计算以及铁芯横截面积、线圈导线直径和线圈匝数等参数的设计，要根据实际应用环境选择工作情况系数和安全系数。

3) 真空式吸盘

真空式吸盘主要用于搬运体积大、质量轻的零件，如冰箱壳体、汽车壳体等零件；也广泛用于需要小心搬运的物件，如显像管、平板玻璃等物件。真空式吸盘要求工件表面平整光滑、干燥清洁，同时气密性要好。根据真空产生的原理不同，真空式吸盘可分为真空吸盘、气流负压吸盘和挤气负压吸盘 3 种。

(1) 真空吸盘。

图 2.32 所示为产生负压的真空吸盘控制系统。吸盘吸力在理论上取决于吸盘与工件表面的接触面积和吸盘内外气压差，但实际上其与工件表面状态有十分密切的关系，即工作表面状态影响负压的泄漏。采用真空泵能保证吸盘内持续产生负压，所以这种吸盘比其他形式吸盘的吸力大。

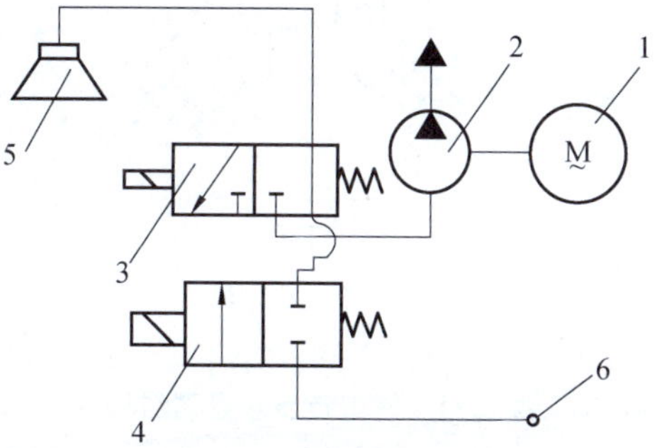

1—电动机；2—真空泵；3、4—电磁阀；5—吸盘；6—连通大气压。

图 2.32　产生负压的真空吸盘控制系统

(2) 气流负压吸盘。

气流负压吸盘的工作原理如图 2.33 所示，压缩空气进入喷嘴后，利用伯努利效应使橡胶皮碗内产生负压。工厂一般都有空压机站或空压机，比较容易获得空压机气源，无须专为机器人配置真空泵，所以气流负压吸盘在工厂内使用方便。

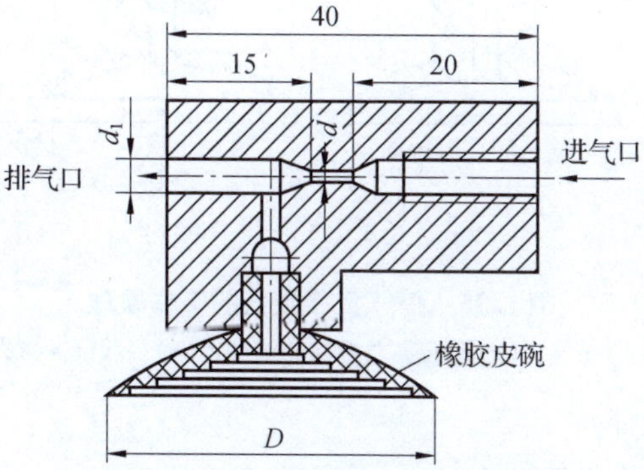

图 2.33　气流负压吸盘的工作原理

(3) 挤气负压吸盘。

图 2.34 所示为挤气负压吸盘的结构，图 2.35 所示为挤气负压吸盘的工作原理。吸盘压向工件表面时，将吸盘内的空气挤出；松开时，去除压力，吸盘恢复弹性变形，吸盘内腔形成负压，将工件牢牢吸住，从而进行工件搬运；到达目标位置后，用碰撞力或电磁力使压盖 2 动作，破坏吸盘腔内的负压，释放工件。这种挤气负压吸盘不需要真空泵系统也不需要压

缩空气气源，比较经济方便，但是，可靠性比真空吸盘和气流负压吸盘差。

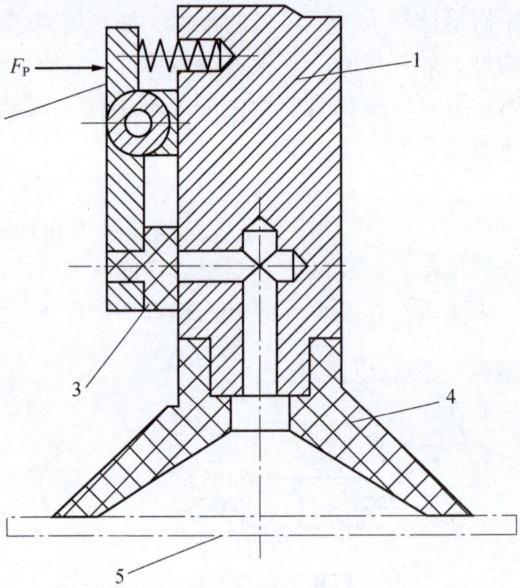

1—吸盘架；2—压盖；3—密封垫；4—吸盘；5—工件。

图 2.34　挤气负压吸盘的结构

挤气负压吸盘的吸力计算是在假设吸盘与工件表面气密性良好的情况下进行的，可利用玻意耳定律和静力平衡公式计算内腔最大负压和最大极限吸力。对市场供应的 3 种型号耐油橡胶吸盘进行吸力理论计算及实测的结果表明，理论计算误差主要是假定工件表面为理想状况所造成。实验结果表明，其在工件表面清洁度、平滑度较好的情况下牢固吸附时间可持续 30 s，能满足一般工业机器人工作循环时间的要求。

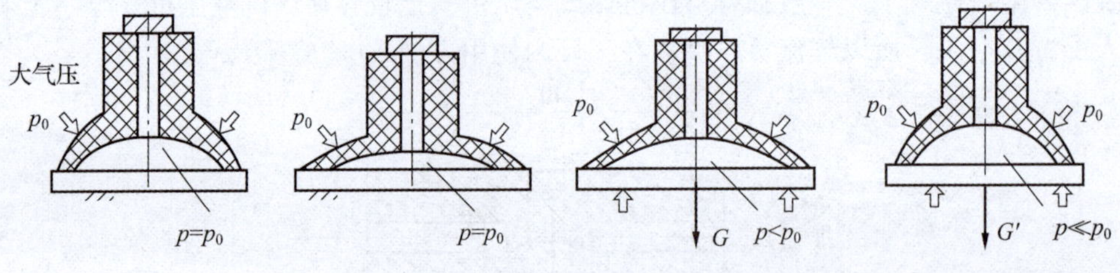

图 2.35　挤气负压吸盘的工作原理

(a)未挤气；(b)挤气；(c)提起重力为 G 的工件；(d)提起最大重力为 G' 的工件

4)真空式吸盘的新设计

目前有以下两种真空吸盘的新设计。

(1)自适应吸盘。

图 2.36 所示的自适应吸盘具有一个球关节，使吸盘能倾斜自如，适应工件表面倾角的变化，这种自适应吸盘在实际应用中获得了良好的效果。

(2)异形吸盘。

图 2.37 所示为一种异形吸盘。通常吸盘只能吸附一般的平整工件，而该异形吸盘可用来吸附鸡蛋、锥颈瓶等形状各异的物件，扩大了真空式吸盘在工业机器人中的应用。

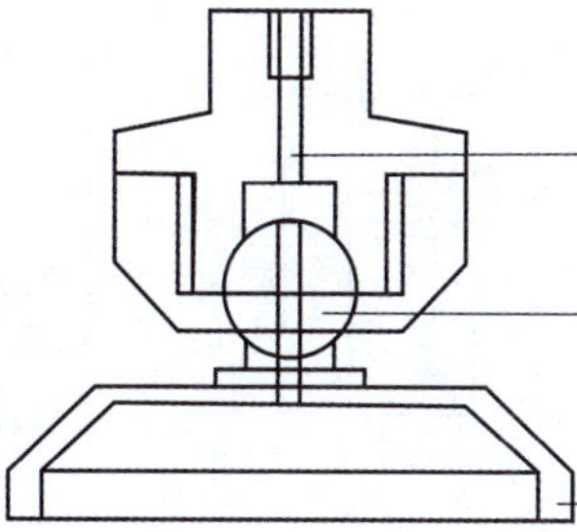

图 2.36 自适应吸盘

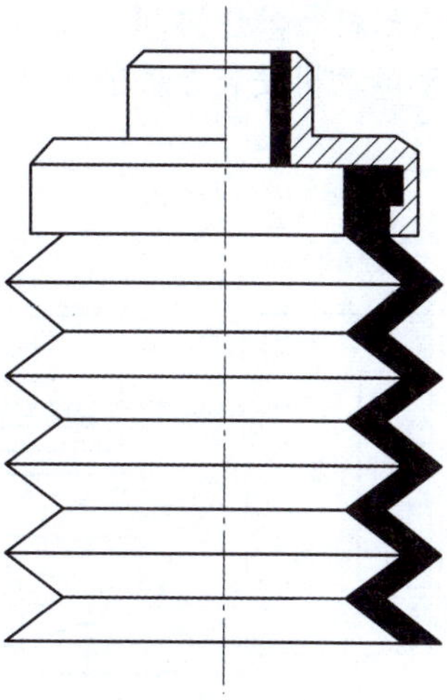

图 2.37 异形吸盘

2.4 传动及行走机构

机器人是运动的，各个部位都需要能源和动力，因此设计和选择良好的传动部件是非常重要的。本节主要介绍传动及行走机构的基本形式和特点。

机器人可分成固定式和移动式两种，一般的工业机器人多为固定式。但是，随着海洋科学、原子能科学技术及宇宙空间事业的发展，可以预见，具有智能的可移动机器人是今后机器人的发展方向。比如，我国的“祝融号”火星车已成功用于火星探测。

2.4.1 传动机构的基本形式和特点

传动机构用以把驱动器的运动传递到关节和动作部位，其涉及关节、传动方式以及传动部件的定位和消除传动间隙等多个方面的内容。

1. 关节

机器人中连接运动部分的机构称为关节。关节有转动型和移动型，分别称为转动关节和移动关节。

1)转动关节

转动关节在机器人中被简称为关节的连接部分，它既连接各机构，又传递各机构间的回转运动(或摆动)，用于基座与臂部、臂部之间、臂部和手部等连接部位。关节由回转轴、轴承和驱动机构组成。

(1)转动关节的形式。

关节与驱动机构的连接方式有多种，因此转动关节也有多种形式，如图 2.38 所示。

①驱动机构与回转轴同轴式。这种形式直接驱动回转轴，有较高的定位精度。但是，为减轻质量，要选择小型减速器并增加臂部的刚性。它适用于水平多关节型机器人。

②驱动机构与回转轴正交式。这种形式中，质量大的减速机构安放在基座上，通过臂部的齿轮、链条传递运动。这种形式适用于要求臂部结构紧凑的场合。

③外部驱动机构驱动臂部的形式。这种形式适用于传递大扭矩的回转运动，采用的传动

机构有滚珠丝杠、液压缸和气缸。

④驱动电动机安装在关节内部的形式。这种形式称为直接驱动。

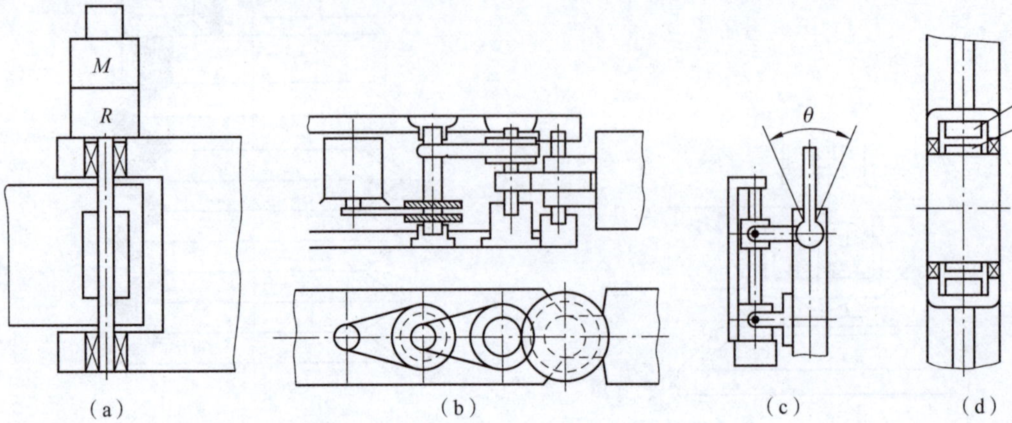

图 2.38　转动关节的形式

(a)驱动机构与回转轴同轴式；(b)驱动机构与回转轴正交式；
(c)外部驱动机构驱动臂部的形式；(d)驱动电动机安装在关节内部的形式

(2)轴承。

机器人中轴承起着相当重要的作用，用于转动关节的轴承有多种形式，球轴承是机器人和机械手结构中最常用的轴承。球轴承能承受径向和轴向载荷，摩擦较小，对轴和轴承座的刚度不敏感。

图 2.39(a)所示为普通向心球轴承；图 2.39(b)所示为向心推力球轴承。这两种轴承的每个球和滚道之间只有两点接触(一点与内滚道，另一点与外滚道)。而为实现预载，向心推力球轴承必须成对使用。图 2.39(c)所示为四点接触球轴承。该轴承的滚道是尖拱式半圆，球与每个滚道两点接触，通过两内滚道之间适当的过盈量实现预紧。因此，此种轴承的优点是无间隙，能承受双向轴向载荷，尺寸小，承载能力和刚度是同样大小的普通轴承的 1.5 倍；缺点是价格较高。采用四点接触式设计以及高精度加工工艺的机器人专用轴承已经问世，这种轴承的质量是同等轴径的常规系列四点接触球轴承的 1/25。

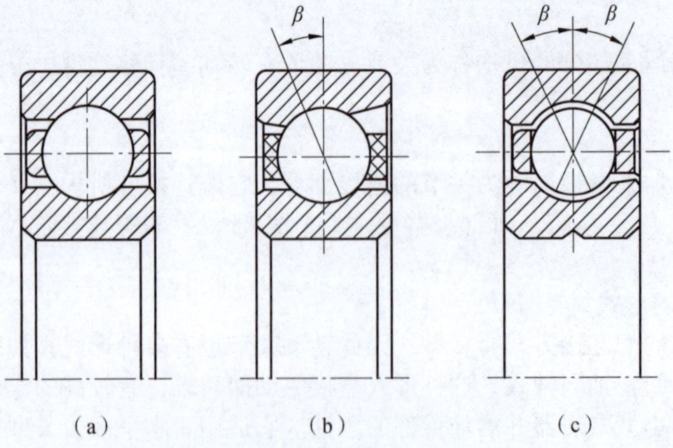

图 2.39　转动关节常用轴承形式

(a)普通向心球轴承；(b)向心推力球轴承；(c)四点接触球轴承

2)移动关节

移动关节由直线运动机构和在整个运动范围内起直线导向作用的直线导轨部分组成。导轨部分分为滑动导轨、滚动导轨、静压导轨和磁性悬浮导轨等形式。

一般，要求机器人导轨间隙小或能消除间隙：在垂直于运动方向上要求刚度高、摩擦因数小且不随速度变化，并且有高阻尼、小尺寸和小转动惯量。通常，由于机器人在速度和精度方面的要求很高，一般采用结构紧凑且价格低廉的滚动导轨。

滚动导轨可以按滚动体的种类、轨道形状和滚动体是否循环进行分类：

(1)按滚动体的种类不同，可分为球、圆柱滚子和滚针；

(2)按轨道形状不同，可分为圆轴式、平面式和滚道式；

(3)按滚动体是否循环，可分为循环式、非循环式。

这些滚动导轨有各自的特点，装有滚珠的滚动导轨适用于中小载荷和小摩擦的场合；装有滚柱的滚动导轨适用于重载和高刚性的场合。受轻载的滚柱的特性接近于线性弹簧，呈硬弹簧特性；而滚珠的特性接近于非线性弹簧，刚性要求高时应施加一定的预紧力。

2. 传动方式

机器人中常用的传动方式有齿轮传动、丝杠传动、带传动与链传动、绳传动与钢带传动、连杆与凸轮传动、流体传动等。

1)齿轮传动

电动机是高转速、小力矩的驱动器，而机器人通常要求低转速、大力矩，因此，在机器人中常用行星轮传动机构、谐波传动机构以及RV(Rotary Vector，旋转矢量)减速器来完成速度和力矩的变换与调节。

输出力矩有限的原动机要在短时间内加速负载，要求其齿轮传动机构的传动比(也称为速比) i_n 为最优，i_n 可由式(2.13)求出。

$$i_n = \sqrt{I_a/I_m} \tag{2.13}$$

式中：I_a 为工作臂的惯性矩；I_m 为电动机的惯性矩。

(1)行星轮传动机构。

图2.40所示为行星轮传动机构简图。行星轮传动机构的尺寸小、转动惯量小，一级传动比大，结构紧凑，载荷分布在若干个行星轮上，内齿轮也具有较高的承载能力。

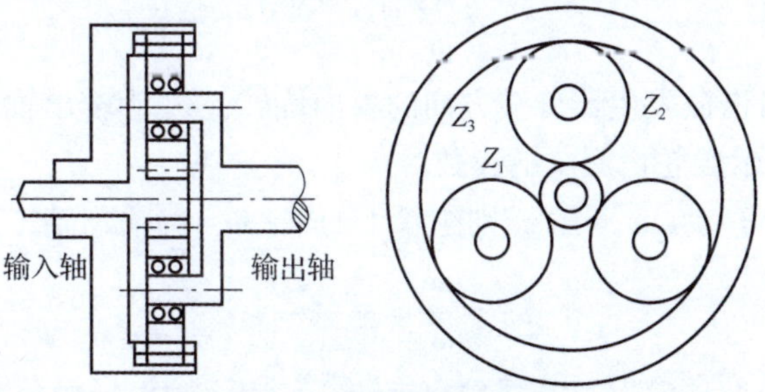

图2.40　行星轮传动机构简图

(2)谐波传动机构。

谐波传动在运动学上是一种具有柔性齿圈的行星传动，但是，它在机器人上的应用比行星轮传动更加广泛。

谐波发生器是在椭圆形凸轮的外周嵌入薄壁轴承制成的部件。轴承内圈固定在凸轮上，外圈依靠钢球发生弹性变形，一般与输入轴相连。

柔轮为能产生弹性变形的齿轮，是杯状薄壁金属弹性体，杯口外圆有齿，底部与输出轴相连。

刚轮为刚性齿轮，其内圆有很多齿，齿数比柔轮多两个，一般固定在壳体上。

当谐波发生器连续旋转时，产生的机械力使柔轮变形，变形曲线为一条基本对称的谐波曲线。谐波发生器波数表示谐波发生器转一周时，柔轮某一点变形的循环次数。其工作原理是：当谐波发生器在柔轮内旋转时，迫使柔轮发生变形，同时进入或退出刚轮的齿间。在谐波发生器的短轴方向，刚轮与柔轮的齿间处于啮入或啮出的过程，伴随着谐波发生器的连续转动，齿间的啮合状态依次发生变化，即产生啮入—啮合—啮出—脱开—啮入的变化过程。这种错齿运动把输入运动变为输出的减速运动。

图 2.41 所示为谐波传动机构简图。由于谐波发生器 4 的转动使柔轮 6 上的柔轮齿圈 7 与刚轮(圆形花键轮)1 上的刚轮内齿圈 2 相啮合。

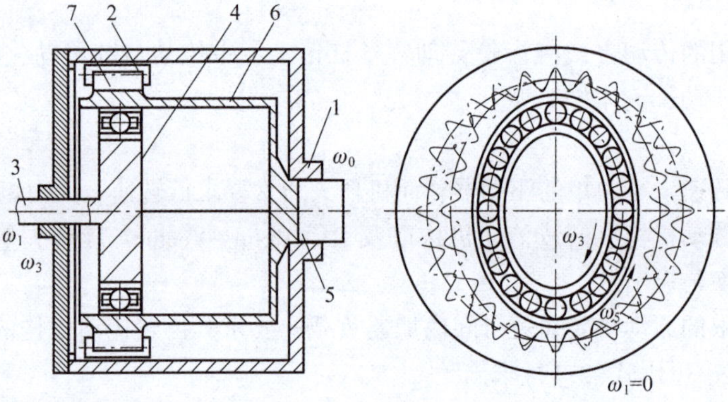

1—刚轮；2—刚轮内齿圈；3—输入轴；4—谐波发生器；5—轴；6—柔轮；7—柔轮齿圈。

图 2.41　谐波传动机构简图

谐波传动的传动比的计算与行星传动相同。

输入轴 3 的角速度为 ω_3，如果刚轮 1 不转动($\omega_1=0$)，则轴 5(ω_5)为输出轴，传动比为

$$i_{35}=\frac{\omega_3}{\omega_5}=-\frac{z_7}{z_2-z_7} \tag{2.14}$$

式中：负号表示柔轮沿谐波发生器旋转方向的反向旋转；ω_5 为输出轴的角速度；z_2 表示刚轮内齿圈 2 的齿数；z_7 表示柔轮齿圈 7 的齿数。

如果柔轮 6 静止不转动($\omega_5=0$)，则刚轮 1 的轴(ω_1)为输出轴，传动比为

$$i_{31}=\frac{\omega_3}{\omega_1}=+\frac{z_2}{z_2-z_7} \tag{2.15}$$

式中：正号表示刚轮与谐波发生器沿同方向旋转；ω_1 表示输出轴的角速度。

谐波传动的传动比 $i_{\min}=60$，$i_{\max}=300$，传动效率高达 80%~90%，如果柔轮和刚轮之间能够多齿啮合，例如任何时刻都有 10%~30%的齿同时啮合，那么可以大大提高谐波传动的承载能力。

谐波传动的优点是：①尺寸小，转动惯量小；②误差均匀分布在多个啮合点上，传动精度高；③加预载啮合，传动间隙非常小；④多齿啮合，具有高阻尼特性。

谐波传动的缺点是：①柔轮的疲劳问题；②扭转刚度低；③以2、4、6倍输入轴速度的啮合频率产生振动；④谐波传动与行星轮传动相比虽然具有较小的传动间隙和较轻的质量，但是刚度较差。

目前，采用液压静压谐波发生器的谐波传动机构已经问世，其机构简图如图2.42所示。凸轮1和柔轮2之间不直接接触，凸轮上的小孔3与柔轮内表面有大约0.1 mm的间隙，润滑油从小孔喷出，使柔轮产生变形波，从而产生减速驱动。润滑油具有很好的冷却作用，能提高传动速度。采用电磁波原理谐波发生器的谐波传动机构也已经被提出。

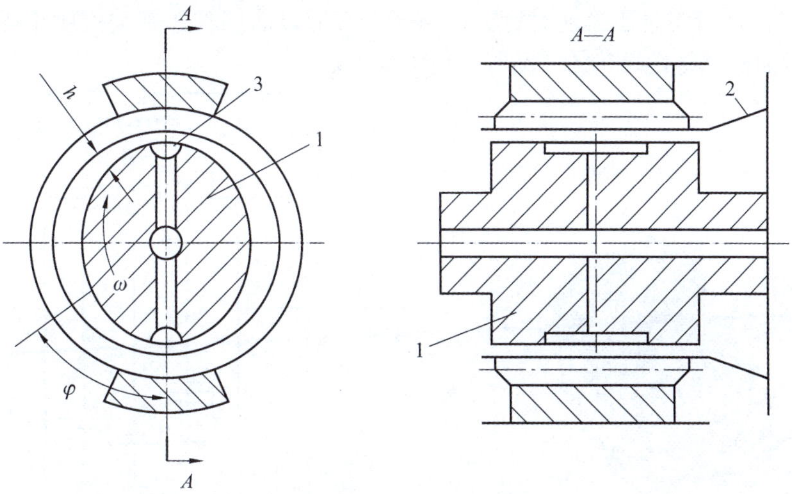

1—凸轮；2—柔轮；3—小孔。

图2.42　采用液压静压谐波发生器的谐波传动机构简图

(3)RV减速器。

RV减速器的传动装置是由一个渐开线行星轮减速机构的前级和一个摆线针轮减速机构的后级组成的两级减速机构串联结构，是一种新型的二级封闭行星轮系，是在摆线针轮传动基础上发展起来的一种新型传动装置，其在机器人领域占有主导地位。

RV减速器具有较高的疲劳强度、刚度和较长的寿命，而且回差精度稳定，很好地解决了谐波减速器随着使用时间增长运动精度显著降低的缺点，世界上许多高精度机器人传动装置大多都会采用RV减速器，其实物内部端面如图2.43所示。

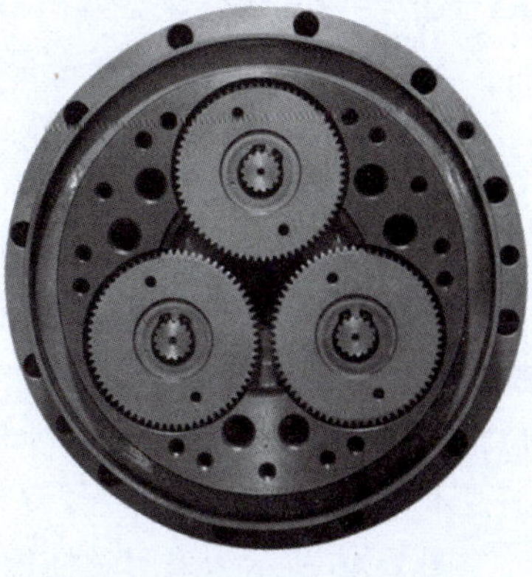

图2.43　RV减速器实物内部端面

图2.44所示为RV减速器结构示意，其主要由太阳轮、行星轮、曲柄轴、摆线轮、针轮、刚性盘等零部件组成。太阳轮是用来传递输入功率，且与行星轮互相啮合的。行星轮与太阳轮啮合并与曲柄轴固连，两个或三个行星轮均匀分布在一个圆周上，起到功率分流作用，即将输入功率分成两路或三路传递给摆线轮。行星轮的数量与减速器的

规格有关，小规格减速器一般布置两个，中大规格减速器布置三个。曲柄轴是摆线轮的旋转轴，它的一端与行星轮由花键相连接；另一端为两段偏心轴，通过滚针轴承可以带动两个不同心的摆线轮。为了实现径向力的平衡，在该传动机构中，一般应采用两个完全相同的摆线轮，分别安装在曲柄轴上，并且使两摆线轮的偏心位置相互对称。当曲柄轴回转时，两个摆线轮在对称方向进行摆动。针轮上安装有多个针齿，与壳体固连在一起，统称为针轮壳体。针轮的内圈上安装有针销，当摆线轮摆动时，针销推动针轮缓慢旋转；外侧加工有法兰，用于减速器的安装固定。刚性盘是动力传动机构，曲柄轴的输出端通过轴承安装在这个刚性盘上，与刚性盘相互连接成为一体，输出运动或动力。

图 2.45 所示为 RV 减速器传动简图。如果渐开线中心轮 1 沿顺时针方向旋转，则渐开线行星轮 2 在公转的同时还沿逆时针方向自转，并通过曲柄轴 3 带动摆线轮 4 进行偏心运动。同时通过曲柄轴将摆线轮的转动等速传给输出盘 6。

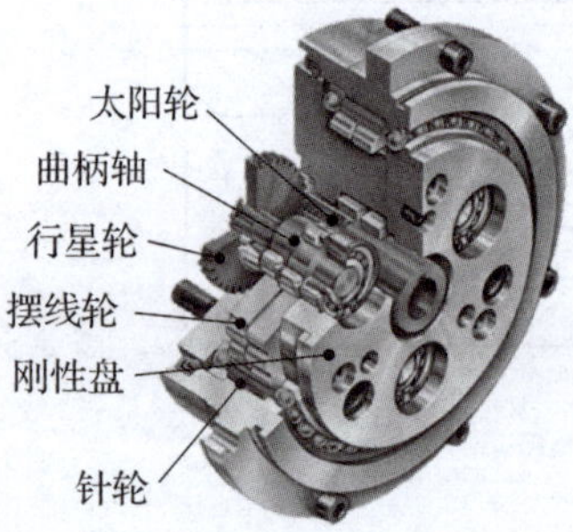

图 2.44　RV 减速器结构示意

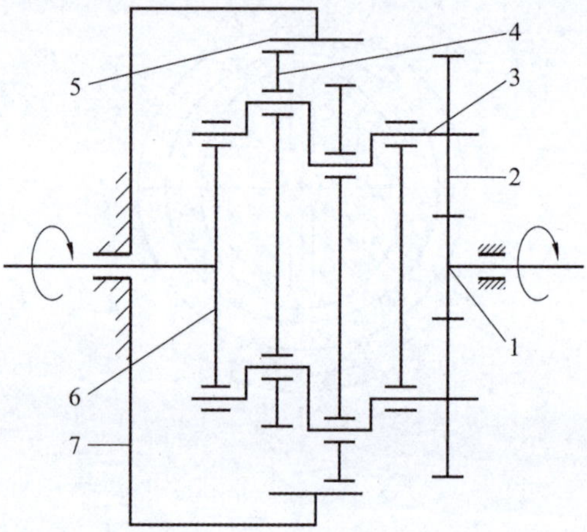

1—渐开线中心轮；2—渐开线行星轮；3—曲柄轴；
4—摆线轮；5—针齿；6—输出盘；7—针齿壳(机架)。

图 2.45　RV 减速器传动简图

RV 减速器的优点：①传动比范围大，传动效率高；②在额定转矩下，弹性回差误差小；③扭转刚度大，远大于一般摆线针轮减速器的输出机构；④传递同等转矩与功率时，RV 减速器较其他减速器体积小。

2）丝杠传动

丝杠传动有滑动式、滚珠式和静压式等。机器人传动用的丝杠具备结构紧凑、间隙小和传动效率高等特点。

滑动式丝杠传动是连续的面接触，传动中不会产生冲击，传动平稳，无噪声，并且能自锁。因丝杠的螺旋升角较小，所以用较小的驱动力矩可获得较大的牵引力。但是，丝杠螺母螺旋面之间的摩擦为滑动摩擦，故传动效率低。滚珠式丝杠传动效率高，而且传动精度和定位精度均很高，传动时灵敏度和平稳性亦很好。由于磨损小，滚珠式丝杆的使用寿命较长，但成本较高。

图 2.46 所示为采用丝杠传动的臂部升降机构。由电动机 1 带动蜗杆 2 使蜗轮 5 回转，依靠蜗轮内孔的螺纹带动丝杠 4 作升降运动。为了防止丝杠的转动，在其上端铣有花键并与固定在箱体 6 上的花键套 7 组成导向装置。

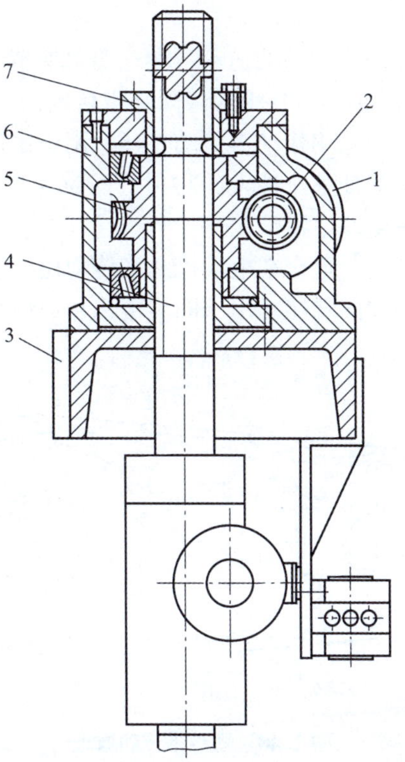

1—电动机；2—蜗杆；3—臂架；4—丝杠；5—蜗轮；6—箱体；7—花键套。

图 2.46 采用丝杠传动的臂部升降机构

图 2.47 所示为滚珠式丝杠的基本组成，导向槽 4 连接螺母的第一圈和最后两圈，使其形成滚动体可以连续循环的导槽。滚珠式丝杠在工业机器人上的应用比滚柱丝杠多，因为后者结构尺寸大(径向和轴向)，传动效率低。

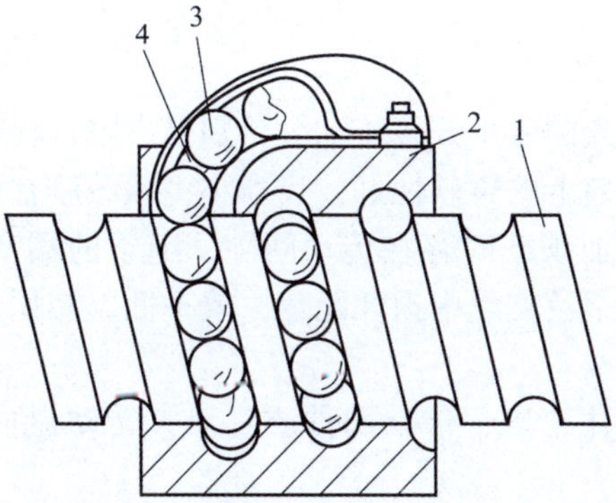

1—丝杠；2—螺母；3—滚珠；4—导向槽。

图 2.47 滚珠式丝杠的基本组成

3)带传动与链传动

带传动和链传动用于传递平行轴之间的回转运动，或把回转运动转换成直线运动。机器人中的带传动和链传动分别通过带轮或链轮传递回转运动，有时还用来驱动平行轴之间的小齿轮。

(1)同步带传动。

同步带传动主要用来传递平行轴间的运动，传送带和带轮的接触面都制成相应的齿形，靠啮合传递功率，其传动原理如图 2.48 所示。同步带传动时无滑动，初始张力小，被动轴的轴承不易过载。因无滑动，它除用作动力传动外还适用于定位。同步带采用氯丁橡胶作为基材，并在中间加入玻璃纤维等伸缩刚性大的材料，同时在齿面上覆盖耐磨性好的尼龙布。用于传递轻载荷的同步带用聚氨基甲酸酯制造。

同步带传动属于低惯性传动，适合在电动机和高传动比减速器之间使用。同步带上安装滑座可完成与齿轮齿条机构同样的功能。由于同步带传动惯性小，且有一定的刚度，所以适用于高速运动的轻型滑座。

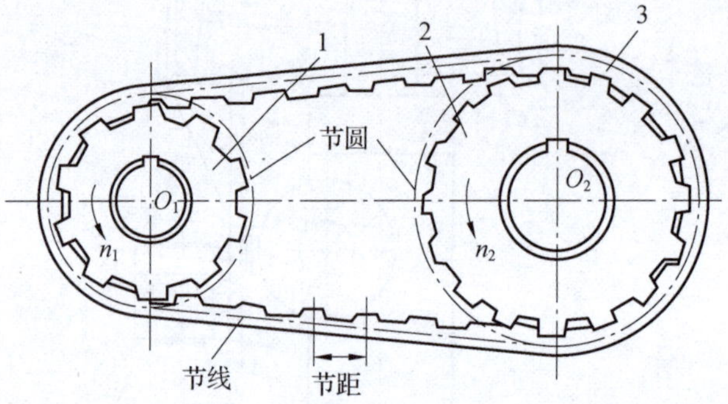

图 2.48　同步带传动原理

(2)滚子链传动。

滚子链传动属于比较完善的传动机构，由于噪声小、效率高，因此得到了广泛的应用。但是，高速运动时滚子与链轮之间的碰撞会产生较大的噪声和振动，只有在低速时才能得到满意的效果，即滚子链传动适用于小惯性负载的关节传动。由于链轮齿数少，摩擦力会增加，要得到平稳运动，链轮的齿数应大于 17，并尽量采用奇数齿。

4)绳传动与钢带传动

(1)绳传动。

绳传动广泛应用于机器人的手爪开合传动，特别是有限行程的运动传递。绳传动的主要优点是钢丝绳强度高，各方向上的柔软性好，尺寸小，预载后有可能消除传动间隙。

绳传动的主要缺点是不加预载时存在传动间隙，绳索的蠕变和索夹的松弛使传动不稳定，多层缠绕后会在内层绳索及支承中损耗能量，效率低、易积尘垢。

(2)钢带传动。

钢带传动的优点是传动比精确，传动部件质量小，转动惯量小，传动参数稳定，柔性好，不需润滑，强度高。

图 2.49 所示为钢带传动，钢带末端紧固在驱动轮和从动轮上，因此，摩擦力不是传动的重要因素。钢带传动适用于有限行程的传动。图 2.49(b)、(d)所示为一种直线传动，而图 2.49(a)、(c)所示为一种回转传动。

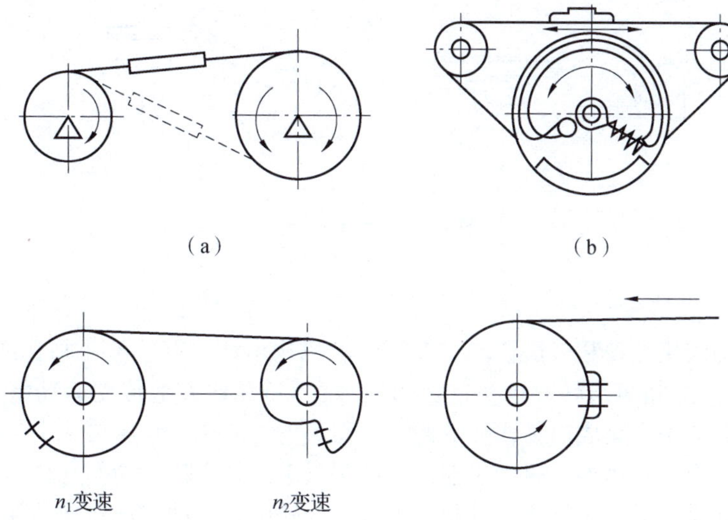

(a) (b) (c) (d)

图 2.49 钢带传动

(a)等传动比回转传动；(b)等传动比直线传动；(c)变传动比回转传动；(d)变传动比直线传动

5)连杆与凸轮传动

重复完成简单动作的搬运机器人(固定程序机器人)中广泛采用连杆机构与凸轮机构。连杆机构的特点是用简单的机构可得到较大的位移。而凸轮机构具有设计灵活、可靠性高和形式多样等特点，外凸轮机构是最常见的机构，它借助于弹簧可得到较好的高速性能；内凸轮机构要求有一定的间隙，其高速性能劣于前者；圆柱凸轮机构用于驱动摆杆在与凸轮回转方向平行的面内摆动。设计凸轮机构时，应选用适应大负载的凸轮曲线(修正梯形和修正正弦曲线等)，机器人常用的凸轮机构、连杆机构分别如图 2.50 和图 2.51 所示。

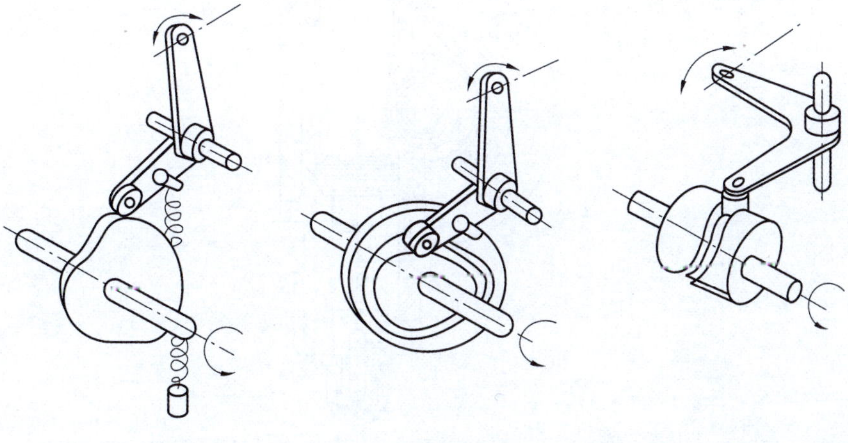

(a) (b) (c)

图 2.50 凸轮机构

(a)外凸轮；(b)内凸轮；(c)圆柱凸轮

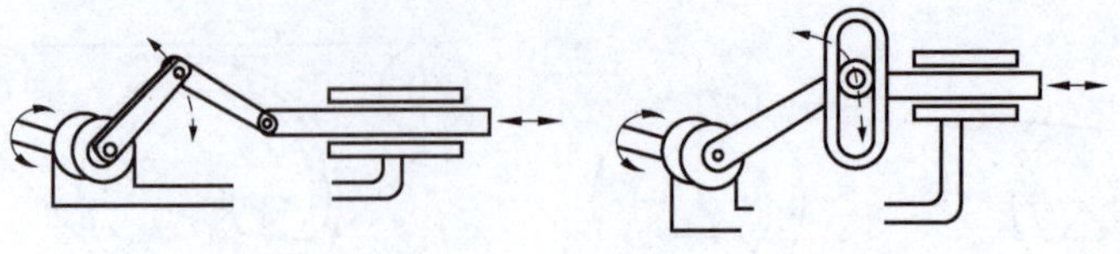

（a）　　　　　　　　　　（b）

图 2.51　连杆机构

（a）曲柄式；（b）拨叉式

6）流体传动

流体传动分为液压传动和气压传动。液压传动机构由液压泵、液压马达或液压缸组成，可得到高扭矩惯性比（扭矩与转动惯量的比值）。气压传动比其他传动运动精度差，但由于容易达到高速，多数用在完成简易作业的搬运机器人上。液压、气压传动中，模块化和小型化的机构较易得到应用，例如，驱动机器人端部手爪上由多个伸缩动作气缸集成的内装式移动模块；气缸与基座或滑台一体化设计中，由滚动导轨引导移动支承在转动部分的基座和滑台内的后置式模块等。

图 2.52 所示为液压传动的齿轮齿条臂部机构。活塞油缸两腔分别进压力油，推动齿条活塞进行往复移动，而与齿条啮合的齿轮即进行往复回转运动。由于齿轮与臂部固连，则臂部进行回转运动。在臂部的伸缩运动中，为了使臂部移动的距离和速度有定值的增加，可以采用齿轮齿条传动的增倍机构。

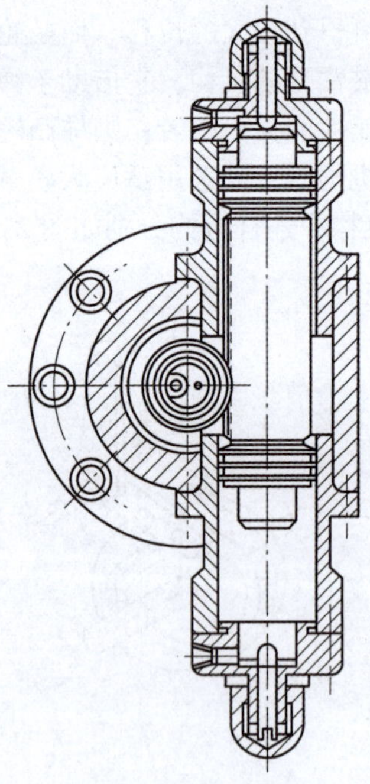

图 2.52　液压传动的齿轮齿条臂部机构

图 2.53 所示为气压传动的齿轮齿条增倍臂部机构。活塞杆 3 左移时，与其相连接的齿轮 2 也左移，并使运动齿条 1 一起左移。由于齿轮与固定齿条相啮合，其在向左移动的同时，又在固定齿条上滚动，并将此运动传给运动齿条，从而使运动齿条又向左移动一段距离。因臂部固连于运动齿条上，所以臂部的行程和速度均为活塞杆的两倍。

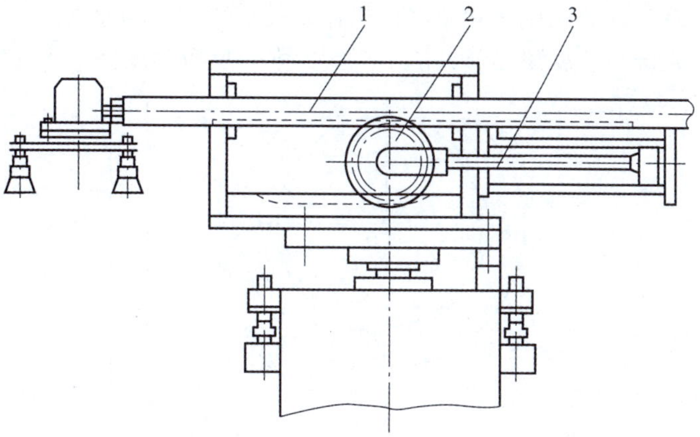

1—运动齿条；2—齿轮；3—活塞杆。

图 2.53　气压传动的齿轮齿条增倍臂部机构

3. 传动部件的定位和消除传运间隙

1)传动部件的定位

机器人的重复定位精度要求较高，设计时应根据具体要求选择适当的定位方法。目前常用的定位方法有电气开关定位、机械挡块定位和伺服定位。

(1)电气开关定位。

电气开关定位是利用电气开关(有触点或无触点)作为行程检测元件。当机械手运行到定位点时，行程开关发出信号，切断动力源或接通制动器，从而使机械手获得定位。液压驱动的机械手运行至定位点时，行程开关发出信号，电控系统使电磁换向阀关闭油路而实现定位。电动机驱动的机械手需要定位时，行程开关发出信号，电气系统激励电磁制动器进行制动而定位。使用电气开关定位的机械手，其结构简单、工作可靠、维修方便，但由于受惯性力、油温波动和电控系统误差等因素的影响，其重复定位精度比较低，一般为±(3~5)mm。

(2)机械挡块定位。

机械挡块定位是在行程终点设置机械挡块，当机械手减速运动到终点时，紧靠机械挡块而定位。若定位前缓冲较好，定位时驱动压力未撤除，在驱动压力作用下将机械手运动件压在机械挡块上或将活塞压靠在缸盖上，就能达到较高的定位精度，最高可达±0.02 mm。若定位时关闭驱动油路，去掉驱动压力，机械手运动件不能紧靠在机械挡块上，定位精度就会降低，其降低的程度与定位前的缓冲效果和机械手的结构刚性等因素有关。

图 2.54 所示为利用机械插销定位的结构。机械手运行到定位点前，由行程节流阀 1 实现减速；到达定位点时，定位油缸 4 将插销 3 推入定位圆盘 2 的定位孔中实现定位。这种方法的定位精度相当高。

(3)伺服定位。

电气开关定位与机械挡块定位这两种定位方法只适用于两点或多点定位。若需要在任意点定位，则要使用伺服定位系统。伺服定位系统可以输入指令控制位移的变化，从而获得良好的运动特性。它不仅适用于点位控制，而且也适用于连续轨迹控制。

开环伺服定位系统没有行程检测及反馈装置，是一种直接用脉冲频率变化和脉冲数量控制机器人速度和位移的定位方式。这种定位方式抗干扰能力差，定位精度较低。如果需要较高的定位精度(如±0.2 mm)，则一定要降低机器人关节轴的平均速度。

闭环伺服定位系统具有反馈环节，抗干扰能力强，反应速度快，容易实现任意点定位。

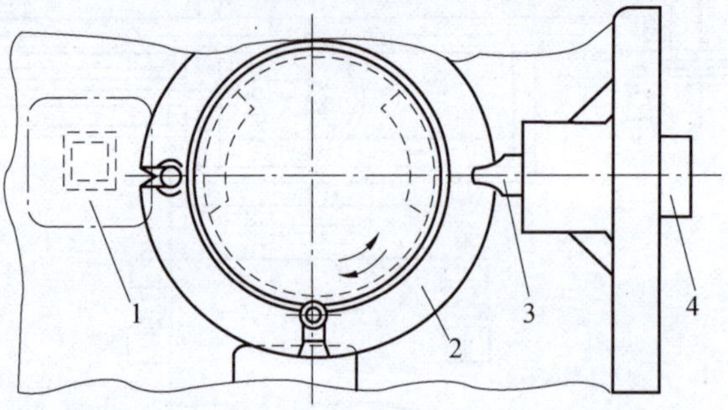

1—行程节流阀；2—定位圆盘；3—插销；4—定位油缸。

图 2.54　利用机械插销定位的结构

2)传动部件的消除传动间隙

传动机构存在间隙，也叫侧隙。就齿轮传动而言，齿轮传动的间隙是指一对齿轮中一个齿轮固定不动，另一个齿轮能够获得的最大角位移。传动间隙影响了机器人的重复定位精度和平稳性，对机器人控制系统来说，传动间隙会导致显著的非线性变化、振动和不稳定。但是，传动间隙是不可避免的，其产生的主要原因有：制造及装配误差所产生的间隙，为适应热膨胀而特意留出的间隙。

消除传动间隙的主要途径是提高制造和装配精度，设计可调整传动间隙的机构，设置弹性补偿元件。

下面介绍适合机器人采用的几种常用的消除传动间隙方法。

(1)消除传动间隙齿轮。

在图 2.55(a)所示的弹簧消除传动间隙方法中可使用具有相同齿轮参数且只有一半齿宽的两个薄齿轮，利用弹簧的压力使两个薄齿轮与配对的齿轮两侧齿廓相接触，可以完全消除齿侧间隙。图 2.55(b)所示为用螺钉 3 将薄齿轮 1 和 2 连接在一起，代替图 2.55(a)中的弹簧，其优点是间隙可以调整。

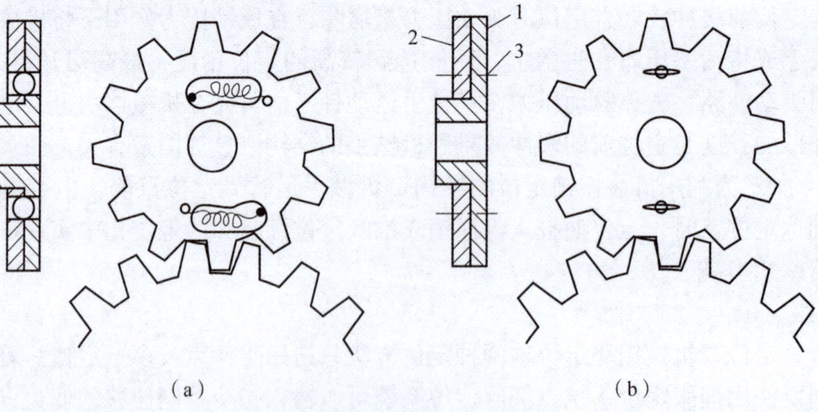

1、2—薄齿轮；3—螺钉。

图 2.55　消除传动间隙齿轮

(a)弹簧消隙；(b)螺钉消隙

(2)柔轮消除传动间隙。

图 2.56(a)所示为一种钟罩状柔轮，装配时加一定预载就能引起轮壳的变形，从而使每个轮齿的双侧齿廓都能啮合，消除了间隙。图 2.56(b)所示为采用了上述同样的原理，却采用不同设计形式的径向柔轮，其轮壳和齿圈是刚性的，但与齿圈连接处具有弹性。给定相同的扭矩负载，为保证无间隙啮合，径向柔轮所需要的预载力比钟罩状柔轮小得多。

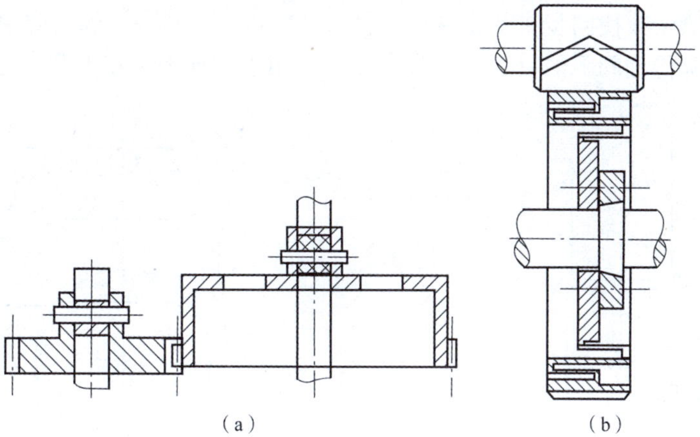

图 2.56 柔轮消除传动间隙

(a)钟罩状柔轮；(b)径向柔轮

(3)对称传动消除传动间隙。

对称传动消除传动间隙指的是一个传动系统设置两个对称的分支传动，并且其中一个必具有回弹能力。图 2.57 所示为使用了双谐波传动的消隙方法。电动机置于关节中间，其双向输出轴连接两个完全相同的谐波减速器，驱动一个臂部运动。谐波传动过程中的柔轮弹性很好。

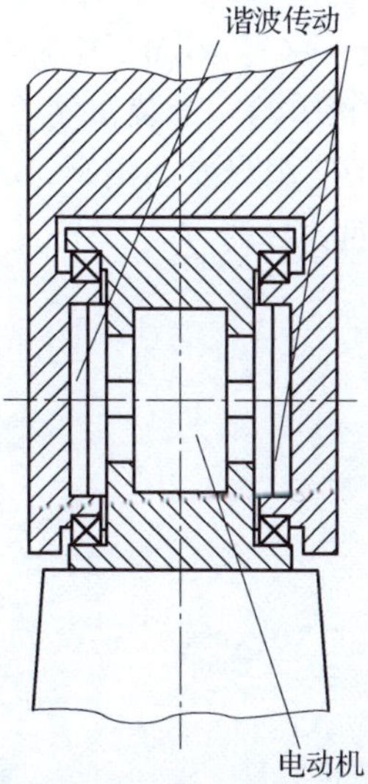

图 2.57 双谐波传动消除传动间隙

图 2.58 所示为两种消除传动间隙啮合传动。图 2.58(a)所示为 PUMA 机器人腰转关节驱动，电动机 1 的输出轴上装有小齿轮 2，减速传动齿轮 3′ 和 3″ 分别装在空转的轴 4′ 和 4″ 上，并通过两个齿轮 5′ 和 5″ 传动，由齿轮 6 作驱动输出。这种消除传动间隙啮合传运装置

的设计关键是一个空转轴的直径比另一个小(容易产生扭转变形)，并加以扭矩预载产生弹性状态。其结果是消除了传动间隙，但是附加的传动部件增加了负载和结构尺寸。因此，该装置仅应用在这种大转动惯量关节上，在这种场合消除传动间隙是十分重要的。图 2.58(b)所示为 CINCINNATI 646 机器人腰转关节驱动，与图 2.58(a)的不同之处是采用了两个完全相同的齿轮箱 1 和 2，由电动机 6 驱动齿轮箱 1 和 2，然后通过齿轮 3 和 4 驱动齿轮 5，带动机器人腰转。压紧轮 8 使同步带 7 张紧，并在 1→3→5→4→2→7 传动链中产生必要的弹性变形，以达到消除传动间隙的目的。同步带传动 9 用于调整齿轮箱 1 和 2 之间的相位角。

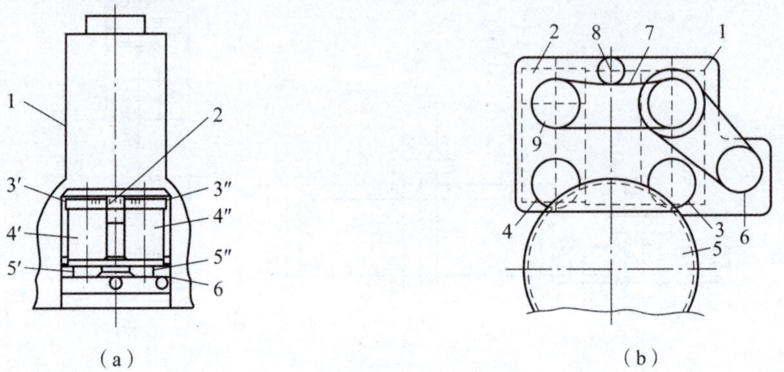

( )a1—电动机；2—小齿轮；3′、3″—减速传动齿轮；4′、4″—轴；5′、5″—齿轮；6—齿轮。
(b)1、2—齿轮箱；3、4、5—齿轮；6—电动机；7—同步带；8—压紧轮；9—同步带传动。

图 2.58　消除传动间隙啮合传动

(a)PUMA 机器人腰转关节驱动；(b)CINCINNATI 646 机器人腰转关节驱动

(4)偏心机构消除传动间隙。

图 2.59 所示的偏心机构实际上是中心距调整机构。当齿轮磨损等原因造成传动间隙增加时，最简单的方法是调整中心距。这是 PUMA 机器人腰转关节上应用的又一实例。图 2.59 中，中心距 OO' 固定，一对齿轮中的一个装在轴 O' 上，另一个装在轴 A 上；轴 A 的轴承偏心地装在可调的支架上；实际中应用只要调整螺钉转动支架就可以改变一对齿轮啮合的中心距 AO' 的大小，达到消除传动间隙目的。

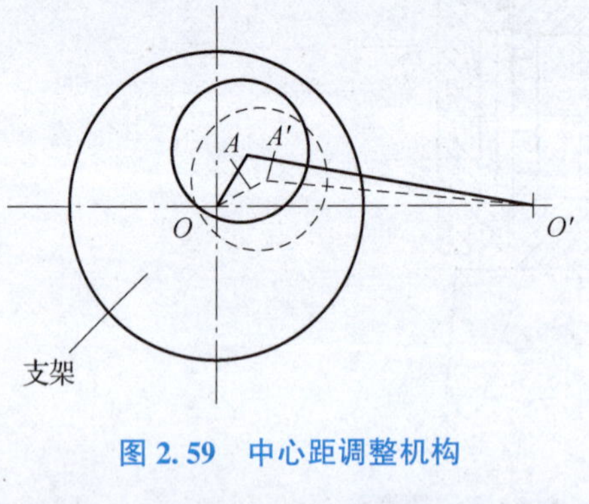

图 2.59　中心距调整机构

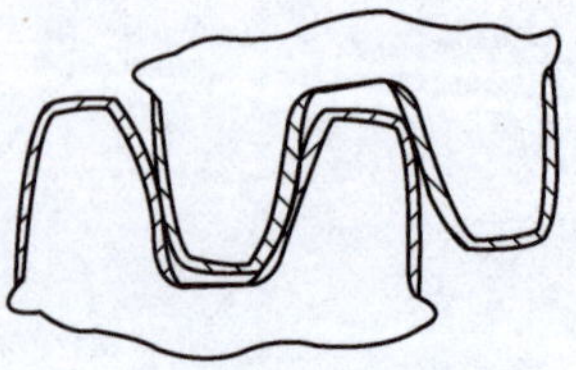

图 2.60　齿廓弹性覆层消除传动间隙

(5)齿廓弹性覆层消除传动间隙。

齿廓表面覆有薄薄一层弹性很好的橡胶层或层压材料，相啮合的一对齿轮加以预载，可以完全消除啮合传动间隙，如图 2.60 所示。齿轮几何学上的齿面间隙在滑动橡胶层内部发生剪切弹性流动时被吸收，因此，铝合金甚至石墨纤维增强塑料等非常轻且具备良好接触和滑动品质的材料，都可用来作为传动齿轮的材料，同时大大减小了质量和转动惯量。

2.4.2　行走机构的基本形式和特点

行走机构是行走机器人的重要执行部件，它由驱动装置、传动机构、位置检测元件、传感器、电缆及管路等组成。行走机构一方面支承机器人的机身、臂部和手部，另一方面还根据工作任务的要求，带动机器人实现在更广阔空间内的运动。

行走机构按其行走轨迹是否固定可分为固定轨迹式和无固定轨迹式。固定轨迹式行走机构主要用于工业机器人。

1. 固定轨迹式行走机器人

图2.61所示为固定轨迹式行走机器人，该类型机器人机身底座安装在一个可移动的拖板座上，靠丝杠驱动，整个机器人沿丝杠纵向移动。这类行走机器人除采用这种直线驱动方式外，有时也采用类似起重机梁的行走方式。这类行走机器人主要应用在作业区域大的场合，如大型设备装配，立体化仓库中的材料搬运、堆垛和储运以及大面积喷涂等。

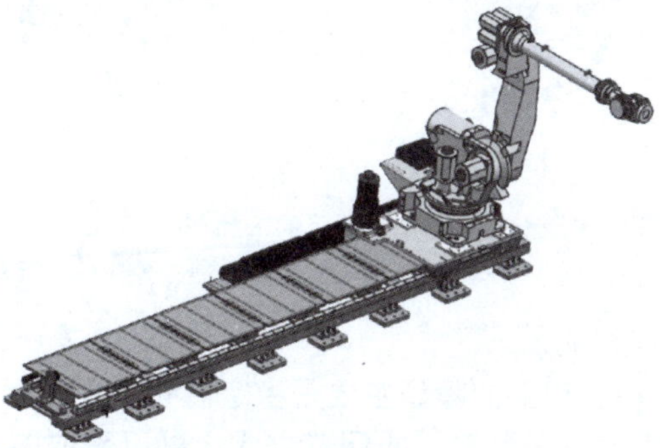

图2.61　固定轨迹式行走机器人

2. 无固定轨迹式行走机器人

工厂对机器人行走性能的基本要求是机器人能够从一台机器旁边移动到另一台机器旁边，或者在一个需要焊接、喷涂或加工的物体周围移动。这样，就不必将工件送到机器人面前。这种行走性能也使机器人能更加灵活地从事更多的工作。在一项任务不忙的时候，它还能够去干另一项工作，就好像真正的工人一样。要使机器人能够在被加工物体周围移动或者从一个工作地点移动到另一个工作地点，首先需要机器人能够面对一个物体自行进行重新定位；同时，机器人应能够绕过其运行轨道上的障碍物。计算机视觉系统是提供上述能力的方法之一。

运载机器人的行走车辆必须能够支承机器人的重力。当机器人四处行走对物体进行加工的时候，移动车辆还需具有保持稳定的能力。这就意味着机器人本身既要平衡可能出现的不稳定力或力矩，又要有足够的强度和刚度，以承受可能施加于其上的力和力矩。为了满足这些要求，可以采用以下两种方法：一种是增加机器人移动车辆的质量和刚性，另一种是进行实时计算来施加所需要的平衡力。由于前一种方法容易实现，所以它是目前改善机器人行走性能的常用方法。机器人的移动要求在各个方面都具有很大的灵活性。如果像汽车那样采用四个轮子，其中两个作为导向轮，必然会限制它移动的灵活性。所以，人们正在致力于研究适合于机器人使用的高机动性轮系和悬挂系统。

一般而言，无固定轨迹式行走机构主要有车轮式行走机构、履带式行走机构、足式行走机构，此外，还有一些特殊行走机构。在行走过程中，足式行走机构为间断接触，车轮式和履带式行走机构与地面为连续接触；前者为类人(或动物)的腿脚式，后两者的形态为运行车式。运行车式行走机构实际中应用广泛，多用于野外作业，技术比较成熟。足式行走机构正在发展和完善中。

1)车轮式行走机构

车轮式行走机构是行走机器人中应用最多的一种机构，在相对平坦的地面上，用车轮移动方式行走是相当优越的，可以达到很高的效率且用比较简单的机械就可以实现。

(1)车轮的形式。

车轮的形状或结构形式取决于地面的性质和车辆的承载能力。在轨道上行驶的多采用实心刚轮，在室外路面行驶的多采用充气轮胎，在室内地面行驶的可采用实心轮胎。图 2.62 所示为常用的车轮形式，图 2.62(a)为传统车轮，适用于平坦、坚硬的路面；图 2.62(b)为半球形车轮，是专门为在火星表面行走而开发的；图 2.62(c)为充气车轮，是为适应沙丘地形而设计的；图 2.62(d)为无缘轮，是车轮的一种变形，适用于爬越阶梯和在水田中行驶。

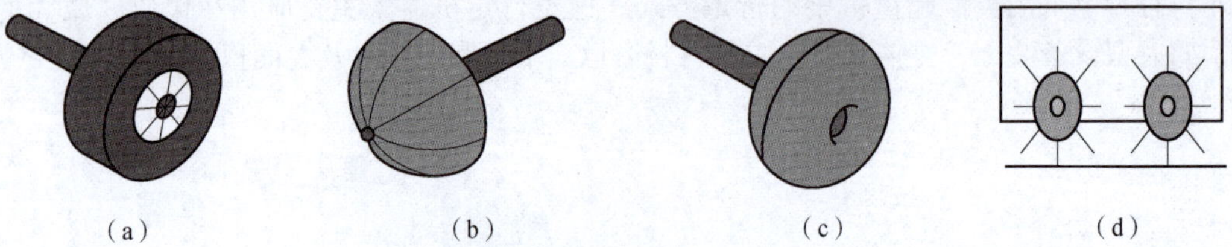

图 2.62　常用的车轮形式

(a)传统车轮；(b)半球形车轮；(c)充气车轮；(d)无缘轮

(2)车轮的配置和转向机构。

一轮和二轮行走机构在实现上的障碍主要是稳定性问题。实际应用的车轮式行走机构多为三轮和四轮。图 2.63 所示为三个轮子的配置方式，可以采取图 2.63(a)的两后轮独立驱动，前轮为小脚轮构成辅助轮；也可采图用 2.63(b)的前轮驱动和转向，两后轮为从动轮；或是图 2.63(c)的后轮通过差动齿轮驱动，前轮作转向使用。驱动电动机控制系统既可以同时驱动三个轮子，也可以分别驱动其中两个轮子，这样机器人就能够在任何方向上移动。该机器人的行走机构设计得非常灵活，它不但可以在工厂地面上运动，而且能够沿小路行驶。这种轮系存在的问题是机器人的稳定性不够，容易倾倒，而且运动稳定性随着负载轮子的相对位置不同而变化，在轮子与地面的接触点从一个滚轮移到另一个滚轮上的时候，还会出现颠簸。图 2.64 所示为一种三个轮子呈等边三角形分布在机器人的下部，每个轮子由若干个滚轮组成的机构。

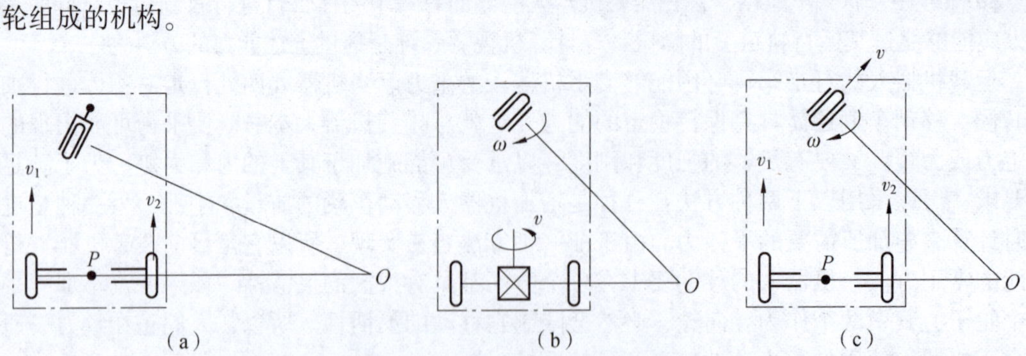

图 2.63　三个轮子的配置方式

(a)两后轮独立驱动；(b)前轮驱动和转向；(c)前轮转向，后轮驱动

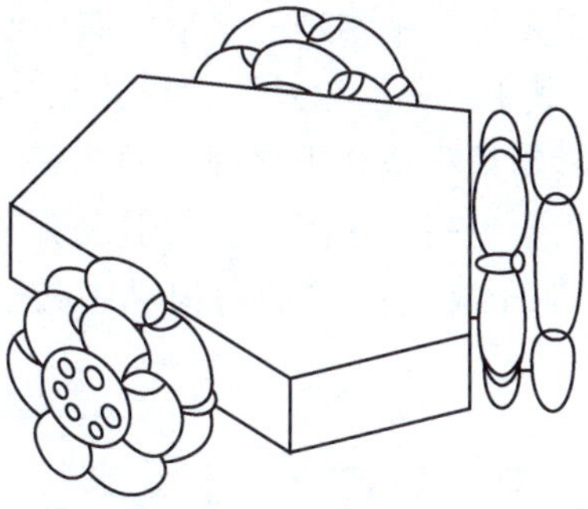

图 2.64 具有三个轮子的轮系

具有四个轮子的轮系其运动稳定性有很大提高。但是，要保证四个轮子同时和地面接触，必须使用特殊的轮系悬挂系统。它需要四个驱动电动机，控制系统比较复杂，造价也较高。

普通车轮式行走机构对崎岖不平的地面适应能力很差，为了提高其地面适应能力，设计了越障轮式机构，这种行走机构往往是多轮式行走机构，如图 2.65 所示的“祝融号”火星探测用漫游车。

图 2.65 “祝融号”火星探测用漫游车

2) 履带式行走机构

履带式行走机构适用于在未建造的天然路面上行走，是车轮式行走机构的扩展，履带本身起着给车轮连续铺路的作用。履带式行走机构的主要特征是将圆环状的无限轨道履带绕在多个车轮上，使车轮不直接与路面接触。利用履带可以缓冲路面的状态，因此可以在各种路面上行走。

(1) 履带式行走机构的构成。

履带式行走机构由履带、驱动轮、支承轮、托带轮和导向轮构成，如图 2.66 所示。

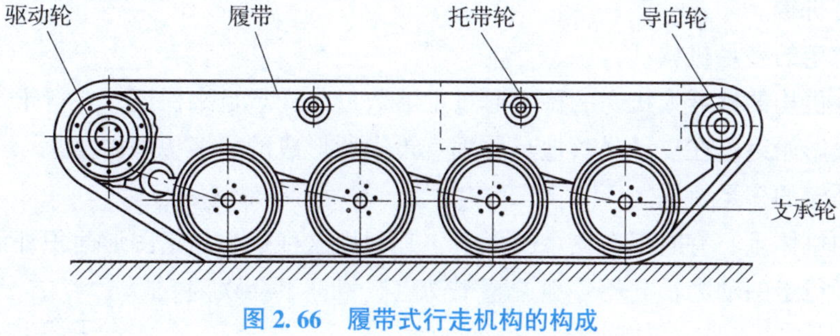

图 2.66 履带式行走机构的构成

履带式行走机构的形状有很多种，主要是一字形、倒梯形等，如图 2. 67 所示。图 2. 67(a)是一字形履带式行走机构，其中，驱动轮及张紧轮兼作支承轮，增大支承地面面积，改善了稳定性，此时驱动轮和张紧轮只略微高于地面；图 2. 67(b)是倒梯形履带式行走机构，其中，不作支承轮的驱动轮与张紧轮高于地面，链条引入引出时角度达 50°，其好处是适用于穿越障碍，另外由于减少了泥土夹入引起的磨损和失效，可以延长驱动轮和张紧轮的寿命。

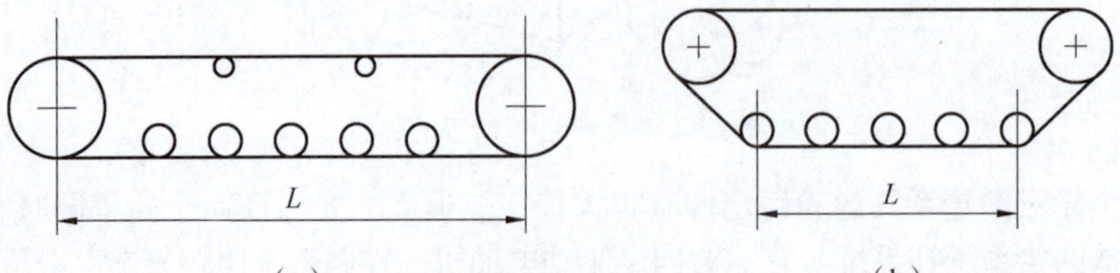

图 2. 67　履带式行走机构的形状

(a)一字形；(b)倒梯形

(2)履带式行走机构的特点。

履带式行走机构的优点是：①支承面积大，接地比压小，适合在松软或泥泞场地进行作业，下陷度小，滚动阻力小；②越野机动性好，能在凹凸不平的地面上行走以及跨越障碍物；③履带支承面上有履齿，不易打滑，牵引附着性能好。

履带式行走机构的缺点是：①没有自定位轮及转向机构，只能靠左右两个履带的速度差实现转弯，因此在横向和前进方面都会产生滑动；②转弯阻力大，不能准确地确定回转半径；③结构复杂，质量大，惯性大，减振功能差，零件易损坏。

3)足式行走机构

足式行走机构有很好的适应性，尤其在有障碍物的通道(如管道、台阶)或很难接近的工作场地更有优越性；足式行走机构在不平地面或松软地面上的运动速度较高，能耗较少，可以实现如动物般在各种不同的自然环境中自由行走。

(1)足的数目。

足的数目多，适用于重载和慢速运动。双足和四足具有最好的适应性和灵活性，接近人类和动物。图 2. 68 所示为单足、双足、三足、四足和六足行走机器人。

(2)足式行走机构的平衡和稳定性。

足式行走机构按其行走时保持平衡方式的不同，可分为两类：静态稳定的多足机构和动态稳定的多足机构。

①静态稳定的多足机构。

采用这种机构的机器人机身的稳定通过足够数量的支承足来保证。在行走过程中，机身重心的垂直投影始终落在支承足落地点的垂直投影所形成的凸多边形内。

②动态稳定的多足机构。

该机构的机体重心有时不在支承图形中，其利用这种重心超出图形面积外而产生向前倾倒的分力作为行走的动力，并不停地调整平衡点以保证不会跌倒。

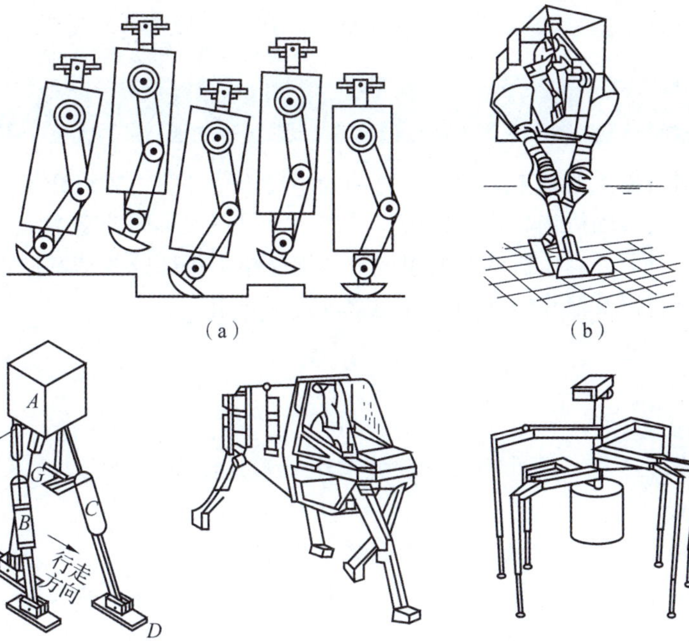

(a)　(b)　(c)　(d)　(e)

图 2.68　足式行走机器人

(a)单足；(b) 双足；(c)三足；(d) 四足；(e) 六足

(3)足式行走机构的优点。

首先，因为足式运动方式的立足点是离散的点，可以在可能达到的地面上选择最优的支承点；其次，足式运动方式具有主动隔振能力，尽管高低不平，机身的运动仍然可以相当平稳；最后，足式行走机构在不平地面或松软地面上的运动速度较高、能耗较少。

4)特殊行走机构

特殊行走机构主要应用于特殊的场合。如轮足混合行走机构，如图 2.69 所示，足式行走机构在粗糙的地形中可提供良好的机动性，而轮足混合行走机构可提高行走效率。又如在水中像鱼一样靠尾部摆动进行移动，在空中像飞鸟一样扇动翅膀进行飞行，在复杂地形中像爬虫一样蠕动前行(图 2.70)的特殊行走机构。

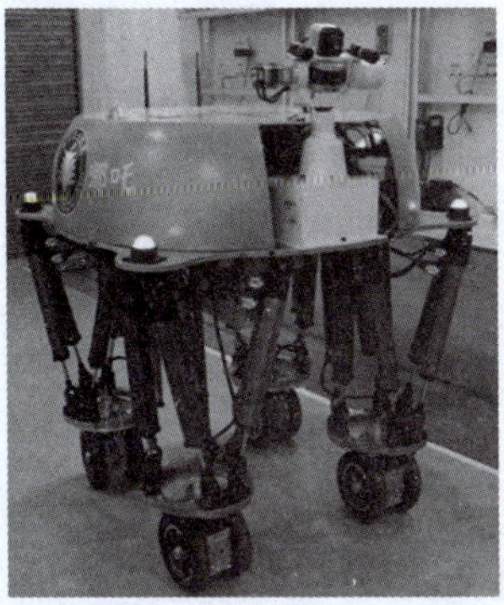

图 2.69　轮足混合行走机构

图 2.70　像爬虫一样蠕动前行的行走机构

2.5 本章小结

本章主要针对机器人的基本组成，对每部分结构进行介绍，重点介绍机器人的机身、臂部、腕部、手部以及传动机构和行走机构；并概述了机器人本体的基本结构形式和设计中的材料的选择。对于机器人操作机的主要组成，详细介绍了每部分的基本形式和特点，并对机器人的平稳性、定位以及消除传动间隙等问题进行了介绍。

习　题

1. 机器人本体主要包括哪几部分？以关节型机器人为例，说明机器人本体的基本结构和主要特点。

2. 如何选择机器人本体材料？常用的机器人本体材料有哪些？

3. 何谓材料的 E/ρ？为提高构件刚度，选用材料的 E/ρ 大些好还是小些好？为什么？

4. 设计机身时应注意哪些问题？

5. 升降立柱下降不自锁的条件是什么？立柱导套为什么要有一定的长度？

6. 机器人臂部设计应注意什么问题？

7. 常用的臂杆平衡方法有哪几种？试述质量平衡法常用的平行四边形平衡机构。

8. 机器人常用的腕部自由度有哪些组合形式？并说明什么叫作腕部的自由度退化？

9. 结合图 2.14，简述该腕部的工作过程。

10. 结合图 2.16 的腕部传动原理，试分析腕部齿轮传动的工作过程。

11. 结合图 2.20，说明腕部传动的类型和腕部传动的工作原理。

12. 机器人手爪有哪些种类？各有什么特点？

13. 试述磁力吸盘和真空式吸盘的工作原理。

14. 机器人对移动关节有什么要求？为何常用滚动导轨？

15. 常见的机器人的传动杆方式有哪些？

16. 简述谐波传动的优缺点。

17. 简述 RV 减速器的组成和特点。

18. 传动部件定位常用哪几种方法？

19. 传动部件消除传动间隙常用哪几种方法？各自有什么特点？

20. 简述固定轨迹式行走机器人和无固定轨迹式行走机器人各有什么特点？

21. 试论述车轮式行走机构、履带式行走机构和足式行走机构的特点和各自适用的场合。

第3章 位姿描述与齐次变换

本章的学习主要是对机器人运动学、动力学的学习起到一个过渡的作用。对刚体而言，其参考点的位置和姿态统称为刚体的位姿，其描述方法较多，如齐次变换法、矢量法、旋量法和四元数法等。本章将采用齐次变换法来描述机器人机械手的运动学和动力学问题，同时也对刚体的位置和姿态单独进行描述。这种数学描述是以四阶方阵变换三维空间点的齐次坐标为基础的，能够将运动、变换和映射与矩阵运算联系起来。

3.1 位姿描述

为了描述机器人本身的各个连杆之间、机器人和环境(操作对象和障碍物)之间的运动关系，通常将它们都当成刚体。研究各刚体之间的运动关系，需要用到位置矢量、平面和坐标系等概念。首先，让我们来建立这些概念及其表示法。

3.1.1 位置描述

如图3.1所示，一个坐标系建立后，在直角坐标系$\{A\}$中，空间任意一点p的位置可用3×1列矢量(位置矢量)$^{A}\boldsymbol{p}$表示，即

$$^{A}\boldsymbol{p}=\begin{bmatrix}p_x\\p_y\\p_z\end{bmatrix}\qquad(3.1)$$

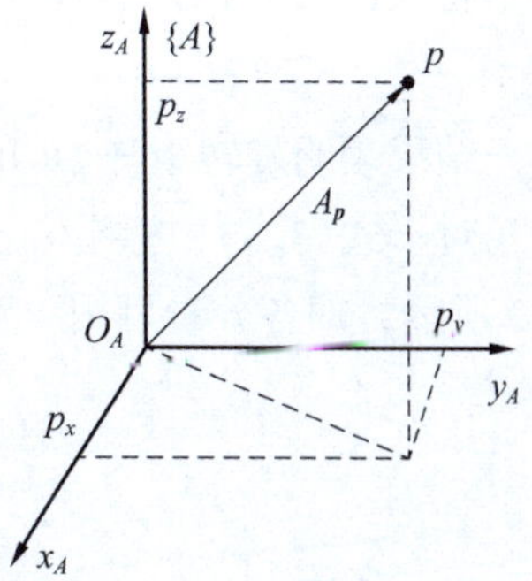

图3.1 位置的表示

式中：p_x、p_y、p_z是点p在坐标系$\{A\}$中的三个坐标分量；$^{A}\boldsymbol{p}$为位置矢量，上标A代表参考坐标系$\{A\}$。

也可以表示为

$$^{A}\boldsymbol{p}=p_x\boldsymbol{i}+p_y\boldsymbol{j}+p_z\boldsymbol{k}\qquad(3.2)$$

3.1.2 姿态描述

研究机器人的运动与操作，不仅需要对空间某点的位置进行表示，也需要表示刚体的姿态(方位)。刚体的姿态可用固接于刚体上的坐标系$\{B\}$来描述，如图3.2所示。

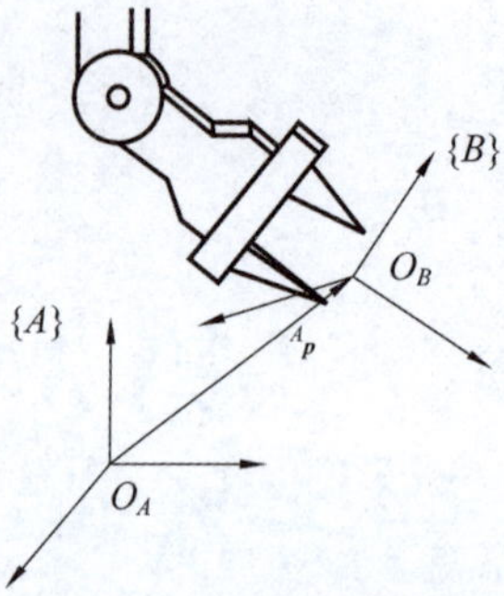

图 3.2　姿态的表示

刚体的姿态可用坐标系 $\{B\}$ 主轴方向的三个单位矢量为 $^B\boldsymbol{x}$、$^B\boldsymbol{y}$、$^B\boldsymbol{z}$ 相对于参考坐标系 $\{A\}$ 坐标轴方向余弦所组成的 3×3 矩阵来描述，此矩阵表示为

$$^A_B\boldsymbol{R} = [^A_B\boldsymbol{x} \quad ^A_B\boldsymbol{y} \quad ^A_B\boldsymbol{z}] = \begin{bmatrix} r_{11} & r_{12} & r_{13} \\ r_{21} & r_{22} & r_{23} \\ r_{31} & r_{32} & r_{33} \end{bmatrix} \tag{3.3}$$

由于式(3.3)是坐标系 $\{B\}$ 相对于坐标系 $\{A\}$ 旋转而得的，因此也称为旋转矩阵。由于旋转矩阵 $^A_B\boldsymbol{R}$ 表示的是正交坐标系的单位矢量，因此旋转矩阵 $^A_B\boldsymbol{R}$ 的列矢量相互正交，同时其模长是 1，即

$$\begin{aligned} &^A_B\boldsymbol{x}^{\mathrm{T}} \cdot {^A_B\boldsymbol{y}} = 0,\ ^A_B\boldsymbol{y}^{\mathrm{T}} \cdot {^A_B\boldsymbol{z}} = 0,\ ^A_B\boldsymbol{z}^{\mathrm{T}} \cdot {^A_B\boldsymbol{x}} = 0 \\ &^A_B\boldsymbol{x}^{\mathrm{T}} \cdot {^A_B\boldsymbol{x}} = 1,\ ^A_B\boldsymbol{y}^{\mathrm{T}} \cdot {^A_B\boldsymbol{y}} = 1,\ ^A_B\boldsymbol{z}^{\mathrm{T}} \cdot {^A_B\boldsymbol{z}} = 1 \end{aligned} \tag{3.4}$$

旋转矩阵 $^A_B\boldsymbol{R}$ 是一个正交矩阵，即

$$^A_B\boldsymbol{R}^{\mathrm{T}} \cdot {^A_B\boldsymbol{R}} = \boldsymbol{I}_3 \tag{3.5}$$

式中：$\boldsymbol{I}_3$ 表示 3×3 单位矩阵。

将式(3.5)等号两边同时右乘 $^A_B\boldsymbol{R}$ 的逆矩阵 $^A_B\boldsymbol{R}^{-1}$，可得

$$^A_B\boldsymbol{R}^{\mathrm{T}} = {^A_B\boldsymbol{R}^{-1}} \tag{3.6}$$

结果表明旋转矩阵 $^A_B\boldsymbol{R}$ 的逆矩阵和转置矩阵是相等的。

对于式(3.3)中标量 r_{ij}，可用各矢量在坐标系 $\{A\}$ 中单位方向上投影的分量表示，如图 3.3 所示，即各分量可用一对单位矢量的点积来表示：

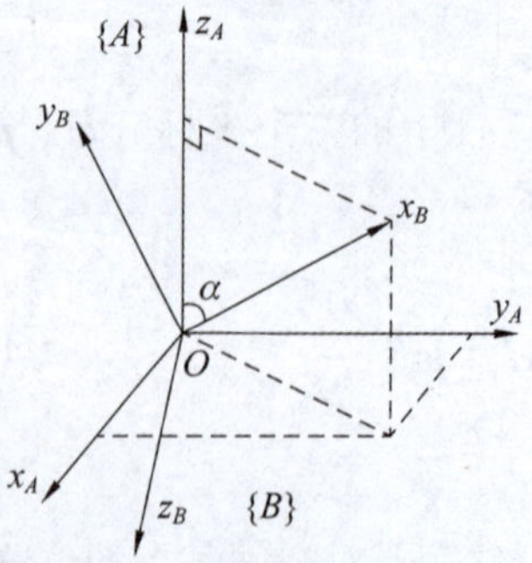

图 3.3　坐标分量投影

$$
{}_{B}^{A}\boldsymbol{R}=\left[{}_{B}^{A}\boldsymbol{x}\quad {}_{B}^{A}\boldsymbol{y}\quad {}_{B}^{A}\boldsymbol{z}\right]=\begin{bmatrix} {}^{B}\boldsymbol{x}\cdot{}^{A}\boldsymbol{x} & {}^{B}\boldsymbol{y}\cdot{}^{A}\boldsymbol{x} & {}^{B}\boldsymbol{z}\cdot{}^{A}\boldsymbol{x} \\ {}^{B}\boldsymbol{x}\cdot{}^{A}\boldsymbol{y} & {}^{B}\boldsymbol{y}\cdot{}^{A}\boldsymbol{y} & {}^{B}\boldsymbol{z}\cdot{}^{A}\boldsymbol{y} \\ {}^{B}\boldsymbol{x}\cdot{}^{A}\boldsymbol{z} & {}^{B}\boldsymbol{y}\cdot{}^{A}\boldsymbol{z} & {}^{B}\boldsymbol{z}\cdot{}^{A}\boldsymbol{z} \end{bmatrix}
$$

$$
=\begin{bmatrix} \cos(\widehat{{}^{B}\boldsymbol{x},{}^{A}\boldsymbol{x}}) & \cos(\widehat{{}^{B}\boldsymbol{y},{}^{A}\boldsymbol{x}}) & \cos(\widehat{{}^{B}\boldsymbol{z},{}^{A}\boldsymbol{x}}) \\ \cos(\widehat{{}^{B}\boldsymbol{x},{}^{A}\boldsymbol{y}}) & \cos(\widehat{{}^{B}\boldsymbol{y},{}^{A}\boldsymbol{y}}) & \cos(\widehat{{}^{B}\boldsymbol{z},{}^{A}\boldsymbol{y}}) \\ \cos(\widehat{{}^{B}\boldsymbol{x},{}^{A}\boldsymbol{z}}) & \cos(\widehat{{}^{B}\boldsymbol{y},{}^{A}\boldsymbol{z}}) & \cos(\widehat{{}^{B}\boldsymbol{z},{}^{A}\boldsymbol{z}}) \end{bmatrix} \tag{3.7}
$$

由于${}^{B}\boldsymbol{x}$、${}^{B}\boldsymbol{y}$、${}^{B}\boldsymbol{z}$是单位矢量，旋转矩阵各分量常称为方向余弦。

对于轴 x、y、z，作相对于固定坐标系转角 θ 的旋转变换，其旋转矩阵分别为

$$
\mathrm{Rot}(x,\theta)=\begin{bmatrix} 1 & 0 & 0 \\ 0 & \mathrm{c}\theta & -\mathrm{s}\theta \\ 0 & \mathrm{s}\theta & \mathrm{c}\theta \end{bmatrix} \tag{3.8}
$$

$$
\mathrm{Rot}(y,\theta)=\begin{bmatrix} \mathrm{c}\theta & 0 & \mathrm{s}\theta \\ 0 & 1 & 0 \\ -\mathrm{s}\theta & 0 & \mathrm{c}\theta \end{bmatrix} \tag{3.9}
$$

$$
\mathrm{Rot}(z,\theta)=\begin{bmatrix} \mathrm{c}\theta & -\mathrm{s}\theta & 0 \\ \mathrm{s}\theta & \mathrm{c}\theta & 0 \\ 0 & 0 & 1 \end{bmatrix} \tag{3.10}
$$

式中：s 表示 sin；c 表示 cos。下文一律采用此表示。

3.1.3 位姿描述

上面已经讨论采用位置矢量描述刚体的位置，用旋转矩阵描述刚体的姿态。刚体的位置和姿态统称为位姿，要完全描述某刚体的位姿，需要用位置矢量和旋转矩阵共同描述。

坐标系$\{B\}$的位姿可描述为

$$
\{B\}=\left\{{}_{B}^{A}\boldsymbol{R}\quad {}^{A}\boldsymbol{p}_{B_O}\right\} \tag{3.11}
$$

表示位置时，式(3.11)中旋转矩阵 ${}_{B}^{A}\boldsymbol{R}=\boldsymbol{I}$（单位矩阵）；表示姿态时，位置矢量 ${}^{A}\boldsymbol{p}_{B_O}=\boldsymbol{0}$。

3.2 坐标变换

空间中任一点 p 在不同坐标系中的描述是不同的，下面针对此问题展开讨论。

3.2.1 平移变换

设坐标系$\{B\}$与$\{A\}$的姿态相同，但是坐标系$\{B\}$与坐标系$\{A\}$的原点不重合。用位置矢量 ${}^{A}\boldsymbol{p}_{B_O}$ 描述坐标系$\{B\}$相对于坐标系$\{A\}$的位置，如图 3.4 所示。则点 p 在两坐标系中的位置矢量满足：

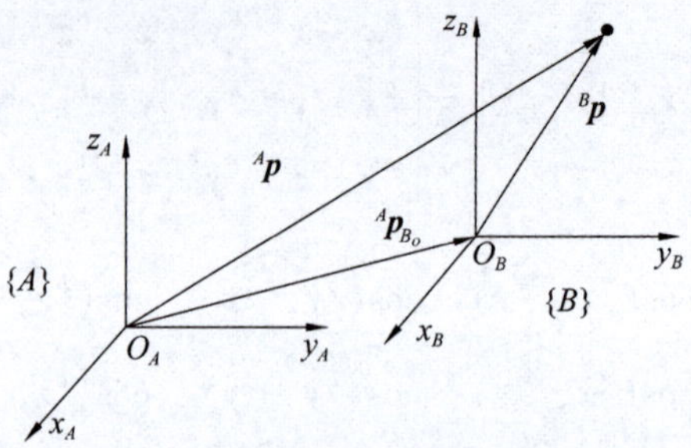

图 3.4　平移变换

$$^A\boldsymbol{p} = {}^B\boldsymbol{p} + {}^A\boldsymbol{p}_{B_O} \tag{3.12}$$

3.2.2　旋转变换

设坐标系 $\{B\}$ 与 $\{A\}$ 的具有共同的原点，但是坐标系 $\{B\}$ 与坐标系 $\{A\}$ 的姿态不同，如图 3.5 所示。那么同一点 p 在坐标系 $\{B\}$ 与坐标系 $\{A\}$ 中的描述 $^A\boldsymbol{p}$、$^B\boldsymbol{p}$ 的变换关系为

$$^A\boldsymbol{p} = {}^A_B\boldsymbol{R}\,{}^B\boldsymbol{p} \tag{3.13}$$

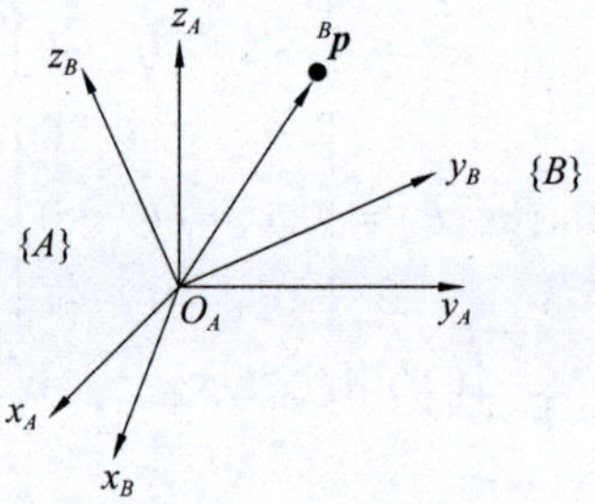

图 3.5　旋转变换

$^A_B\boldsymbol{R}$ 具有两层含义，一种表示坐标系 $\{B\}$ 相对于坐标系 $\{A\}$ 的姿态矩阵；另一种表示坐标系 $\{B\}$ 相对于坐标系 $\{A\}$ 的旋转矩阵。

3.2.3　复合变换

如果坐标系 $\{A\}$ 和坐标系 $\{B\}$ 的原点不重合，姿态也不相同，如图 3.6 所示。

则坐标系 {B} 与坐标系 {A} 之间的变换可分成以下两步。

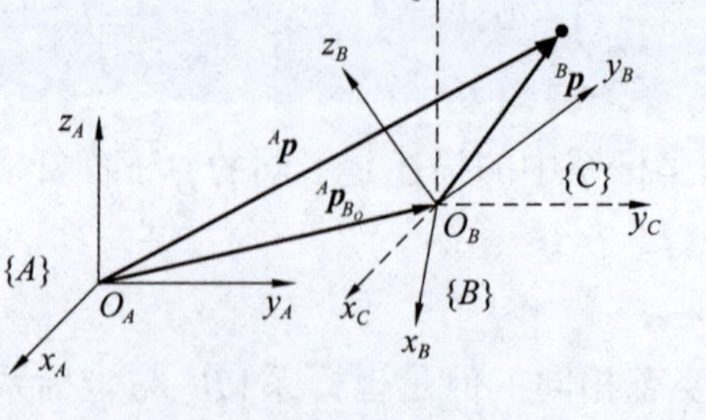

图 3.6　复合变换

(1) 从 $\{B\}$ 到 $\{C\}$：旋转，即

$$^{C}\boldsymbol{p} = {}^{C}_{B}\boldsymbol{R}\,{}^{B}\boldsymbol{p} = {}^{A}_{B}\boldsymbol{R}\,{}^{B}\boldsymbol{p}$$

(2) 从 $\{C\}$ 到 $\{A\}$：平移，即

$$^{A}\boldsymbol{p} = {}^{C}\boldsymbol{p} + {}^{A}\boldsymbol{p}_{C_O} = {}^{C}\boldsymbol{p} + {}^{A}\boldsymbol{p}_{B_O}$$

$^{A}\boldsymbol{p}$、$^{B}\boldsymbol{p}$ 具有如下变换关系：

$$^{A}\boldsymbol{p} = {}^{A}_{B}\boldsymbol{R}\,{}^{B}\boldsymbol{p} + {}^{A}\boldsymbol{p}_{B_O} \tag{3.14}$$

例 3.1　已知坐标系 $\{B\}$ 初始位姿与坐标系 $\{A\}$ 重合，坐标系 $\{B\}$ 先相对于坐标系 $\{A\}$ 的 z 轴旋转 60°，再相对于坐标系 $\{A\}$ 作 $7\boldsymbol{i}+10\boldsymbol{k}$ 的移动。

(1) 求位置矢量 $^{A}\boldsymbol{p}_{B_O}$ 和旋转矩阵 $^{A}_{B}\boldsymbol{R}$。

(2) 设点 p 在坐标系 $\{B\}$ 的描述为 $^{B}\boldsymbol{p}=[5\quad 0\quad 3]^{\mathrm{T}}$，求该点在坐标系 $\{A\}$ 中的描述。

解：(1) $^{A}\boldsymbol{p}_{B_O} = \begin{bmatrix} 7 \\ 0 \\ 10 \end{bmatrix}$，$^{A}_{B}\boldsymbol{R} = \mathrm{Rot}(z, 60°) = \begin{bmatrix} 0.5 & -0.866 & 0 \\ 0.866 & 0.5 & 0 \\ 0 & 0 & 1 \end{bmatrix}$。

(2) $^{A}\boldsymbol{p} = {}^{A}_{B}\boldsymbol{R}\,{}^{B}\boldsymbol{p} + {}^{A}\boldsymbol{p}_{B_O} = \begin{bmatrix} 0.5 & -0.866 & 0 \\ 0.866 & 0.5 & 0 \\ 0 & 0 & 1 \end{bmatrix}\begin{bmatrix} 5 \\ 0 \\ 3 \end{bmatrix} + \begin{bmatrix} 7 \\ 0 \\ 10 \end{bmatrix} = \begin{bmatrix} 9.5 \\ 4.33 \\ 13 \end{bmatrix}$。

3.3　齐次坐标

3.3.1　齐次坐标的表示

所谓齐次坐标就是将一个原本是 n 维的矢量用一个 $n+1$ 维矢量来表示。具体的表示方法就是将 $[x\quad y\quad z]$ 表示成 $[x\quad y\quad z\quad \mathrm{H}]$。

从普通坐标转换成齐次坐标时，如果 $(x\quad y\quad z)$ 是个点(坐标)，则变为 $(x\quad y\quad z\quad 1)$；如果 $(x\quad y\quad z)$ 是个矢量，则变为 $(x\quad y\quad z\quad 0)$。

3.3.2　坐标轴的方向表示

在图 3.7 中，$\boldsymbol{i}$、$\boldsymbol{j}$、$\boldsymbol{k}$ 分别表示直角坐标系中 x、y、z 坐标轴的单位矢量，用齐次坐标表示，则有

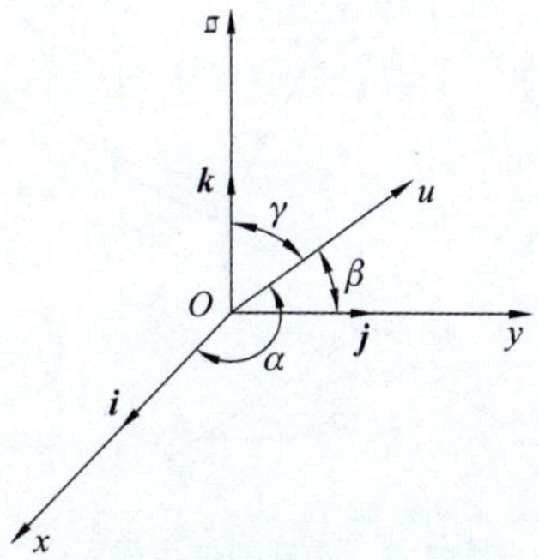

图 3.7　坐标轴的方向表示

$$\begin{aligned} \boldsymbol{i} &= [1 \quad 0 \quad 0 \quad 0]^{\mathrm{T}} \\ \boldsymbol{j} &= [0 \quad 1 \quad 0 \quad 0]^{\mathrm{T}} \\ \boldsymbol{k} &= [0 \quad 0 \quad 1 \quad 0]^{\mathrm{T}} \\ \boldsymbol{u} &= [a \quad b \quad c \quad 0]^{\mathrm{T}} \end{aligned} \tag{3.15}$$

式中：$a = \cos\alpha$；$b = \cos\beta$；$c = \cos\gamma$。

例 3.2 用齐次坐标表示图 3.8 中的矢量 $\boldsymbol{u}$、$\boldsymbol{v}$、$\boldsymbol{w}$ 的坐标方向。

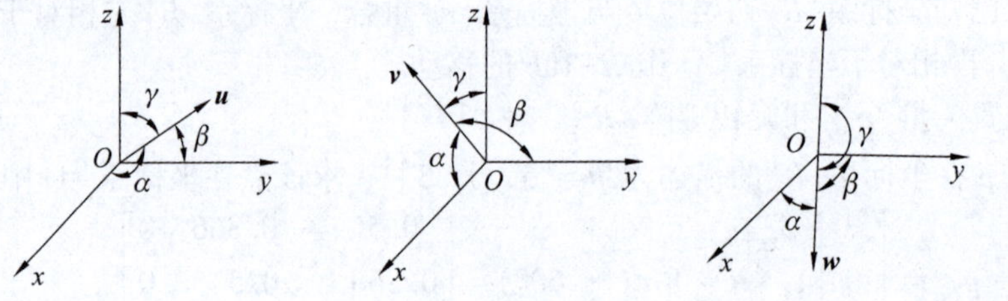

图 3.8 例 3.2 图

(a) $\alpha=90°$，$\beta=30°$，$\gamma=60°$；(b) $\alpha=30°$，$\beta=90°$，$\gamma=60°$；(c) $\alpha=30°$，$\beta=60°$，$\gamma=90°$

解：

矢量 $\boldsymbol{u}$ 的坐标方向为

$$\boldsymbol{u} = [\mathrm{c}90° \quad \mathrm{c}30° \quad \mathrm{c}60° \quad 0]^{\mathrm{T}} = [0 \quad 0.866 \quad 0.5 \quad 0]^{\mathrm{T}}$$

矢量 $\boldsymbol{v}$ 的坐标方向为

$$\boldsymbol{v} = [\mathrm{c}30° \quad \mathrm{c}90° \quad \mathrm{c}60° \quad 0]^{\mathrm{T}} = [0.866 \quad 0 \quad 0.5 \quad 0]^{\mathrm{T}}$$

矢量 $\boldsymbol{w}$ 的坐标方向为

$$\boldsymbol{w} = [\mathrm{c}30° \quad \mathrm{c}60° \quad \mathrm{c}90° \quad 0]^{\mathrm{T}} = [0.866 \quad 0.5 \quad 0 \quad 0]^{\mathrm{T}}$$

3.3.3 刚体的位姿表示

1. 连杆的位姿表示

机器人的每一个连杆均可视为一个刚体，刚体上某一点的位姿在空间上是唯一确定的，可以用唯一的一个位姿矩阵来描述。如图 3.9 所示，令坐标系 $O'x'y'z'$ 与连杆 pQ 固连，称为动坐标系。其中连杆 pQ 的位置可用一齐次坐标表示为

$$\boldsymbol{p} = [x_0 \quad y_0 \quad z_0 \quad 1]^{\mathrm{T}} \tag{3.16}$$

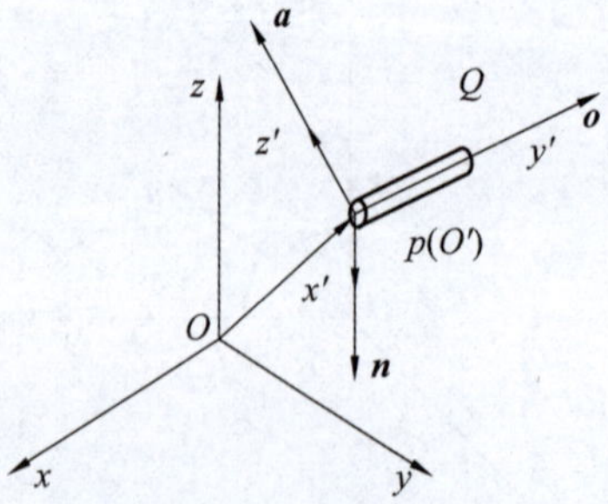

图 3.9 连杆的位姿表示

连杆的位姿可由动坐标系的坐标轴方向表示。令 $\boldsymbol{n}$、$\boldsymbol{o}$、$\boldsymbol{a}$ 分别表示 x'、y'、z' 轴的单位

矢量，则有

$$\begin{cases} \boldsymbol{n} = [n_x \quad n_y \quad n_z \quad 0]^{\mathrm{T}} \\ \boldsymbol{o} = [o_x \quad o_y \quad o_z \quad 0]^{\mathrm{T}} \\ \boldsymbol{a} = [a_x \quad a_y \quad a_z \quad 0]^{\mathrm{T}} \end{cases} \tag{3.17}$$

由此，连杆的位姿可以用下面的齐次坐标矩阵表示：

$$\boldsymbol{d} = [\boldsymbol{n} \quad \boldsymbol{o} \quad \boldsymbol{a} \quad \boldsymbol{p}] = \begin{bmatrix} n_x & o_x & a_x & x_0 \\ n_y & o_y & a_y & y_0 \\ n_z & o_z & a_z & z_0 \\ 0 & 0 & 0 & 1 \end{bmatrix} \tag{3.18}$$

显然，连杆的位姿表示就是固连于连杆的动坐标系的位姿表示。

例 3.3　图 3.10 中 $\{A\}$ 为固定坐标系，$\{B\}$ 为固连于刚体的动坐标系，坐标原点位于 O_B，且 $x_b=10$，$y_b=5$，$z_b=0$。z 轴与页面垂直，坐标系 $\{B\}$ 相对坐标系 $\{A\}$ 有一个绕 z_A 轴 30°的偏转，表示出刚体位姿的坐标系 $\{B\}$ 的 4×4 位姿矩阵。

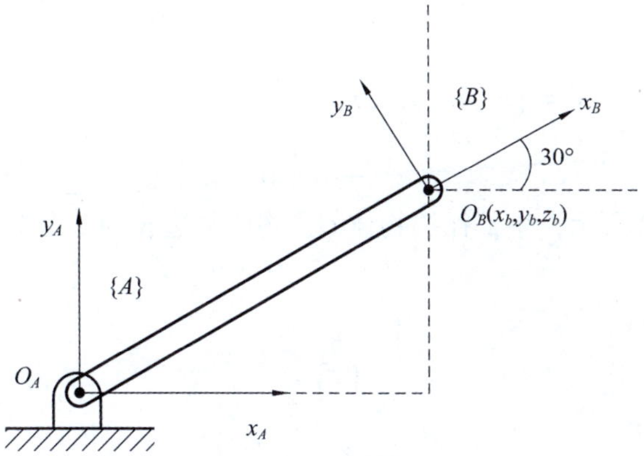

图 3.10　例 3.3 图

解：

x_B 轴的单位矢量为

$$\boldsymbol{n} = [\mathrm{c}30° \quad \mathrm{c}60° \quad \mathrm{c}90° \quad 0]^{\mathrm{T}} = [0.866 \quad 0.5 \quad 0 \quad 0]^{\mathrm{T}}$$

y_B 轴的单位矢量为

$$\boldsymbol{o} = [\mathrm{c}120° \quad \mathrm{c}30° \quad \mathrm{c}90° \quad 0]^{\mathrm{T}} = [-0.5 \quad 0.866 \quad 0 \quad 0]^{\mathrm{T}}$$

z_B 轴的单位矢量为

$$\boldsymbol{a} = [0 \quad 0 \quad 1 \quad 0]^{\mathrm{T}}$$

坐标系 $\{B\}$ 的位置矢量 $\boldsymbol{p}=[10 \quad 5 \quad 0 \quad 1]^{\mathrm{T}}$。

因此，坐标系 $\{B\}$ 的 4×4 位姿矩阵为

$$\boldsymbol{T} = [\boldsymbol{n} \quad \boldsymbol{o} \quad \boldsymbol{a} \quad \boldsymbol{p}] = \begin{bmatrix} 0.866 & -0.5 & 0 & 10 \\ 0.5 & 0.866 & 0 & 5 \\ 0 & 0 & 1 & 0 \\ 0 & 0 & 0 & 1 \end{bmatrix}$$

2. 手部的位姿表示

图 3.11 中表示机器人的手部，坐标系 $\{B\}$ 由原点位置和三个单位矢量确定。即：原点

取手部中心点为原点 O_B；z_B 轴设在手指接近物体的方向，即关节轴的方向，该方向上的矢量称为接近矢量 $\boldsymbol{a}$；y_B 轴设在手指连线的方向，该方向上的矢量称为方位矢量 $\boldsymbol{o}$；x_B 轴根据右手定则确定，同时垂直于矢量 $\boldsymbol{a}$、$\boldsymbol{o}$，方向上的矢量称为法向矢量 $\boldsymbol{n}$，即 $\boldsymbol{n}=\boldsymbol{o}\times\boldsymbol{a}$。

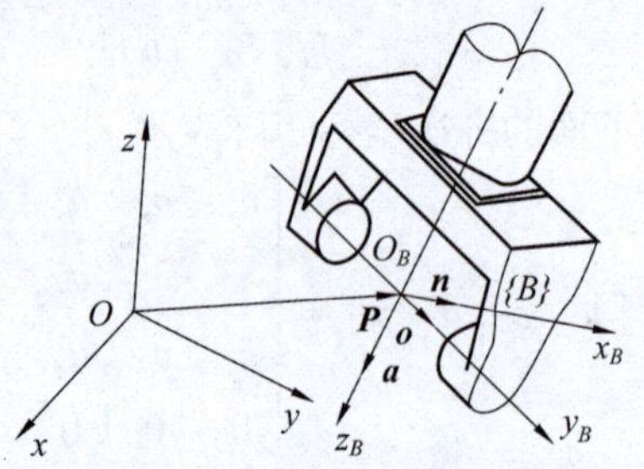

图 3.11　手部的位姿表示

因此机器人手部位置矢量为从固定坐标系 $Oxyz$ 原点指向手部坐标系 $\{B\}$ 原点的矢量 $\boldsymbol{p}$，手部的方向矢量为 $\boldsymbol{n}$、$\boldsymbol{o}$、$\boldsymbol{a}$，如图 3.11 所示。手部的 4×4 位姿矩阵为

$$\boldsymbol{T}=[\boldsymbol{n}\quad \boldsymbol{o}\quad \boldsymbol{a}\quad \boldsymbol{p}]=\begin{bmatrix} n_x & o_x & a_x & p_x \\ n_y & o_y & a_y & p_y \\ n_z & o_z & a_z & p_z \\ 0 & 0 & 0 & 1 \end{bmatrix} \tag{3.19}$$

例 3.4　如图 3.12 所示，手部抓握物体 Q，物体是边长为 2 个单位的正立方体，写出表达该手部位姿的矩阵式。

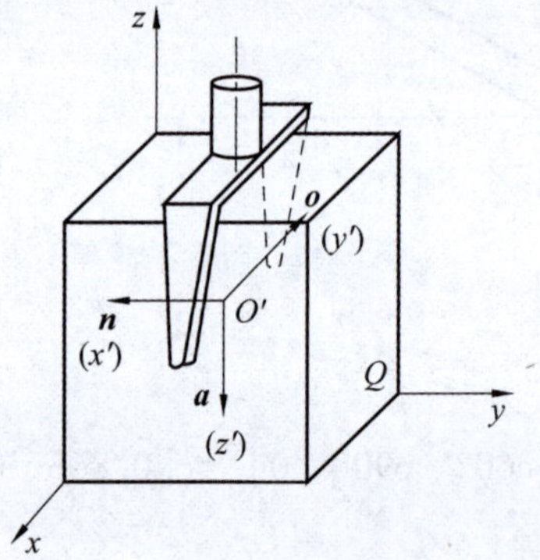

图 3.12　例 3.4 图

解： 根据手部的位姿表示方法，易得

$$\boldsymbol{T}=[\boldsymbol{n}\quad \boldsymbol{o}\quad \boldsymbol{a}\quad \boldsymbol{p}]=\begin{bmatrix} 0 & -1 & 0 & 1 \\ -1 & 0 & 0 & 1 \\ 0 & 0 & -1 & 1 \\ 0 & 0 & 0 & 1 \end{bmatrix}$$

3. 目标物齐次矩阵表示

如图 3.13 所示，楔块 Q 在图 3.13(a)所示位置，其位置和姿态可用 8 点描述，矩阵表达式为

$$Q=\begin{bmatrix}1 & -1 & -1 & 1 & 1 & -1 & -1 & 1\\0 & 0 & 2 & 2 & 0 & 0 & 2 & 2\\0 & 0 & 0 & 0 & 2 & 2 & 1 & 1\\1 & 1 & 1 & 1 & 1 & 1 & 1 & 1\end{bmatrix}$$

若让楔块绕 z 轴旋转$-90°$，再沿 x 轴方向平移 4 个单位，则楔块成为图 3.13(b)所示的情况。此时其矩阵表达式为

$$Q'=\begin{bmatrix}4 & 4 & 6 & 6 & 4 & 4 & 6 & 6\\-1 & 1 & 1 & -1 & -1 & 1 & 1 & -1\\0 & 0 & 0 & 0 & 2 & 2 & 1 & 1\\1 & 1 & 1 & 1 & 1 & 1 & 1 & 1\end{bmatrix}$$

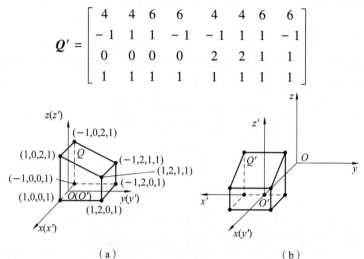

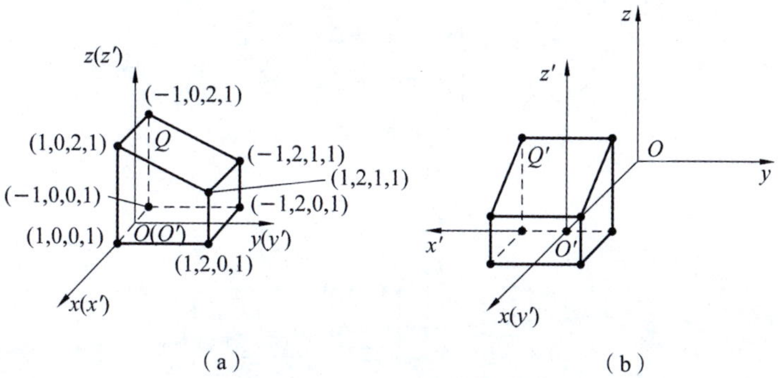

图 3.13 楔块的齐次矩阵表示

(a)旋转前的位置；(b)旋转后的位置

3.4 齐次坐标变换

在机器人运动时，其连杆运动是由平移与旋转组成的。为了能使用同一矩阵表示平移与旋转，就需要引入齐次坐标变换矩阵。

3.4.1 一般齐次变换

对于前面讲到的复合变换中的式(3.14)是将一个矢量描述从一个坐标系变换到另一个坐标系。如果采用齐次变换就可以很好地将矩阵复合运算变成矩阵的连乘形式，进而简化运算，这样式(3.14)可以写成

$$\begin{bmatrix}{}^{A}\boldsymbol{p}\\1\end{bmatrix}=\begin{bmatrix}{}_{B}^{A}\boldsymbol{R} & {}^{A}\boldsymbol{p}_{B_O}\\\boldsymbol{O} & 1\end{bmatrix}\begin{bmatrix}{}^{B}\boldsymbol{p}\\1\end{bmatrix} \tag{3.20}$$

式中；${}^{A}\boldsymbol{p}$、${}^{B}\boldsymbol{p}$ 是 4×1 列矢量，称为点的齐次坐标；${}_{B}^{A}\boldsymbol{T}=\begin{bmatrix}{}_{B}^{A}\boldsymbol{R} & {}^{A}\boldsymbol{p}_{B_O}\\\boldsymbol{O} & 1\end{bmatrix}$ 是 4×4 方阵，称为齐次变换矩阵。上式综合地表示了平移变换和旋转变换。

例 3.5 已知坐标系{B}，它绕坐标系{A}的 z 轴旋转 $\theta=30°$，沿 x_A 轴平移 12 个单位，再沿 y_A 轴平移 6 个单位。已知 ${}^{B}\boldsymbol{p}=[3 \quad 7 \quad 0]^{\mathrm{T}}$，用齐次变换法求${}^{A}\boldsymbol{p}$。

解：根据题意，有

$$ {}_B^A\boldsymbol{T}=\begin{bmatrix}{}_B^A\boldsymbol{R} & {}^A\boldsymbol{p}_{B_0}\\ \boldsymbol{O} & 1\end{bmatrix}=\begin{bmatrix}c30^\circ & -s30^\circ & 0 & 12\\ s30^\circ & c30^\circ & 0 & 6\\ 0 & 0 & 1 & 0\\ 0 & 0 & 0 & 1\end{bmatrix}=\begin{bmatrix}0.866 & -0.5 & 0 & 12\\ 0.5 & 0.866 & 0 & 6\\ 0 & 0 & 1 & 0\\ 0 & 0 & 0 & 1\end{bmatrix} $$

${}^B\boldsymbol{p}$ 的齐次坐标为 ${}^B\boldsymbol{p}=[3 \quad 7 \quad 0 \quad 1]^{\mathrm{T}}$，则 ${}^A\boldsymbol{p}={}_B^A\boldsymbol{T}\,{}^B\boldsymbol{p}=[11.098 \quad 13.562 \quad 0 \quad 1]^{\mathrm{T}}$。

3.4.2 平移齐次变换

点在空间直角坐标系的平移齐次变换如图 3.14 所示。已知空间某一点 $A(x, y, z)$，在直角坐标系中平移至点 $A'(x', y', z')$，则有

$$ \begin{cases} x'=x+\Delta x\\ y'=y+\Delta y\\ z'=z+\Delta z \end{cases} $$

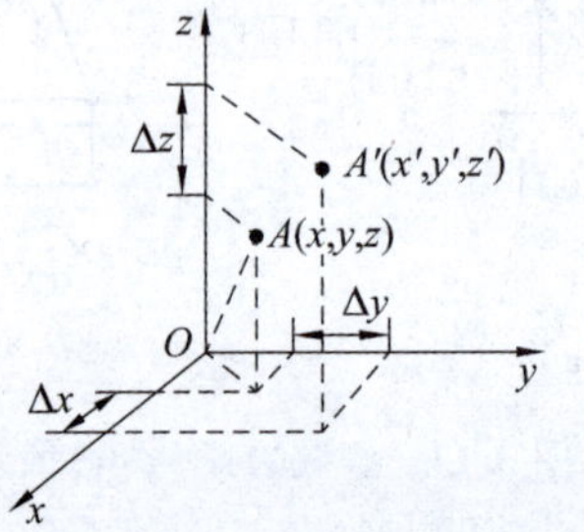

图 3.14 点的平移齐次变换

写成矩阵形式为

$$ \begin{bmatrix}x'\\ y'\\ z'\\ 1\end{bmatrix}=\begin{bmatrix}1 & 0 & 0 & \Delta x\\ 0 & 1 & 0 & \Delta y\\ 0 & 0 & 1 & \Delta z\\ 0 & 0 & 0 & 1\end{bmatrix}\begin{bmatrix}x\\ y\\ z\\ 1\end{bmatrix} \tag{3.21} $$

也可简写为

$$ \boldsymbol{a}'=\mathrm{Trans}(\Delta x, \Delta y, \Delta z)\boldsymbol{a} $$

式中：$\mathrm{Trans}(\Delta x, \Delta y, \Delta z)$ 称为齐次坐标变换的平移算子，且 Δx、Δy、Δz 分别表示沿 x、y、z 轴的移动量。即

$$ \mathrm{Trans}(\Delta x, \Delta y, \Delta z)=\begin{bmatrix}1 & 0 & 0 & \Delta x\\ 0 & 1 & 0 & \Delta y\\ 0 & 0 & 1 & \Delta z\\ 0 & 0 & 0 & 1\end{bmatrix} \tag{3.22} $$

上述公式亦适用于坐标系的平移齐次变换、物体的平移齐次变换，如机器人手部的平移齐次变换。

例 3.6 坐标系 $\{F\}$ 沿参考坐标系的 x 轴移动 2 个单位，沿 y 轴移动 7 个单位，沿 z 轴移动 5 个单位，求新的坐标系位置。已知

$$F=\begin{bmatrix}0.426 & -0.364 & 0.578 & 7\\0 & 0.132 & 0.439 & 3\\-0.766 & 0.289 & 0 & 5\\0 & 0 & 0 & 1\end{bmatrix}$$

解：

新的坐标系位置为

$$F_{\text{new}}=\text{Trans}(\Delta x,\ \Delta y,\ \Delta z)F=\begin{bmatrix}1&0&0&2\\0&1&0&7\\0&0&1&5\\0&0&0&1\end{bmatrix}\begin{bmatrix}0.426 & -0.364 & 0.578 & 7\\0 & 0.132 & 0.439 & 3\\-0.766 & 0.289 & 0 & 5\\0 & 0 & 0 & 1\end{bmatrix}$$
$$=\begin{bmatrix}0.426 & -0.364 & 0.578 & 9\\0 & 0.132 & 0.439 & 10\\-0.766 & 0.289 & 0 & 10\\0 & 0 & 0 & 1\end{bmatrix}$$

3.4.3 旋转齐次变换

1. 点在坐标系中绕轴的旋转齐次变换

点在空间直角坐标系中的旋转齐次变换如图 3.15 所示。点 $A(x,\ y,\ z)$ 绕 z 轴旋转 θ 角后至 $A'(x',\ y',\ z')$，A 与 A' 之间的关系为

$$\begin{cases}x' = x\text{c}\,\theta - y\text{s}\,\theta\\y' = x\text{s}\,\theta + y\text{c}\,\theta\\z' = z\end{cases}$$

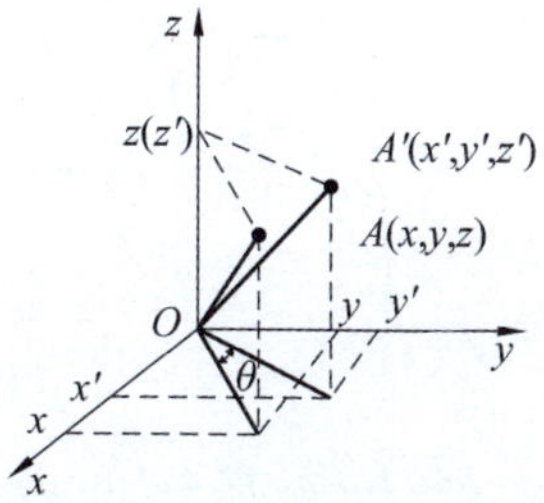

图 3.15 点的旋转齐次变换

写成一般形式为

$$\begin{bmatrix}x'\\y'\\z'\\1\end{bmatrix}=\begin{bmatrix}\text{c}\theta & -\text{s}\theta & 0 & 0\\\text{s}\theta & \text{c}\theta & 0 & 0\\0&0&1&0\\0&0&0&1\end{bmatrix}\begin{bmatrix}x\\y\\z\\1\end{bmatrix} \tag{3.23}$$

也可简写为

$$\boldsymbol{a}'=\text{Rot}(z,\ \theta)\boldsymbol{a}$$

式中：$\text{Rot}(z,\ \theta)$表示齐次坐标变换时绕 z 轴旋转的齐次变换矩阵，又称为旋转算子。

绕 z 轴的旋转算子为

$$\mathrm{Rot}(z,\ \theta)=\begin{bmatrix} c\theta & -s\theta & 0 & 0 \\ s\theta & c\theta & 0 & 0 \\ 0 & 0 & 1 & 0 \\ 0 & 0 & 0 & 1 \end{bmatrix} \tag{3.24}$$

同理，可以写出绕 x 轴、y 轴的旋转算子分别为

$$\mathrm{Rot}(x,\ \theta)=\begin{bmatrix} 1 & 0 & 0 & 0 \\ 0 & c\theta & -s\theta & 0 \\ 0 & s\theta & c\theta & 0 \\ 0 & 0 & 0 & 1 \end{bmatrix} \tag{3.25}$$

$$\mathrm{Rot}(y,\ \theta)=\begin{bmatrix} c\theta & 0 & s\theta & 0 \\ 0 & 1 & 0 & 0 \\ -s\theta & 0 & c\theta & 0 \\ 0 & 0 & 0 & 1 \end{bmatrix} \tag{3.26}$$

2. 算子的左乘、右乘规则

相对固定坐标系的轴进行坐标变换，则算子左乘；相对动坐标系的轴进行坐标变换，则算子右乘。

例 3.7 固连在刚体的坐标系上的位置矢量 $\boldsymbol{u}=7\boldsymbol{i}+3\boldsymbol{j}+2\boldsymbol{k}$，如图 3.16 所示，将点 u 绕参考坐标系的 z 轴旋转 90°得到点 v，再将点 v 绕参考坐标系的 y 轴旋转 90°得到点 w，求点 v、w 的坐标。

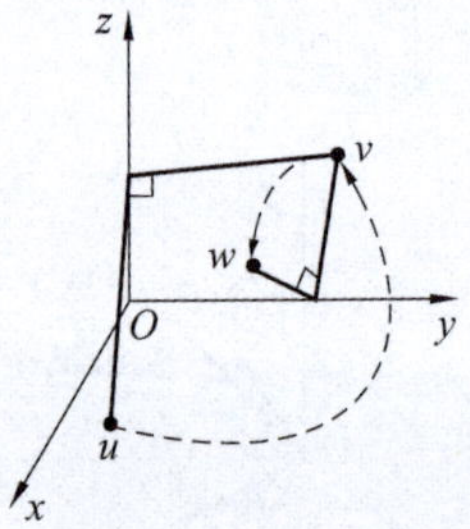

图 3.16 例 3.7 图

解：

$$\boldsymbol{v}=\mathrm{Rot}(z,\ 90°)\boldsymbol{u}=\begin{bmatrix} c90° & -s90° & 0 & 0 \\ s90° & c90° & 0 & 0 \\ 0 & 0 & 1 & 0 \\ 0 & 0 & 0 & 1 \end{bmatrix}\begin{bmatrix} 7 \\ 3 \\ 2 \\ 1 \end{bmatrix}=\begin{bmatrix} -3 \\ 7 \\ 2 \\ 1 \end{bmatrix}$$

$$\boldsymbol{w}=\mathrm{Rot}(y,\ 90°)\boldsymbol{v}=\begin{bmatrix} c90° & 0 & s90° & 0 \\ 0 & 1 & 0 & 0 \\ -s90° & 0 & c90° & 0 \\ 0 & 0 & 0 & 1 \end{bmatrix}\begin{bmatrix} -3 \\ 7 \\ 2 \\ 1 \end{bmatrix}=\begin{bmatrix} 2 \\ 7 \\ 3 \\ 1 \end{bmatrix}$$

3. 通用旋转齐次变换

图 3.17 所示为点 A 绕任意过原点的单位矢量 $\boldsymbol{f}$ 旋转 θ 角的情况。f_x、f_y、f_z 分别为 $\boldsymbol{f}$ 在固定参考系坐标轴 x、y、z 上的三个分量，且 $f_x^2+f_y^2+f_z^2=1$。可得到绕任意过原点的单位矢量 $\boldsymbol{f}$ 旋转 θ 角的旋转算子为

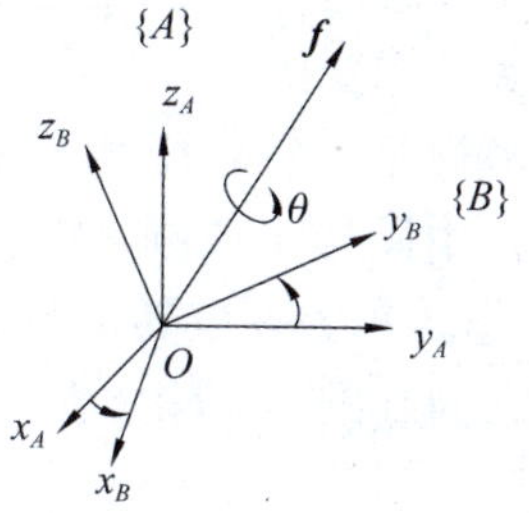

图 3.17　通用旋转齐次变换

$$\mathrm{Rot}(\boldsymbol{f},\ \theta)=\begin{bmatrix} f_xf_x\mathrm{vers}\theta+\mathrm{c}\theta & f_yf_x\mathrm{vers}\theta-f_z\mathrm{s}\theta & f_zf_x\mathrm{vers}\theta+f_y\mathrm{s}\theta & 0 \\ f_xf_y\mathrm{vers}\theta+f_z\mathrm{s}\theta & f_yf_y\mathrm{vers}\theta+\mathrm{c}\theta & f_zf_y\mathrm{vers}\theta-f_x\mathrm{s}\theta & 0 \\ f_xf_z\mathrm{vers}\theta+f_z\mathrm{s}\theta & f_yf_z\mathrm{vers}\theta+f_x\mathrm{s}\theta & f_zf_z\mathrm{vers}\theta+\mathrm{c}\theta & 0 \\ 0 & 0 & 0 & 1 \end{bmatrix} \tag{3.27}$$

式中：$\mathrm{vers}\theta=1-\mathrm{c}\ \theta$。

上式为一般旋转齐次变换通式，概括了绕 x、y、z 轴进行旋转齐次变换的情况。同理，当给出某个旋转齐次变换矩阵，则可求得 $\boldsymbol{f}$ 及转角 θ。变换算子公式不仅适用于点的旋转，也适用于矢量、坐标系、物体的旋转。

3.4.4　复合齐次变换

平移齐次变换和旋转齐次变换组合在一起，称为复合齐次变换。

例 3.8　如图 3.18 所示，已知坐标系中点 U 的位置矢量 $\boldsymbol{U}=[7\quad 3\quad 2\quad 1]^{\mathrm{T}}$，将此点绕 z 轴旋转 90°，再绕 y 轴旋转 90°后得到点 W，点 W 再作 $4\boldsymbol{i}-3\boldsymbol{j}+7\boldsymbol{k}$ 的平移得到点 E，求变换后所得的点 E 的矩阵表达式。

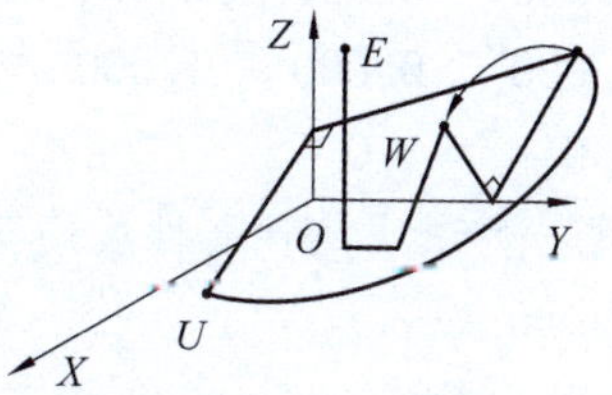

图 3.18　例 3.8 图

解：

$$\boldsymbol{E}=\boldsymbol{HW}=\mathrm{Trans}(4,\ -3,\ 7)\mathrm{Rot}(y,\ 90°)\mathrm{Rot}(z,\ 90°)\boldsymbol{U}$$

$$=\begin{bmatrix} 1 & 0 & 0 & 4 \\ 0 & 1 & 0 & -3 \\ 0 & 0 & 1 & 7 \\ 0 & 0 & 0 & 1 \end{bmatrix}\begin{bmatrix} 0 & 0 & 1 & 0 \\ 1 & 0 & 0 & 0 \\ 0 & 1 & 0 & 0 \\ 0 & 0 & 0 & 1 \end{bmatrix}\begin{bmatrix} 7 \\ 3 \\ 2 \\ 1 \end{bmatrix}=\begin{bmatrix} 0 & 0 & 1 & 4 \\ 1 & 0 & 0 & -3 \\ 0 & 1 & 0 & 7 \\ 0 & 0 & 0 & 1 \end{bmatrix}\begin{bmatrix} 7 \\ 3 \\ 2 \\ 1 \end{bmatrix}=\begin{bmatrix} 6 \\ 4 \\ 10 \\ 1 \end{bmatrix}$$

3.5 本章小结

本章主要介绍位姿描述和齐次变换的内容，包括空间任意点的位置和姿态的描述、连杆和手部的位姿表示、坐标变换和齐次坐标变换等。

对于位置描述，需要建立一个坐标系，然后用某一个 3×1 位置矢量来确定该坐标空间内任一点的位置。对于刚体的姿态，用固接于该刚体的坐标系来描述，并用一个 3×3 矩阵表示。还给出了对应于轴 x、y 或 z 作转角为 θ 旋转的旋转变换矩阵。在采用位置矢量描述点的位置，用旋转矩阵描述刚体姿态的基础上，刚体在空间的位姿就由位置矢量和旋转矩阵共同表示。

在讨论了平移、旋转和坐标变换之后，进一步研究齐次坐标变换，包括一般、平移、旋转和复合齐次变换。这些有关空间一点的变换方法，为空间刚体的变换和逆变换建立了基础。为了描述机器人的操作，必须建立机器人各连杆间以及机器人与周围环境间的运动关系。为此，建立了机器人操作变换方程的初步概念，并给出了通用旋转齐次变换的一般矩阵表达式以及等效转角与转轴矩阵表达式。为研究机器人运动学、动力学、控制建模提供了数学工具。

习 题

1. 已知坐标系$\{B\}$的初始位姿与坐标系$\{A\}$重合，坐标系$\{B\}$先相对于坐标系$\{A\}$的 z_A 轴旋转 30°，再沿着坐标系$\{A\}$的 x_A 轴移动 12 个单位，并沿坐标系$\{A\}$的 y_A 轴移动 6 个单位。求位置矢量 ${}^{A}\boldsymbol{p}_{B_O}$ 和旋转矩阵 ${}^{A}_{B}\boldsymbol{R}$；设点 p 在坐标系$\{B\}$的描述为 ${}^{B}\boldsymbol{p}=[3\quad 7\quad 0]^{\mathrm{T}}$，求该点在坐标系$\{A\}$中的描述 ${}^{A}\boldsymbol{p}$。

2. 点矢量 $\boldsymbol{v}$ 为$[10\quad 20\quad 30]$，相对参考系作如下齐次变换：

$$\boldsymbol{A}=\begin{bmatrix} 0.866 & -0.500 & 0.000 & 11.0 \\ 0.500 & 0.866 & 0.000 & -3.0 \\ 0.000 & 0.000 & 1.000 & 9.0 \\ 0 & 0 & 0 & 1 \end{bmatrix}$$

写出变换后点矢量 $\boldsymbol{v}$ 的表达式，并说明是什么性质的变换，写出旋转算子 Rot 和平移算子 Trans。

3. 坐标系绕 z 轴转 90°后，再绕 x 轴转 60°，求位置矢量 $\boldsymbol{U}=6\boldsymbol{i}+7\boldsymbol{j}+2\boldsymbol{k}$ 的原矢量坐标。

4. 初始时坐标系$\{B\}$与坐标系$\{A\}$重合，首先使坐标系$\{B\}$绕 x_B 轴旋转 30°，然后沿 z_B 轴平移 5 个单位。已知坐标系$\{B\}$中的一点 u 的位置矢量为 $4\boldsymbol{i}+\boldsymbol{j}+5\boldsymbol{k}$，试确定表示同一点但由坐标系$\{A\}$所描述的点 v。

5. 有旋转变换，先绕固定坐标系 z_0 轴旋转 45°，再绕 x_0 轴旋转 30°，最后绕 y_0 轴旋转 60°，试求该齐次变换矩阵。

6. 坐标系$\{A\}$与参考坐标系重合，现将其绕通过原点的矢量 $\boldsymbol{f}=[0.707\quad 0.707\quad 0]^{\mathrm{T}}$ 转动 30°，求该齐次变换矩阵。

7. 坐标系{B}连续相对于固定坐标系{A}作下列变换，先绕z_A轴旋转90°，再绕x_A轴旋转-90°，最后作$[3\quad 7\quad 9]^T$的平移，求该齐次变换矩阵${}_B^A\boldsymbol{T}$。

8. 坐标系{B}连续相对于自身坐标系{B}作下列变换，先作$[3\quad 7\quad 9]^T$的平移，再绕x_B轴旋转90°，最后绕z_B轴旋转-90°，求该齐次变换矩阵${}_B^B\boldsymbol{T}$。

9. 在图3.19所示的坐标系中，求出齐次变换矩阵${}_B^A\boldsymbol{T}$、${}_C^B\boldsymbol{T}$和${}_C^A\boldsymbol{T}$。

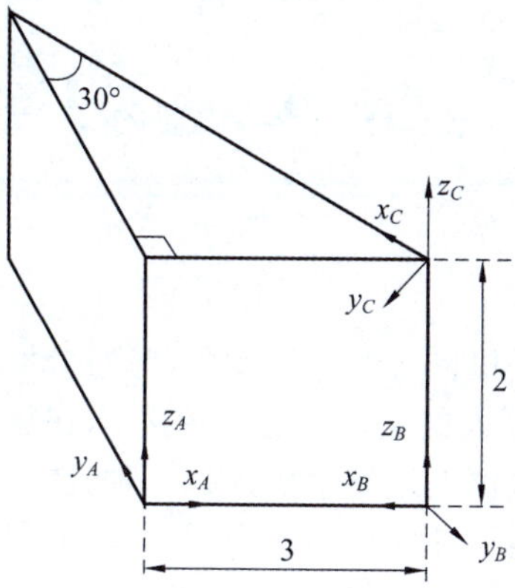

图3.19 9题图

10. 对于图3.20(a)所示的两个楔块物体，使用两个变换序列分别表示两个楔块物体的变换过程，使得最后的状态如图3.20(b)所示。

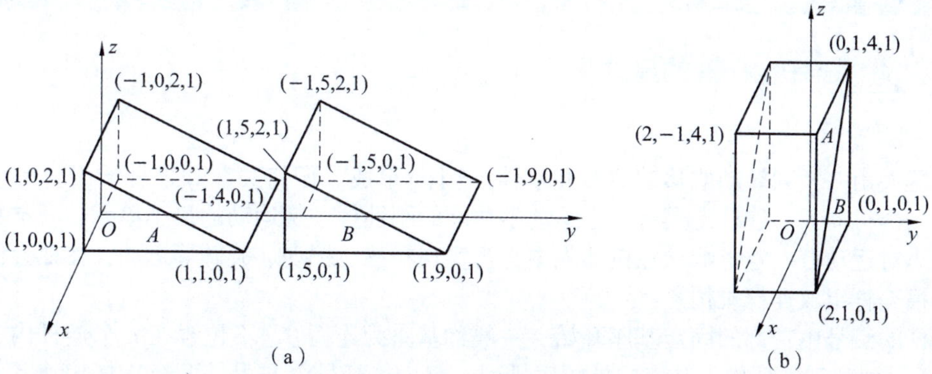

图3.20 10题图

第4章 机器人运动学

这一章的主要内容为对串联机械臂的正运动学和逆运动学问题的研究。机器人运动学从几何或机构角度描述和研究机器人的运动特性，在不考虑引起这些运动的力或力矩的情况下，描述机械臂的运动，因此机器人运动学描述是一种几何方法。正运动学问题是根据给定的机器人关节变量的取值来确定手部的位姿；逆运动学问题是根据给定的手部的位姿确定机器人关节变量的取值。

4.1 机器人的位姿分析

4.1.1 连杆坐标系的建立

1. 坐标系号的分配方法

机器人由一系列转动或移动关节和刚体(连杆)组成。任何关节和连杆的组合都可以构成任意一个机器人。连杆是具有一定运动学功能的刚性杆，是运动的最小单元，其本身的形状和大小对运动有一定影响。在机器人中，为实现平移、摆动、旋转等运动，往往会使用一根或多根连杆组成连杆机构。

连杆的编号由臂部的固定基座开始，一般称基座为连杆 0，不包含在 n 个连杆内，如图 4.1 所示。关节和连杆均由基座向外顺序排列，每个连杆最多与另外两个连杆相连，而不构成闭环。关节 1 处于连杆 1 和基座之间，连杆距基座近的一端(简称近端)的关节为第 i 个关节，距基座远的一端(简称远端)的关节为第 $i+1$ 个关节。

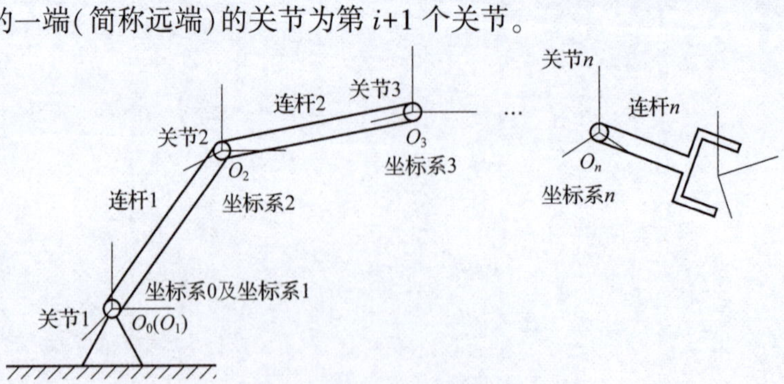

图 4.1 改进 D-H 坐标系的分配

一般基座为固定不动的坐标系，把该坐标系作为参考坐标系，在这个参考坐标系中描述机器人其他所有连杆坐标系的位置。对于 n 关节机器人需建立 $n+1$ 个坐标系。

2. 坐标系位姿的确定

对于坐标系的建立和位姿的确定一般有以下两种方法。

1)一般方法

只要满足前述条件，对坐标系的各坐标轴的分配无任何特殊规定，后一坐标系向前一坐标系的坐标变换完全可以按照坐标变换方程进行。

2)D-H 参数法

D-H 参数法是由 Denavit 和 Hartenberg 提出的一种计算机器人运动学方程的方法，其可分为标准 D-H 法和改进 D-H 法。在标准 D-H 法中，是将连杆的坐标系固定在该连杆的输出端(下一关节)，也即坐标系 $i-1$ 与关节 i 对齐；改进 D-H 法是将连杆的坐标系固定在该连杆的输入端(同一关节)，也即坐标系 $i-1$ 与关节 $i-1$ 对齐，因此它们对应的变换矩阵不同。当相邻两个关节轴线相交时，不能保证标准 D-H 法所建立坐标系的唯一性，而改进 D-H 法可以避免这样的情况。本章采用改进 D-H 法进行机器人数学建模，也会给出标准 D-H 法建模的例题，图 4.2 所示为改进 D-H 法的模型。

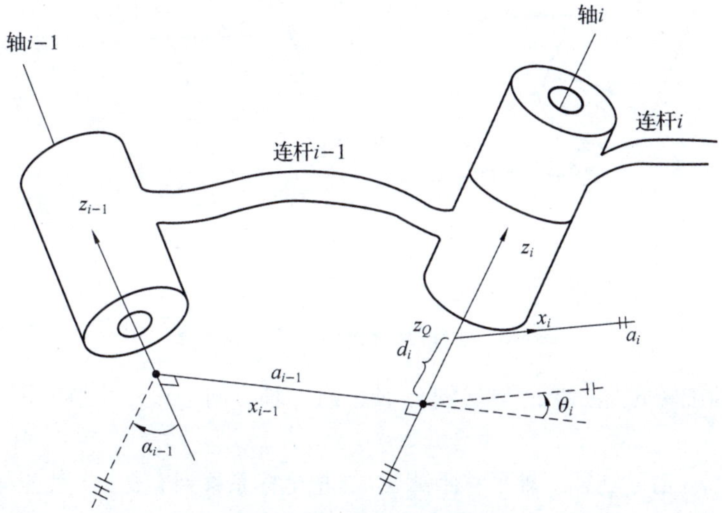

图 4.2 改进 D-H 法的模型

基于改进 D-H 法得到的变换矩阵正是进行机器人运动学计算分析和轨迹规划的基础。依照建模方法，其需要确定的坐标系可以大致分为基座坐标系$\{0\}$，关节坐标系$\{i\}$。可以将连杆各种机械结构抽象成两个几何要素及其参数，即公共法线的距离 a_{i-1} 和垂直于 a_{i-1} 所在平面内两轴的夹角 α_{i-1}；另外相邻连杆之间的连接关系也被抽象成两个量，即两连杆的相对位置 d_i 和两连杆公垂线的夹角 θ_i，其中涉及的参数分别称为连杆转角 θ_i、连杆偏距 d_i、连杆长度 a_{i-1}、连杆扭角 α_{i-1} 等。

D-H 坐标系的特点是每一连杆的坐标系的 z 轴和原点固连在该连杆的前一个轴线上。除第一个和最后一个连杆外，每个连杆两端的轴线各有一条法线，分别为前、后相邻连杆的公共法线。即原点 O_i 设在 a_i 与 z_i 轴线的交点上；z_i 轴与轴 i 重合，指向任意方向；x_i 轴与公法线 a_i 重合，沿 a_i 由 z_i 轴线指向 z_{i+1} 轴线；y_i 轴按右手定则确定。

具体的 D-H 参数求解方法如下。

连杆长度 a_{i-1}：沿着 x_{i-1} 轴，由 z_{i-1} 到 z_i 的距离。

连杆扭角 α_{i-1}：绕 x_{i-1} 轴，由 z_{i-1} 到 z_i 的转角。

连杆偏距 d_i：沿着 z_i 轴，由 x_{i-1} 到 x_i 的距离，转动关节为常量，移动关节为变量；

连杆转角 θ_i：绕 z_i 轴，由 x_{i-1} 到 x_i 的转角，转动关节为变量，移动关节为常量。

4.1.2 连杆坐标系间的变换矩阵

在对全部连杆规定坐标系之后，就能够按照下列顺序由两个旋转和两个平移来建立相邻两连杆坐标系 i-1 和 i 之间的相对关系，如图 4.3 所示。

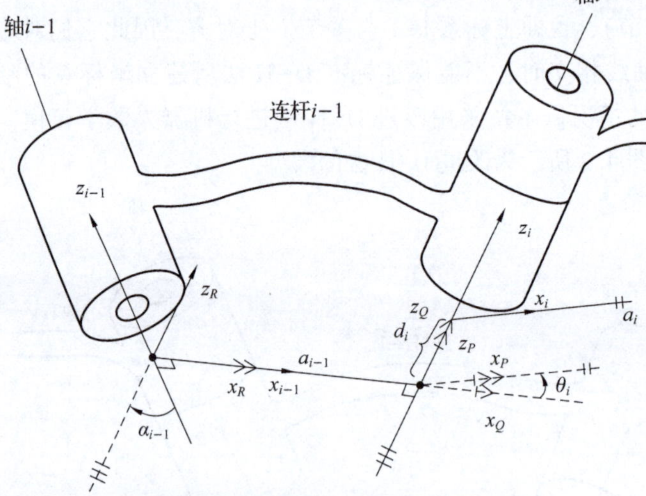

图 4.3 连杆两端相邻坐标系变换示意

(1)绕 x_{i-1} 轴旋转 α_{i-1}，使 z_{i-1} 轴转到 z_R 轴，同 z_i 轴方向一致，使坐标系{i-1}过渡到坐标系{R}。

(2)坐标系{R}沿 x_{i-1} 或 x_R 轴平移距离 a_{i-1}，把坐标系移到 i 轴上，使坐标系{R}过渡到坐标系{Q}。

(3)坐标系{Q}绕 z_R 或 z_i 轴转动 θ_i 角，使坐标系{Q}过渡到坐标系{P}。

(4)坐标系{P}再沿 z_i 轴平移距离 d_i，使坐标系{P}过渡到和 i 杆的坐标系{i}重合。

这种关系可由表示连杆 i 对连杆 i-1 相对位置的 4 个齐次变换来描述。根据坐标系变换的链式法则，坐标系{i-1}到坐标系{i}的变换矩阵可以写成

$$ {}^{i-1}_{i}\boldsymbol{T} = {}^{i-1}_{R}\boldsymbol{T}{}^{R}_{Q}\boldsymbol{T}{}^{Q}_{P}\boldsymbol{T}{}^{P}_{i}\boldsymbol{T} \tag{4.1} $$

式(4.1)中的每个变换都是仅有一个连杆参数的基础变换(旋转或平移变换)，根据各中间坐标系的设计，式(4.1)可以写成

$$ {}^{i-1}_{i}\boldsymbol{T} = \mathrm{Rot}(x,\ \alpha_{i-1})\mathrm{Trans}(a_{i-1},\ 0,\ 0)\mathrm{Rot}(z,\ \theta_i)\mathrm{Trans}(0,\ 0,\ d_i) \tag{4.2} $$

根据矩阵齐次变换以及矩阵连乘可以计算出式(4.2)，即 ${}^{i-1}_{i}\boldsymbol{T}$ 的变换通式为

$$
{}^{i-1}_{i}\boldsymbol{T}=\begin{bmatrix} c\theta_i & -s\theta_i & 0 & a_{i-1} \\ s\theta_i c\alpha_{i-1} & c\theta_i c\alpha_{i-1} & -s\alpha_{i-1} & -d_i s\alpha_{i-1} \\ s\theta_i s\alpha_{i-1} & c\theta_i s\alpha_{i-1} & c\alpha_{i-1} & d_i c\alpha_{i-1} \\ 0 & 0 & 0 & 1 \end{bmatrix} \tag{4.3}
$$

4.2 机器人正运动学

根据 4.1 节所述的方法，首先建立各连杆坐标系，确定各连杆的 D-H 参数，从而得出齐次坐标变换矩阵 ${}^{i-1}_{i}\boldsymbol{T}$，该矩阵仅描述连杆坐标系之间相对平移或旋转的一次坐标变换。对于有 i 个连杆的机械臂部，机械臂端部对基座的关系为

$$
{}^{0}_{i}\boldsymbol{T}={}^{0}_{1}\boldsymbol{T}{}^{1}_{2}\boldsymbol{T}\cdots{}^{i-1}_{i}\boldsymbol{T}
$$

变换矩阵 ${}^{0}_{i}\boldsymbol{T}$ 是关于 i 个关节变量的函数。如果能得到机器人关节的参数信息，机器人手部连杆在笛卡儿坐标系里的位姿就能通过 ${}^{0}_{i}T$ 计算出来。由于坐标系的建立不是唯一的，不同的坐标系下 D-H 矩阵是不同的。但对于相同的基坐标系，不同的 D-H 矩阵下的手部位姿相同。

机器人正运动学将关节变量作为自变量，研究机器人手部位姿与基座之间的函数关系。总体思想是：

(1)给每个关节指定坐标系；

(2)确定从一个关节到下一关节的变换(即相邻参考系之间的变化)；

(3)结合所有变换，确定手部关节与基座间的总变换；

(4)建立运动学方程求解。

例 4.1 下面结合图 4.4 所示的 RRR 型机械臂结构，进行运动学方程的建立过程分析。

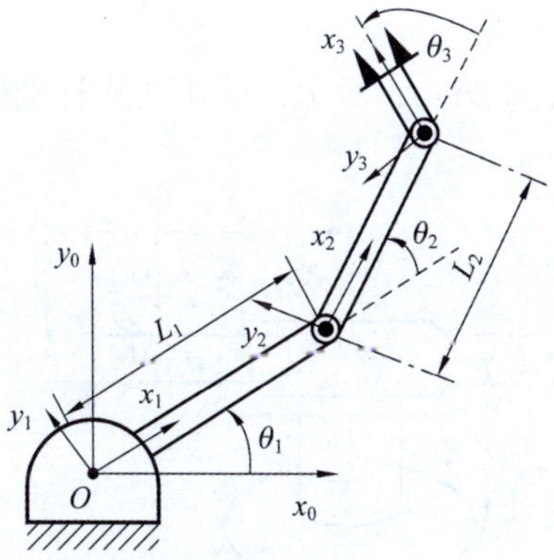

图 4.4 RRR 型机械臂结构

解：(1)建立参数 D-H 坐标系。

按 D-H 参数法建立各连杆坐标系：

z_0 轴沿关节 0 的轴，z_i 轴沿关节 i 的轴；

x_i 轴沿连杆建立并指向下一关节；

y_i 轴按右手定则确定。

(2)确定各连杆的 D-H 参数，如表 4.1 所示。

表 4.1　各连杆的 D-H 参数

连杆	参数			
	α_{i-1}	a_{i-1}	θ_i	d_i
1	0	0	θ_1	0
2	0	L_1	θ_2	0
3	0	L_2	θ_3	0

(3)求两连杆之间的变换矩阵 ${}^{i-1}_{i}\boldsymbol{T}$：

$$
{}^{0}_{1}\boldsymbol{T}=\begin{bmatrix} c_1 & -s_1 & 0 & 0 \\ s_1 & c_1 & 0 & 0 \\ 0 & 0 & 1 & 0 \\ 0 & 0 & 0 & 1 \end{bmatrix},\ {}^{1}_{2}\boldsymbol{T}=\begin{bmatrix} c_2 & -s_2 & 0 & L_1 \\ s_2 & c_2 & 0 & 0 \\ 0 & 0 & 1 & 0 \\ 0 & 0 & 0 & 1 \end{bmatrix},\ {}^{2}_{3}\boldsymbol{T}=\begin{bmatrix} c_3 & -s_3 & 0 & L_2 \\ s_3 & c_3 & 0 & 0 \\ 0 & 0 & 1 & 0 \\ 0 & 0 & 0 & 1 \end{bmatrix}
$$

式中：c_1、c_2、c_3 分别表示 $\cos\theta_1$、$\cos\theta_2$、$\cos\theta_3$；s_1、s_2、s_3 分别表示 $\sin\theta_1$、$\sin\theta_2$、$\sin\theta_3$。

(4)求机器人的运动学方程：

$$
{}^{0}_{3}\boldsymbol{T}={}^{0}_{1}\boldsymbol{T}{}^{1}_{2}\boldsymbol{T}{}^{2}_{3}\boldsymbol{T}=\begin{bmatrix} c_{123} & -s_{123} & 0 & L_1c_1+L_2c_{12} \\ s_{123} & c_{123} & 0 & L_1s_1+L_2s_{12} \\ 0 & 0 & 1 & 0 \\ 0 & 0 & 0 & 1 \end{bmatrix}
$$

式中：$c_{12}=\cos(\theta_1+\theta_2)$；$s_{12}=\sin(\theta_1+\theta_2)$；$c_{123}=\cos(\theta_1+\theta_2+\theta_3)$，$s_{123}=\sin(\theta_1+\theta_2+\theta_3)$。

从该题中可以得出，机器人运动学研究的手部的位姿，与关节变量之间的关系有关，而与产生该位姿所需的力或力矩无关。

例 4.2　三自由度的机械手如图 4.5 所示，试建立连杆坐标系，并推导出该机械手的运动学方程。

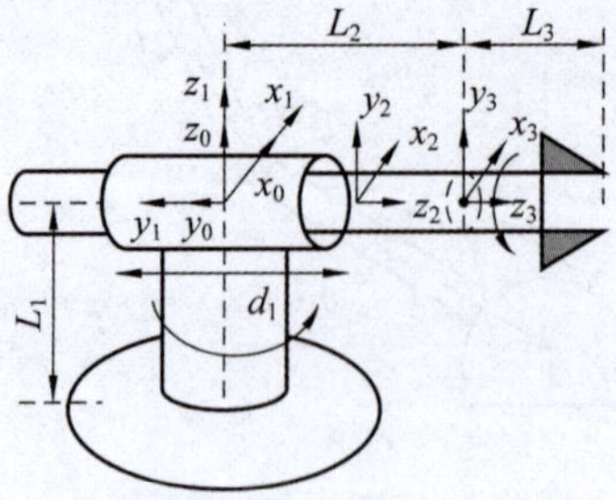

图 4.5　三自由度的机械手

解：(1)根据坐标系建立方法，建立如图 4.5 所示的坐标系。

(2)各连杆的 D-H 参数如表 4.2 所示。

表 4.2　例 4.2 各连杆的 D-H 参数

连杆	参数			
	α_{i-1}	a_{i-1}	θ_i	d_i
1	0	0	θ_1	0
2	90°	0	0	d_1
3	0	0	θ_3	L_2

(3)求两连杆之间的变换矩阵 ${}^{i-1}_{i}\boldsymbol{T}$：

$$
{}^0_1\boldsymbol{T}=\begin{bmatrix} c_1 & -s_1 & 0 & 0\\ s_1 & c_1 & 0 & 0\\ 0 & 0 & 1 & 0\\ 0 & 0 & 0 & 1\end{bmatrix},\quad {}^1_2T=\begin{bmatrix} 1 & 0 & 0 & 0\\ 0 & 0 & -1 & -d_1\\ 0 & 1 & 0 & 0\\ 0 & 0 & 0 & 1\end{bmatrix},\quad {}^2_3T=\begin{bmatrix} c_3 & -s_3 & 0 & 0\\ s_3 & c_3 & 0 & 0\\ 0 & 0 & 1 & L_2\\ 0 & 0 & 0 & 1\end{bmatrix}
$$

(4)则运动学方程是：

$$
{}^0_3\boldsymbol{T}={}^0_1\boldsymbol{T}{}^1_2\boldsymbol{T}{}^2_3\boldsymbol{T}=\begin{bmatrix} c_1c_3 & -c_1s_3 & s_1 & s_1L_2+s_1d_1\\ s_1c_3 & -s_1s_3 & -c_1 & -c_1L_2-c_1d_1\\ s_3 & c_3 & 0 & 0\\ 0 & 0 & 0 & 1\end{bmatrix}
$$

式中：c_1、c_3 分别表示 $\cos\theta_1$、$\cos\theta_3$；s_1、s_3 分别表示 $\sin\theta_1$、$\sin\theta_3$。

4.3　机器人逆运动学

逆运动学解决的问题是：已知手部位姿各矢量 $\boldsymbol{n}$、$\boldsymbol{o}$、$\boldsymbol{a}$ 和 $\boldsymbol{p}$，求各个关节的变量 θ 和 d。在机器人的控制中，已知手部到达的目标位姿，需要求出关节变量，以驱动各关节的电动机，使手部的位姿得到满足，这就是运动学的反向问题，也称逆运动学。

必须知道机器人的每一个连杆的长度或关节的角度，才能将手部定位在所期望的位姿，这就叫作逆运动学分析。

机器人运动学是可解的，但需要找到一种求解关节变量的算法，用于确定手部位姿所对应的关节变量的全部解。求解逆运动学问题，是为了解决路径规划、机器人控制的问题，但求解比较困难。运动学逆解不像线性方程，不存在通用解法。

机器人运动学逆解的方法可分为两类：封闭解法(解析解法)和数值解法。

(1)封闭解法：可给出每个关节变量的数学函数表达式。该方法用解析函数式表示解，在一些特别简单或特殊情况下出现，仅存在解析的封闭解，求解速度快、效率高，便于实时控制。

(2)数值解法：用递推算法给出关节变量的具体数值，相同的算法适用于所有串行机器人。但数值解法相对于封闭解法需要的运算量更大，不太适合实时性要求较高的场合。

在求逆解时，总是力求得到封闭解。封闭解法因为不需要举出大量数字让计算机去逼近求解，故求逆矩阵快，并且更容易确定哪些可能的解决方案是适当的。

4.3.1 逆运动学方程解的特点

运动学逆解的多重性，是指对于给定的机器人工作区域内，手部可以多方向达到目标点，因此，对于给定的在机器人的工作区域内的手部位置，进行逆运动学求解有以下特点。

1. 解可能不存在

机器人具有一定的工作区域，假如给定手部位置在工作区域之外，则解不存在。图 4.6 所示为三自由度平面关节机械手，假如给定手部位置(x, y)位于外半径为 l_1+l_2 与内半径为 $|l_1-l_2|$的圆环之外，则无法求出逆解 θ_1 及 θ_2，即该逆解不存在。

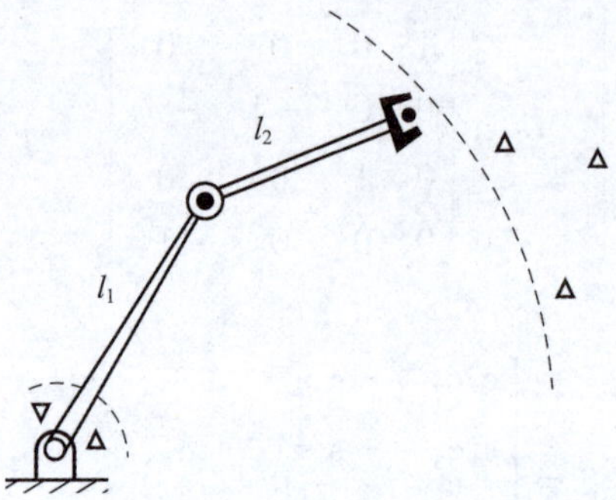

图 4.6　工作区域外逆解不存在

2. 解的多重性

机器人逆运动学问题可能出现多解的情况。图 4.7(a)所示的在机器人工作区域内的手部位置 $A(x, y)$可以得到两个逆解：θ_1、θ_2 及 θ'_1、θ'_2，手部不能以任意方向到达目标点 A。图 4.7(b)增加一个腕部关节自由度，可实现手部以任意方向到达目标点 A。

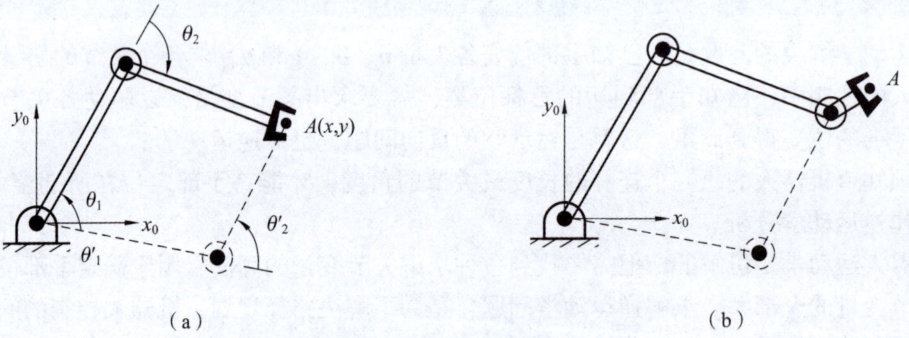

图 4.7　逆解的多重性

(a)二自由度平面关节机械手；(b)三自由度平面关节机械手

3. 求解方法的多样性

机器人逆运动学求解有多种方法，不同学者对同一机器人的逆运动学求解也会提出不同的解法。应该从计算方法的计算效率、计算精度等要求出发，选择较好的解法。因此在进行逆运动学求解时应遵守以下两个原则。

(1)应该根据具体情况，在避免碰撞的前提下，按“最短行程”的原则来择优，使每个关节的移动量最小。

(2)由于工业机器人连杆的尺寸大小不同，应遵循“多移动小关节，少移动大关节”的原则。

4. Pieper 准则

Pieper. D. L 经过研究发现：如果串联机器人在结构上满足下面两个充分条件中的一个，就会有封闭解。这两个充分条件也称为 Pieper 准则，即：

(1)三个相邻关节轴线交于一点；

(2)三个相邻关节轴线相互平行。

现在绝大部分工业机器人都满足 Pieper 准则的第一个条件：机器人末端三个关节轴线相交于一点，该点称为腕点。当前，满足 Pieper 准则第二个条件的机器人较少，最为典型的是 SCARA 机器人。研究发现，Pieper 准则也可用于带有移动关节的机器人。

4.3.2　逆运动学的封闭解法

封闭解法分为代数法和几何法，其中比较常用的方法是代数法，又叫变量分离法。若末端连杆的位姿已经给定，即 $\boldsymbol{n}$、$\boldsymbol{o}$、$\boldsymbol{a}$ 和 $\boldsymbol{p}$ 为已知，则求关节变量 θ_1，θ_2，…，θ_i 的值称为运动反解。用未知连杆逆变换左乘方程两边，把关节变量分离出来，从而求得 θ_1，θ_2，…，θ_i 的解。

以 6 轴机器人为例，给出逆运动学方程求解的具体过程。

(1)根据机器人臂部关节坐标设置确定 ${}_{i}^{i-1}\boldsymbol{T}$，${}_{i}^{i-1}\boldsymbol{T}$ 为关节坐标的齐次坐标变换，由关节变量和参数确定。

(2) ${}_{6}^{0}\boldsymbol{T}$ 为机器人臂部末端在直角坐标系(参考坐标或基坐标)中的位姿，它是由三个平移分量构成的平移矢量 $\boldsymbol{p}$(确定空间位置)和三个旋转矢量 $\boldsymbol{n}$、$\boldsymbol{o}$、$\boldsymbol{a}$ (确定姿态)组成的齐次变换矩阵描述。

(3)分别用 ${}_{i}^{i-1}\boldsymbol{T}$ ($i=1$，2，…，5)的逆变换左乘方程两边，通过这种方法，根据上述矩阵方程对应元素相等，可得到若干个可解的代数方程，便可求出关节变量 θ_i 或 d_i。但通常不需要全部递推过程便可利用等式两边对应项求解。

例 4.3　下面以图 4.8 所示的三自由度 RRR 型机械臂部为例进行代数法和几何法求解。

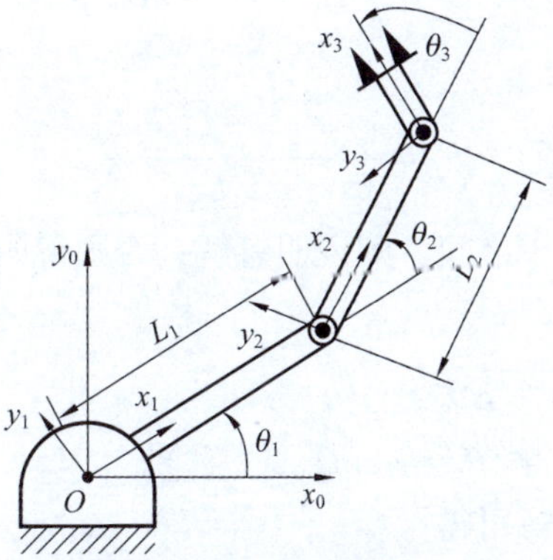

图 4.8　三自由度 RRR 型机械臂

解：

(1)代数法。

据前面运动学的知识和例 4.1 的结果，可以得到基坐标系到腕部坐标系的变换矩阵，即

正运动学方程为

$$
{}_3^0\boldsymbol{T}=\begin{bmatrix} c_{123} & -s_{123} & 0 & L_1c_1+L_2c_{12} \\ s_{123} & c_{123} & 0 & L_1s_1+L_2s_{12} \\ 0 & 0 & 1 & 0 \\ 0 & 0 & 0 & 1 \end{bmatrix}
$$

由于该题是在讨论平面内的逆运动学，所以只需要确定三个量就可以确定目标点的位姿。这三个量分别是 x、y、φ，其中 φ 是连杆 3 在平面内的方位角，这三个量作为末端位姿已知量，即末端位姿 ${}_T^B\boldsymbol{T}$ 已经确定。由此，可以写出另一个运动学方程：

$$
{}_T^B\boldsymbol{T}=\begin{bmatrix} c\varphi & -s\varphi & 0 & x \\ s\varphi & c\varphi & 0 & y \\ 0 & 0 & 1 & 0 \\ 0 & 0 & 0 & 1 \end{bmatrix}
$$

因此，可以得到

$$
{}_3^0\boldsymbol{T}=\begin{bmatrix} c_{123} & -s_{123} & 0 & L_1c_1+L_2c_{12} \\ s_{123} & c_{123} & 0 & L_1s_1+L_2s_{12} \\ 0 & 0 & 1 & 0 \\ 0 & 0 & 0 & 1 \end{bmatrix}=\begin{bmatrix} c\varphi & -s\varphi & 0 & x \\ s\varphi & c\varphi & 0 & y \\ 0 & 0 & 1 & 0 \\ 0 & 0 & 0 & 1 \end{bmatrix} \tag{4.4}
$$

通过式(4.4)可以得到四个非线性方程为

$$
\begin{cases} c\varphi = c_{123} \\ s\varphi = s_{123} \\ x = L_1c_1 + L_2c_{12} \\ y = L_1s_1 + L_2s_{12} \end{cases} \tag{4.5}
$$

整理可以得到

$$
x^2 + y^2 = L_1^2 + L_2^2 + 2L_1L_2c_2 \tag{4.6}
$$

则

$$
c_2 = \frac{x^2 + y^2 - L_1^2 - L_2^2}{2L_1L_2}
$$

得到的 c_2 的值如果在 $-1\sim1$ 之间，则说明有解；否则说明无解，目标点超出了操作臂的工作空间。

如果有解，就有 $s_2=\pm\sqrt{1-c_2^2}$。

再利用二幅角反正切公式得：$\theta_2=\text{atan2}(s_2,\ c_2)$。

根据已求出的 θ_2 和式(4.5)可得

$$
\begin{cases} x = k_1c_1 - k_2s_1 \\ y = k_1s_1 + k_2c_1 \\ k_1 = L_1 + L_2c_2 \\ k_2 = L_2s_2 \end{cases} \tag{4.7}
$$

为方便求解该方程，可进行变量变换，将常量 k_1、k_2 的形式进行改变，即

$$\begin{cases} r = \sqrt{k_1^2 + k_2^2} \\ \gamma = \mathrm{atan2}(k_2,\ k_1) \\ k_1 = r\mathrm{c}\,\gamma \\ k_2 = r\mathrm{s}\,\gamma \end{cases} \tag{4.8}$$

因此

$$\begin{cases} \dfrac{x}{r} = \mathrm{c}\,\gamma\mathrm{c}\,\theta_1 - \mathrm{s}\,\gamma\mathrm{s}\,\theta_1 \\ \dfrac{y}{r} = \mathrm{c}\,\gamma\mathrm{s}\,\theta_1 + \mathrm{s}\,\gamma\mathrm{c}\,\theta_1 \end{cases} \tag{4.9}$$

于是

$$\begin{cases} \mathrm{c}(\gamma + \theta_1) = \dfrac{x}{r} \\ \mathrm{s}(\gamma + \theta_1) = \dfrac{y}{r} \end{cases} \tag{4.10}$$

对式(4.10)利用二幅角反正切公式，得

$$\gamma + \theta_1 = \mathrm{atan2}\left(\frac{y}{r},\ \frac{x}{r}\right) = \mathrm{atan2}(y,\ x) \tag{4.11}$$

因此可得到

$$\theta_1 = \mathrm{atan2}(y,\ x) - \mathrm{atan2}(k_2,\ k_1) \tag{4.12}$$

注意，如果 $x = y = 0$，则式(4.12)不确定，此时 θ_1 可以取任意值。

最后由式(4.5)可知 $\theta_1 + \theta_2 + \theta_3 = \varphi$，此时可求得 θ_3 的值。

(2)几何法。

由几何关系得

$$x = L_1\mathrm{c}_1 + L_2\mathrm{c}_{12} \tag{4.13}$$

$$y = L_1\mathrm{s}_1 + L_2\mathrm{s}_{12} \tag{4.14}$$

两式平方后相加得

$$x^2 + y^2 = L_1^2 + L_2^2 + 2L_1L_2\mathrm{c}_2 \tag{4.15}$$

于是

$$\theta_2 = \arccos\left(\frac{x^2 + y^2 - L_1^2 - L_2^2}{2L_1L_2}\right)$$

讨论：

①为了保证解存在，目标点$(x,\ y)$应满足逆向求解可解性的条件。

②在满足解存在的前提下，有两个解 θ_2 和 θ_2'，且

$$\theta_2' = -\theta_2(-180° \leqslant \theta_2 \leqslant 0°)$$

为求出 θ_1，建立图4.9所示的平面几何关系，β 可以是任意象限的角，这是由 x 和 y 的决定的，为此应用二幅角反正切公式，得 $\beta = \mathrm{atan2}(y,\ x)$。

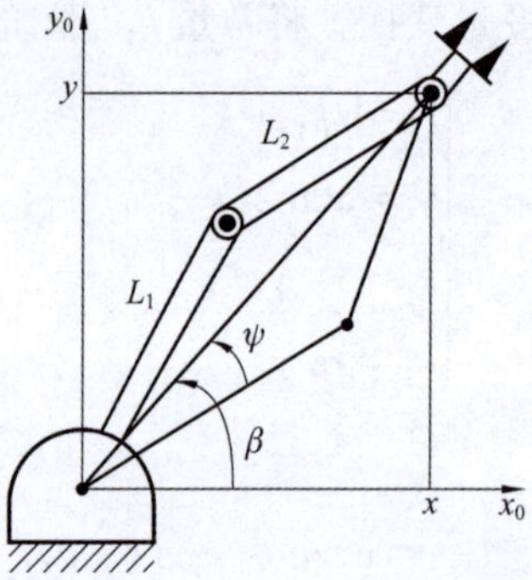

图 4.9 三自由度 RRR 型机械手的平面几何关系

再根据三角函数关系可得

$$\tan\psi = \frac{L_2 s_2}{L_1 + L_2 c_2}(0 \leqslant \psi \leqslant 180°)$$

因此

$$\theta_1 = \beta \pm \psi = \text{atan2}(y,\ x) - \arctan\left(\frac{L_2 s_2}{L_1 + L_2 c_2}\right) \tag{4.16}$$

式中：当 $\theta_2<0°$时取“+”，当 $\theta_2>0°$时取“−”。

最后几何关系可以得知 $\theta_1 + \theta_2 + \theta_3 = \varphi$，可求得 θ_3 的值。

4.4 机器人运动学的综合应用

本小节对经典的工业机器人斯坦福和 PUMA560 进行运动学的正解和逆解的综合应用。

4.4.1 斯坦福机器人运动学求解

如图 4.10 所示，在斯坦福机器人的结构示意中利用标准 D-H 法建立坐标系，z_0 轴沿关节 1 的轴，z_i 轴沿关节 i+1 的轴，令所有 x_i 轴与机座坐标系 x_0 轴平行，y 轴按右手坐标系确定。求 ${}^{i-1}_{\ \ i}\boldsymbol{T}$（$i$=1，2，…，6）及机器人运动学方程的表达式。

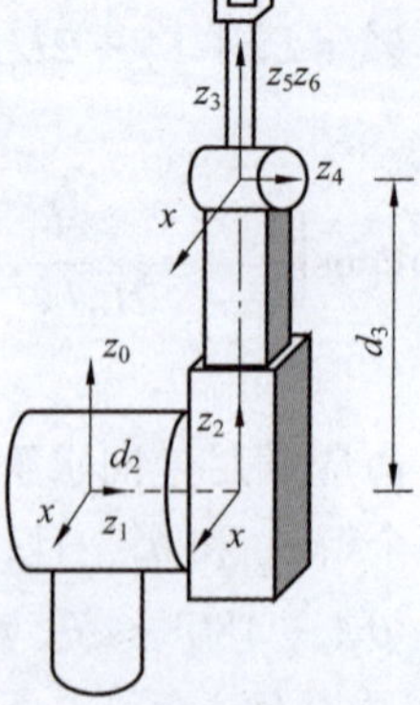

图 4.10 斯坦福机器人的结构示意

1. 正运动学方程

(1)确定斯坦福机器人的 D-H 参数和关节参量表，如表 4.3 所示。

表 4.3 斯坦福机器人的 D-H 参数和关节参量表

连杆 i	变量	关节角 θ_i	连杆偏距 d_i	连杆扭角 α_i	连杆长度 a_i
1	θ_1	θ_1	0	-90°	0
2	θ_2	θ_2	d_2	90°	0
3	d_3	0	d_3	0°	0
4	θ_4	θ_4	0	-90°	0
5	θ_5	θ_5	0	90°	0
6	θ_6	θ_6	0	0°	0

(2)根据 D-H 参数求解位姿矩阵 ${}^{i-1}_{i}\boldsymbol{T}$：

$$
{}^{0}_{1}\boldsymbol{T}=\begin{bmatrix} c_1 & 0 & -s_1 & 0 \\ s_1 & 0 & c_1 & 0 \\ 0 & -1 & 0 & 0 \\ 0 & 0 & 0 & 1 \end{bmatrix},\quad
{}^{1}_{2}\boldsymbol{T}=\begin{bmatrix} c_2 & 0 & s_2 & 0 \\ s_2 & 0 & -c_2 & 0 \\ 0 & 1 & 0 & d_2 \\ 0 & 0 & 0 & 1 \end{bmatrix},\quad
{}^{2}_{3}\boldsymbol{T}=\begin{bmatrix} 1 & 0 & 0 & 0 \\ 0 & 1 & 0 & 0 \\ 0 & 0 & 1 & d_3 \\ 0 & 0 & 0 & 1 \end{bmatrix}
$$

$$
{}^{3}_{4}\boldsymbol{T}=\begin{bmatrix} c_4 & 0 & -s_4 & 0 \\ s_4 & 0 & c_4 & 0 \\ 0 & -1 & 0 & 0 \\ 0 & 0 & 0 & 1 \end{bmatrix},\quad
{}^{4}_{5}\boldsymbol{T}=\begin{bmatrix} c_5 & 0 & s_5 & 0 \\ s_5 & 0 & -c_5 & 0 \\ 0 & 1 & 0 & 0 \\ 0 & 0 & 0 & 1 \end{bmatrix},\quad
{}^{5}_{6}\boldsymbol{T}=\begin{bmatrix} c_6 & -s_6 & 0 & 0 \\ s_6 & c_6 & 0 & 0 \\ 0 & 0 & 1 & 0 \\ 0 & 0 & 0 & 1 \end{bmatrix}
$$

式中：c_4、c_5、c_6 分别表示 $\cos\theta_4$、$\cos\theta_5$、$\cos\theta_6$；s_4、s_5、s_6 分别表示 $\sin\theta_4$、$\sin\theta_5$、$\sin\theta_6$。

(3)求解机器人的运动学方程：

$$
{}^{0}_{6}\boldsymbol{T}={}^{0}_{1}\boldsymbol{T}{}^{1}_{2}\boldsymbol{T}{}^{2}_{3}\boldsymbol{T}{}^{3}_{4}\boldsymbol{T}{}^{4}_{5}\boldsymbol{T}{}^{5}_{6}\boldsymbol{T}=\begin{bmatrix} n_x & o_x & a_x & p_x \\ n_y & o_y & a_y & p_y \\ n_z & o_z & a_z & p_z \\ 0 & 0 & 0 & 1 \end{bmatrix} \tag{4.17}
$$

式中：

$n_x = c_1[c_2(c_4c_5c_6 - s_4s_6) - s_2s_5c_6] - s_1(s_4c_5c_6 + c_4s_6)$；

$n_y = s_1[c_2(c_4c_5c_6 - s_4s_6) - s_2s_5c_6] + c_1(s_4c_5c_6 + c_4s_6)$；

$n_z = -s_2(c_4c_5c_6 - s_4s_6) - c_2s_5c_6$；

$o_x = c_1[-c_2(c_4c_5s_6 + s_4c_6) + s_2s_5s_6] - s_1(-s_4c_5s_6 + c_4c_6)$；

$o_y = s_1[-c_2(c_4c_5s_6 + s_4c_6) + s_2s_5s_6] + c_1(-s_4c_5s_6 + c_4c_6)$；

$o_z = s_2(c_4c_5s_6 + s_4c_6) + c_2s_5s_6$；

$a_x = c_1(c_2c_4s_5 + s_2c_5) - s_1s_4s_5$；

$a_y = s_1(c_2c_4s_5 + s_2c_5) + c_1s_4s_5$；

$a_z = -s_2c_4s_5 + c_2c_5$；

$p_x = c_1s_2d_3 - s_1d_2$；

$p_y = s_1s_2d_3 + c_1d_2$；

$p_z = c_2d_3$。

2. 逆运动学求解

根据已知的末端位姿求解各关节变量的值，为运动学逆解，对于斯坦福机器人的运动学逆解，即已知连杆的结构参数和矩阵 ${}^{0}_{6}\boldsymbol{T}$ 中的各元素，求解相应的关节变量。

1)求 θ_1

用 ${}^{0}_{1}\boldsymbol{T}^{-1}$ 左乘式(4.17)，可得 ${}^{0}_{1}\boldsymbol{T}^{-1}\,{}^{0}_{6}\boldsymbol{T}={}^{1}_{2}\boldsymbol{T}{}^{2}_{3}\boldsymbol{T}{}^{3}_{4}\boldsymbol{T}{}^{4}_{5}\boldsymbol{T}{}^{5}_{6}\boldsymbol{T}$，即

$$
{}^{0}_{1}\boldsymbol{T}^{-1}\,{}^{0}_{6}\boldsymbol{T}=\begin{bmatrix} c_1 & s_1 & 0 & 0 \\ 0 & 0 & -1 & 0 \\ -s_1 & c_1 & 0 & 0 \\ 0 & 0 & 0 & 1 \end{bmatrix}\begin{bmatrix} n_x & o_x & a_x & p_x \\ n_y & o_y & a_y & p_y \\ n_z & o_z & a_z & p_z \\ 0 & 0 & 0 & 1 \end{bmatrix}=\begin{bmatrix} f_{11}(n) & f_{11}(o) & f_{11}(a) & f_{11}(p) \\ f_{12}(n) & f_{12}(o) & f_{12}(a) & f_{12}(p) \\ f_{13}(n) & f_{13}(o) & f_{13}(a) & f_{13}(p) \\ 0 & 0 & 0 & 1 \end{bmatrix} \tag{4.18}
$$

式中：$f_{11}(i)=c_1 i_x+s_1 i_y$，$f_{12}(i)=-i_x$，$f_{13}(i)=-s_1 i_x+c_1 i_y$，$(i=n,\ o,\ a,\ p)$。

则

$$
{}^{1}_{2}\boldsymbol{T}{}^{2}_{3}\boldsymbol{T}{}^{3}_{4}\boldsymbol{T}{}^{4}_{5}\boldsymbol{T}{}^{5}_{6}\boldsymbol{T}=\begin{bmatrix} c_2(c_4c_5c_6-s_4s_6)-s_2s_5c_6 & -c_2(c_4c_5s_6+s_4c_6)+s_2s_5s_6 & c_2c_4s_5+s_2c_5 & s_2d_3 \\ s_2(c_4c_5c_6-s_4s_6)+c_2s_5c_6 & -s_2(c_4c_5c_6+s_4c_6)-c_2s_5s_6 & s_2c_4s_5-c_2c_5 & -c_2d_3 \\ s_4c_5c_6+c_4s_6 & -s_2c_5c_6+c_4c_6 & s_4s_5 & d_2 \\ 0 & 0 & 0 & 1 \end{bmatrix} \tag{4.19}
$$

上式中第三行四列的元素为常数，把对应的元素等同可得

$$
f_{13}(p)=d_2,\quad 即\ -s_1p_x+c_1p_y=d_2
$$

采用三角代换

$$
\begin{cases} p_x=r\cos\varphi \\ p_y=r\sin\varphi \end{cases}
$$

则

$$
p=\sqrt{p_x^2+p_y^2},\ \varphi=\mathrm{atan2}(p_y,\ p_x)
$$

进行三角代换得

$$
\sin(\varphi-\theta_1)=\frac{d_2}{p},\ \cos(\varphi-\theta_1)=\pm\sqrt{1-\left(\frac{d_2}{p}\right)^2}
$$

运用二幅角反正切公式得

$$
\varphi-\theta_1=\mathrm{atan2}\left[\frac{d_2}{p},\ \pm\sqrt{1-\left(\frac{d_2}{p}\right)^2}\right]
$$

因此

$$
\theta_1=\mathrm{atan2}(p_y,\ p_x)-\mathrm{atan2}\left[\frac{d_2}{p},\ \pm\sqrt{1-\left(\frac{d_2}{p}\right)^2}\right]
$$

式中：正负号对应着有两个 θ_1 的可能解。

2)求 θ_2

根据求 θ_1 的步骤，用 ${}^{1}_{2}\boldsymbol{T}^{-1}$ 左乘方程 ${}^{1}_{6}\boldsymbol{T}={}^{1}_{2}\boldsymbol{T}{}^{2}_{3}\boldsymbol{T}{}^{3}_{4}\boldsymbol{T}{}^{4}_{5}\boldsymbol{T}{}^{5}_{6}\boldsymbol{T}$，得 ${}^{1}_{2}\boldsymbol{T}^{-1}\,{}^{0}_{1}\boldsymbol{T}^{-1}\,{}^{0}_{6}\boldsymbol{T}={}^{2}_{3}\boldsymbol{T}{}^{3}_{4}\boldsymbol{T}{}^{4}_{5}\boldsymbol{T}{}^{5}_{6}\boldsymbol{T}$，即

$$
{}^1_2\boldsymbol{T}^{-1}\,{}^0_1\boldsymbol{T}^{-1}\,{}^0_6\boldsymbol{T}=\begin{bmatrix} c_2 & s_2 & 0 & 0 \\ 0 & 0 & 1 & -d_2 \\ s_2 & -c_2 & 0 & 0 \\ 0 & 0 & 0 & 1 \end{bmatrix}\begin{bmatrix} c_1 & s_1 & 0 & 0 \\ 0 & 0 & -1 & 0 \\ -s_1 & c_1 & 0 & 0 \\ 0 & 0 & 0 & 1 \end{bmatrix}\begin{bmatrix} n_x & o_x & a_x & p_x \\ n_y & o_y & a_y & p_y \\ n_z & o_z & a_z & p_z \\ 0 & 0 & 0 & 1 \end{bmatrix} \tag{4.20}
$$

观察式(4.20)两侧根据其运算结果(在此省略了两侧的运算结果)，可知第一行四列与第二行四列对应元素相等，因此可得

$$
\begin{cases} s_2 d_3 = c_1 p_x + s_1 p_y \\ -c_2 d_3 = -p_z \end{cases} \tag{4.21}
$$

由于 d_3 大于 0(菱形导轨的伸展大于 0)，所以 θ_2 有唯一解，即

$$
\theta_2 = \arctan \frac{c_1 p_x + s_1 p_y}{p_z}
$$

3)求 d_3

用 ${}^2_3\boldsymbol{T}^{-1}$ 左乘方程 ${}^1_2\boldsymbol{T}^{-1}\,{}^0_1\boldsymbol{T}^{-1}\,{}^0_6\boldsymbol{T}={}^2_3\boldsymbol{T}{}^3_4\boldsymbol{T}{}^4_5\boldsymbol{T}{}^5_6\boldsymbol{T}$，得 ${}^2_3\boldsymbol{T}^{-1}\,{}^1_2\boldsymbol{T}^{-1}\,{}^0_1\boldsymbol{T}^{-1}\,{}^0_6\boldsymbol{T}={}^3_4\boldsymbol{T}{}^4_5\boldsymbol{T}{}^5_6\boldsymbol{T}$，因为已经求得 θ_1、θ_2，所以 s_1、c_1、s_2、c_2 的值已知。计算上式可得

$$
d_3 = s_2(c_1 p_x + s_1 p_y) + c_2 p_2
$$

4)求 θ_4

用 ${}^3_4\boldsymbol{T}^{-1}$ 左乘方程 ${}^2_3\boldsymbol{T}^{-1}\,{}^1_2\boldsymbol{T}^{-1}\,{}^0_1\boldsymbol{T}^{-1}\,{}^0_6\boldsymbol{T}={}^3_4\boldsymbol{T}{}^4_5\boldsymbol{T}{}^5_6\boldsymbol{T}$ 得 ${}^3_4\boldsymbol{T}^{-1}\,{}^2_3\boldsymbol{T}^{-1}\,{}^1_2\boldsymbol{T}^{-1}\,{}^0_1\boldsymbol{T}^{-1}\,{}^0_6\boldsymbol{T}={}^4_5\boldsymbol{T}{}^5_6\boldsymbol{T}$，即

$$
\begin{bmatrix} f_{41}(n) & f_{41}(o) & f_{41}(a) & 0 \\ f_{42}(n) & f_{42}(o) & f_{42}(a) & 0 \\ f_{43}(n) & f_{43}(o) & f_{43}(a) & 0 \\ 0 & 0 & 0 & 1 \end{bmatrix}=\begin{bmatrix} c_5c_6 & -c_5c_6 & s_5 & 0 \\ s_5c_6 & -s_5c_6 & -c_5 & 0 \\ s_6 & c_6 & 0 & 0 \\ 0 & 0 & 0 & 1 \end{bmatrix} \tag{4.22}
$$

$$
\begin{aligned} f_{41}(i) &= c_4[c_2(c_1 i_x + s_1 i_y) - s_2 i_z] + s_4(-s_1 i_x + c_1 i_y) \\ f_{42}(i) &= -s_2(c_1 i_x + s_1 i_y) - c_2 i_z \\ f_{43}(i) &= -s_4[c_2(c_1 i_x + s_1 i_y) - s_2 i_z] + c_4(-s_1 i_x + c_1 i_y) \end{aligned} \tag{4.23}
$$

式中：$i = n, o, a, p$。

式(4.22)的右端第三行三列元素为 0，令左、右第三行三列元素相等，有

$$
-s_4[c_2(c_1 a_x + s_1 a_y) - s_2 a_z] + c_4(-s_1 a_x + c_1 a_y) = 0
$$

解得

$$
\theta_4 = \arctan \frac{\pm(-s_1 a_x + c_1 a_y)}{c_2(c_1 a_x + s_1 a_y) - s_2 a_z}
$$

5)求 θ_5

令式(4.22)左、右第一行三列和第二行三列元素相等，有

$$
\begin{cases} s_5 = c_4[c_2(c_1 a_x + s_1 a_y) - s_2 a_z] + s_4(-s_1 a_x + c_1 a_y) \\ c_5 = s_2(c_1 a_x + s_1 a_y) + c_2 a_z \end{cases} \tag{4.24}
$$

解得

$$
\theta_5 = \arctan \frac{c_4[c_2(c_1 a_x + s_1 a_y) - s_2 a_z] + s_4(-s_1 a_x + c_1 a_y)}{s_2(c_1 a_x + s_1 a_y) + c_2 a_z}
$$

6)求 θ_6

用 ${}^{4}_{5}\boldsymbol{T}^{-1}$ 左乘方程 ${}^{3}_{4}\boldsymbol{T}^{-1}\,{}^{2}_{3}\boldsymbol{T}^{-1}\,{}^{1}_{2}\boldsymbol{T}^{-1}\,{}^{0}_{1}\boldsymbol{T}^{-1}\,{}^{0}_{6}\boldsymbol{T}={}^{4}_{5}\boldsymbol{T}{}^{5}_{6}\boldsymbol{T}$ 得 ${}^{4}_{5}\boldsymbol{T}^{-1}\,{}^{3}_{4}\boldsymbol{T}^{-1}\,{}^{2}_{3}\boldsymbol{T}^{-1}\,{}^{1}_{2}\boldsymbol{T}^{-1}\,{}^{0}_{1}\boldsymbol{T}^{-1}\,{}^{0}_{6}\boldsymbol{T}={}^{5}_{6}\boldsymbol{T}$，即

$$\begin{bmatrix} f_{51}(n) & f_{51}(o) & 0 & 0 \\ f_{52}(n) & f_{52}(o) & 0 & 0 \\ f_{53}(n) & f_{53}(o) & 0 & 0 \\ 0 & 0 & 0 & 1 \end{bmatrix} = \begin{bmatrix} c_6 & s_6 & 0 & 0 \\ s_6 & c_6 & 0 & 0 \\ 0 & 0 & 1 & 0 \\ 0 & 0 & 0 & 1 \end{bmatrix} \tag{4.25}$$

$$\begin{cases} s_6 = -c_5\{c_4[c_2(c_1o_x+s_1o_y)-s_2o_z]+s_4(-s_1o_x+c_1o_y)\}+s_5[s_2(c_1o_x+s_1o_y)-c_2o_z] \\ c_6 = -s_4[c_2(c_1o_x+s_1o_y)-s_2o_z]+c_4(-s_1o_x+c_1o_y) \end{cases} \tag{4.26}$$

用二幅角反正切公式得

$$\theta_6 = \text{atan2}(s_6,\ c_6)$$

4.4.2 PUMA560 机器人运动学求解

图 4.11 所示为 PUMA560 机器人的结构示意和利用改进 D-H 法建立的坐标系，对该机器人进行运动学分析。

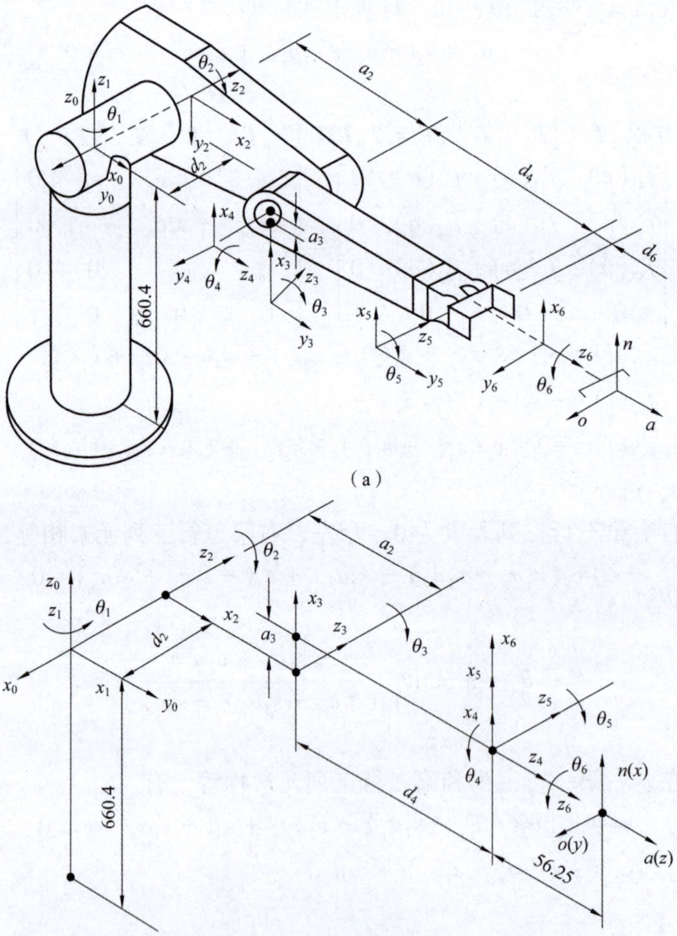

图 4.11　PUMA560 机器人

(a)结构示意；(b)利用改进 D-H 法建立的坐标系

1. 正运动学方程

(1)确定机器人的 D-H 参数和关节参量表，如表 4.4 所示。

表 4.4　PUMA560 机器人的 D-H 参数和关节参量表

连杆 i	参数				变量范围
	α_{i-1}	a_{i-1}	d_i	θ_i	
1	0	0	0	θ_1	−160°~160°
2	−90°	0	d_2	θ_2	−225°~45°
3	0	a_2	0	θ_3	−45°~225°
4	−90°	a_3	d_4	θ_4	−110°~170°
5	90°	0	0	θ_5	−100°~100°
6	−90°	0	0	θ_6	−266°~266°

(2)根据 D-H 参数求解位姿矩阵 ${}_{i}^{i-1}T$：

$$
{}_1^0\boldsymbol{T}=\begin{bmatrix} c_1 & -s_1 & 0 & 0\\ s_1 & c_1 & 0 & 0\\ 0 & 0 & 1 & 0\\ 0 & 0 & 0 & 1\end{bmatrix},\quad
{}_2^1\boldsymbol{T}=\begin{bmatrix} c_2 & -s_2 & 0 & 0\\ 0 & 0 & 1 & d_2\\ -s_2 & -c_2 & 0 & 0\\ 0 & 0 & 0 & 1\end{bmatrix},\quad
{}_3^2\boldsymbol{T}=\begin{bmatrix} c_3 & -s_3 & 0 & a_2\\ s_3 & c_3 & 0 & 0\\ 0 & 0 & 1 & 0\\ 0 & 0 & 0 & 1\end{bmatrix}
$$

$$
{}_4^3\boldsymbol{T}=\begin{bmatrix} c_4 & -s_4 & 0 & a_3\\ 0 & 0 & 1 & d_4\\ -s_4 & -c_4 & 0 & 0\\ 0 & 0 & 0 & 1\end{bmatrix},\quad
{}_5^4\boldsymbol{T}=\begin{bmatrix} c_5 & -s_5 & 0 & 0\\ 0 & 0 & -1 & 0\\ s_5 & c_5 & 0 & 0\\ 0 & 0 & 0 & 1\end{bmatrix},\quad
{}_6^5\boldsymbol{T}=\begin{bmatrix} c_6 & -s_6 & 0 & 0\\ 0 & 0 & 1 & 0\\ -s_6 & -c_6 & 0 & 0\\ 0 & 0 & 0 & 1\end{bmatrix}
$$

(3)求解机器人的运动学方程：

$$
{}_6^0\boldsymbol{T}={}_1^0\boldsymbol{T}{}_2^1\boldsymbol{T}{}_3^2\boldsymbol{T}{}_4^3\boldsymbol{T}{}_5^4\boldsymbol{T}{}_6^5\boldsymbol{T}=\begin{bmatrix} n_x & o_x & a_x & p_x\\ n_y & o_y & a_y & p_y\\ n_z & o_z & a_z & p_z\\ 0 & 0 & 0 & 1\end{bmatrix} \tag{4.27}
$$

式中：

$n_x=c_1[c_{23}(c_4c_5c_6-s_4s_6)-s_{23}s_5c_6]+s_1(s_4c_5c_6+c_4s_6)$；

$n_y=s_1[c_{23}(c_4c_5c_6-s_4s_6)-s_{23}s_5c_6]-c_1(s_4c_5c_6+c_4s_6)$；

$n_z=-s_{23}(c_4c_5c_6-s_4s_6)-c_{23}s_5c_6$；

$o_x=c_1[-c_{23}(c_4c_5s_6+s_4c_6)+s_{23}s_5s_6]-s_1(c_4c_6-s_4c_5s_6)$；

$o_y=s_1[-c_{23}(c_4c_5s_6+s_4c_6)+s_{23}s_5s_6]-c_1(c_4c_6-s_4c_5s_6)$；

$o_z=s_{23}(c_4c_5s_6+s_4c_6)+c_{23}s_5s_6$；

$a_x=-c_1(c_{23}c_4s_5+s_{23}c_5)-s_1s_4s_5$；

$a_y=-s_1(c_{23}c_4s_5+s_{23}c_5)+c_1s_4s_5$；

$a_z=s_{23}c_4s_5-c_{23}c_5$；

$p_x=c_1(a_2c_2+a_3c_{23}-d_4s_{23})-d_2s_1$；

$p_y = s_1(a_2c_2 + a_3c_{23} - d_4s_{23}) + d_2c_1$；

$p_z = -a_3s_{23} - a_2s_2 - d_4c_{23}$。

2. 逆运动学求解

根据已知的末端位姿求解各关节变量的值，为运动学逆解，对于 PUMA560 机器人的运动学逆解，即已知连杆的结构参数和矩阵 ${}_6^0\boldsymbol{T}$ 中的各元素，求解相应的关节变量。

1)求 θ_1

用 ${}_1^0\boldsymbol{T}^{-1}$ 左乘式(4.27)，可得 ${}_1^0\boldsymbol{T}^{-1}\,{}_6^0\boldsymbol{T} = {}_2^1\boldsymbol{T}{}_3^2\boldsymbol{T}{}_4^3\boldsymbol{T}{}_5^4\boldsymbol{T}{}_6^5\boldsymbol{T}$，即

$$
{}_1^0\boldsymbol{T}^{-1}\,{}_6^0\boldsymbol{T} = \begin{bmatrix} c_1 & s_1 & 0 & 0 \\ -s_1 & c_1 & 0 & 0 \\ 0 & 0 & 1 & 0 \\ 0 & 0 & 0 & 1 \end{bmatrix} \begin{bmatrix} n_x & o_x & a_x & p_x \\ n_y & o_y & a_y & p_y \\ n_z & o_z & a_z & p_z \\ 0 & 0 & 0 & 1 \end{bmatrix} = {}_6^1\boldsymbol{T} \tag{4.28}
$$

根据矩阵方程(4.28)计算出的结果(在此省略了两侧计算结果)，可知两侧第二行四列元素对应相等，可得

$$
-s_1p_x + c_1p_y = d_2 \tag{4.29}
$$

此时令

$$
p_x = r\mathrm{c}\,\varphi,\ p_y = r\mathrm{s}\,\varphi \tag{4.30}
$$

式中：$r = \sqrt{p_x^2 + p_y^2}$；$\varphi = \mathrm{atan2}(p_y,\ p_x)$。

将式(4.30)代入式(4.29)得到 θ_1 的解：

$$
\left.\begin{aligned}
&\mathrm{s}(\varphi - \theta_1) = d_2/\rho,\ \mathrm{c}(\varphi - \theta_1) = \pm\sqrt{1 - (d_2/\rho)^2} \\
&\varphi - \theta_1 = \mathrm{atan2}\left[\frac{d_2}{\rho},\ \pm\sqrt{1 - \left(\frac{d_2}{\rho}\right)^2}\right] \\
&\theta_1 = \mathrm{atan2}(p_y,\ p_x) - \mathrm{atan2}(d_2,\ \pm\sqrt{p_x^2 + p_y^2 - d_2^2})
\end{aligned}\right\}
$$

式中：正负号对应 θ_1 的两个可能解。

2)求 θ_3

在选定 θ_1 的一个解后，再令矩阵方程(4.28)计算出的结果两侧第一行四列和第三行四列元素分别对应相等，即得方程

$$
\begin{cases} c_1p_x + s_1p_y = a_3c_{23} - d_4s_{23} + a_2c_2 \\ -p_z = a_3s_{23} + d_4c_{23} + a_2s_2 \end{cases} \tag{4.31}
$$

式(4.29)与式(4.31)的平方和为

$$
a_3c_3 - d_4s_3 = k \tag{4.32}
$$

式中：$k = \dfrac{p_x^2 + p_y^2 + p_z^2 - a_2^2 - a_3^2 - d_2^2 - d_4^2}{2a_2}$。

式(4.32)中已消去 θ_2，且式(4.32)与式(4.29)具有相同的形式，因此可以由三角代换求解 θ_3：

$$
\theta_3 = \mathrm{atan2}(a_3,\ d_4) - \mathrm{atan2}(k,\ \pm\sqrt{a_3^2 + d_4^2 - k^2})
$$

式中：正负号对应 θ_3 的两个可能解。

3）求 θ_2

为求解 θ_2，在矩阵方程(4.28)两边左乘 ${}^2_3\boldsymbol{T}^{-1}\,{}^1_2\boldsymbol{T}^{-1}$，得 ${}^2_3\boldsymbol{T}^{-1}\,{}^1_2\boldsymbol{T}^{-1}\,{}^0_1\boldsymbol{T}^{-1}\,{}^0_6\boldsymbol{T}={}^3_4\boldsymbol{T}{}^4_5\boldsymbol{T}{}^5_6\boldsymbol{T}$，即

$$\begin{bmatrix} c_1c_{23} & s_1c_{23} & -s_{23} & -a_2c_3 \\ -c_1s_{23} & -s_1s_{23} & -c_{23} & a_2s_3 \\ -s_1 & c_1 & 0 & -d_2 \\ 0 & 0 & 0 & 1 \end{bmatrix}\begin{bmatrix} n_x & o_x & a_x & p_x \\ n_y & o_y & a_y & p_y \\ n_z & o_z & a_z & p_z \\ 0 & 0 & 0 & 1 \end{bmatrix}={}^3_6\boldsymbol{T} \tag{4.33}$$

而

$${}^3_6\boldsymbol{T}={}^3_4\boldsymbol{T}{}^4_5\boldsymbol{T}{}^5_6\boldsymbol{T}=\begin{bmatrix} c_4c_5c_6-s_4s_6 & -c_4c_5c_6-s_4s_6 & -c_4s_5 & a_3 \\ s_5c_6 & s_5c_6 & c_5 & d_4 \\ -s_4c_5c_6-c_4s_6 & s_4c_5c_6-c_4s_6 & s_4c_5 & 0 \\ 0 & 0 & 0 & 1 \end{bmatrix} \tag{4.34}$$

令矩阵方程(4.33)计算出的结果两侧第一行四列和第二行四列元素分别对应相等，可得

$$\begin{cases} c_1c_{23}p_x+s_1c_{23}p_y-s_{23}p_x-a_2c_3=a_3 \\ -c_1s_{23}p_x-s_1s_{23}p_y-c_{23}p_z+a_2s_3=d_4 \end{cases} \tag{4.35}$$

联立求解得到 s_{23} 和 c_{23}：

$$\begin{cases} s_{23}=\dfrac{(-a_3-a_2c_3)p_z+(c_1p_x+s_1p_y)(a_2s_3-d_4)}{p_z^2+(c_1p_x+s_1p_y)^2} \\ c_{23}=\dfrac{(-d_4+a_2s_3)p_z-(c_1p_x+s_1p_y)(-a_2c_3-a_3)}{p_z^2+(c_1p_x+s_1p_y)^2} \end{cases} \tag{4.36}$$

s_{23} 和 c_{23} 表达式的分母相等，且为正，于是

$$\begin{aligned}\theta_{23}=\theta_2+\theta_3=\operatorname{atan2}[&-(a_3+a_2c_3)p_z+(c_1p_x+s_1p_y)(a_2s_3-d_4),\\ &(-d_4+a_2s_3)p_z+(c_1p_x+s_1p_y)(a_2c_3+a_3)]\end{aligned} \tag{4.37}$$

根据 θ_1 和 θ_3 的解的四种可能的组合，由式(4.37)可以得到相应的四种可能值 θ_{23}，于是由 $\theta_2=\theta_{23}-\theta_3$ 可以得到 θ_2 的四种可能解。

4）求 θ_4

因为式(4.33)左边均为已知，令计算出的结果两侧第一行三列和第三行三列元素分别对应相等，可得

$$\begin{cases} a_xc_1c_{23}+a_ys_1c_{23}-a_zs_{23}=-c_4s_5 \\ -a_xs_1+a_yc_1=s_4c_5 \end{cases} \tag{4.38}$$

只要 $s_5\neq0$，便可求出 θ_4：

$$\theta_4=\operatorname{atan2}(-a_xs_1+a_yc_1,\ -a_xc_1c_{23}-a_ys_1c_{23}+a_zs_{23}) \tag{4.39}$$

当 $s_5=0$ 时，机械手处于奇异形位。此时，关节轴4和6重合，只能解出 θ_4 与 θ_6 的和或差。奇异形位可以由式(4.39)中 atan2 的两个变量是否都接近零来判别。若都接近零，则为奇异形位，否则，不是奇异形位。当机械手为奇异形位时，可任意选取 θ_4 的值，再计算相应的 θ_6 值。

5)求 θ_5

根据求出的 θ_4，可以进一步解出 θ_5，将式(4.33)两边左乘 ${}^3_4\boldsymbol{T}^{-1}$，得 ${}^3_4\boldsymbol{T}^{-1}\,{}^2_3\boldsymbol{T}^{-1}\,{}^1_2\boldsymbol{T}^{-1}\,{}^0_1\boldsymbol{T}^{-1}\,{}^0_6\boldsymbol{T}={}^4_5\boldsymbol{T}\,{}^5_6\boldsymbol{T}$。

由此可得

$$\begin{cases}a_x(c_1c_{23}c_4+s_1s_4)+a_y(s_1c_{23}c_4-c_1s_4)-a_z(s_{23}c_4)=-s_5\\a_x(-c_1s_{23})+a_y(-s_1s_{23})+a_z(-c_{23})=c_5\end{cases}\tag{4.40}$$

以此得到 θ_5 的封闭解：

$$\theta_5=\text{atan2}(s_5,\ c_5)$$

6)求 θ_6

将式(4.33)两边左乘 ${}^4_5\boldsymbol{T}^{-1}$，得 ${}^4_5\boldsymbol{T}^{-1}\,{}^3_4\boldsymbol{T}^{-1}\,{}^2_3\boldsymbol{T}^{-1}\,{}^1_2\boldsymbol{T}^{-1}\,{}^0_1\boldsymbol{T}^{-1}\,{}^0_6\boldsymbol{T}={}^5_6\boldsymbol{T}$，由此可得

$$\begin{cases}-n_x(c_1c_{23}s_4-s_1c_4)-n_y(s_1c_{23}s_4+c_1c_4)+n_z(s_{23}s_4)=s_6\\n_x[(c_1c_{23}c_4+s_1s_4)c_5-c_1s_{23}s_5]+n_y[(s_1c_{23}c_4-c_1s_4)c_5-s_1s_{23}s_5]-n_z(s_{23}c_4c_5+c_{23}s_5)=c_6\end{cases}\tag{4.41}$$

通过求解式(4.41)中的方程可以求得 θ_6 的封闭解是：$\theta_6=\text{atan2}(s_6,\ c_6)$。

PUMA560 机器人的运动学方程的逆解可能存在 8 种。但是，由于结构的限制，例如，各关节变量不能全部都在 360°范围内运动，有些解不能实现。在机器人存在多种解的情况下，应选取其中最满意的一组解，以满足机器人的工作要求。

4.5 本章小结

本章讨论机器人的运动学问题，包括机器人运动学方程的表示、求解与实例等。这些内容是研究机器人动力学和控制的重要基础。

对于机器人运动学方程的表示，即正运动学，给出并分析了广义连杆(包括转动关节连杆和棱柱关节连杆)的变换矩阵，得到通用连杆变换矩阵。同时，对于坐标系的建立，相邻连杆坐标系位姿变换用 D-H 参数方法。机器人连杆参数有四个：连杆长度、连杆扭角、连杆偏距、连杆转角。此时，还通过例题讲解了求解机器人运动学方程主要的四个步骤：建立坐标系、确定 D-H 参数、相邻连杆位姿变换矩阵、建立方程。

对于机器人运动学方程的求解，即逆运动学，是已知手部位姿，求各关节变量，这是机器人控制的关键。同时对机器人逆解的特点进行介绍，以及机器人运动学逆解的求法和封闭解存在条件。4.4 节举例介绍了斯坦福机器人和 PUMA560 机器人运动学方程的分析和求解。

习　题

1. 在图 4.12 所示的二自由度机械手中，关节 1 为转动关节，关节变量为 θ_1，关节 2 为平动关节，关节变量为 d_2，试建立连杆坐标系并求出该机械臂的运动学方程。

2. 什么是机器人运行学逆解的多重性？

3. 在图 4.12 所示的二自由度机械手中，已知手部的中心坐标值是 x_0、y_0。求该机械手运动学方程的逆解 θ_1、d_2。

4. 图4.13所示为一个三自由度机械手，试建立连杆坐标系，并推导出该机械手的运动学方程。

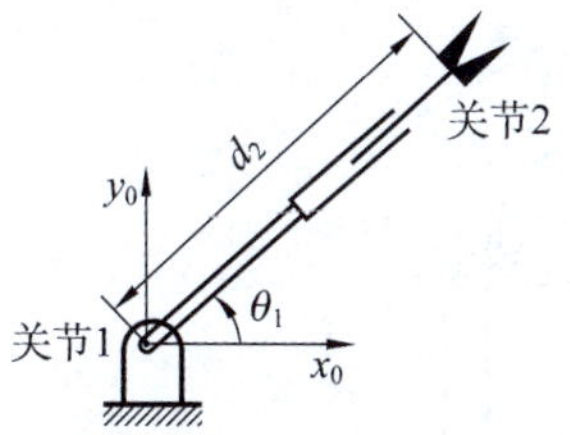

图4.12　1题图

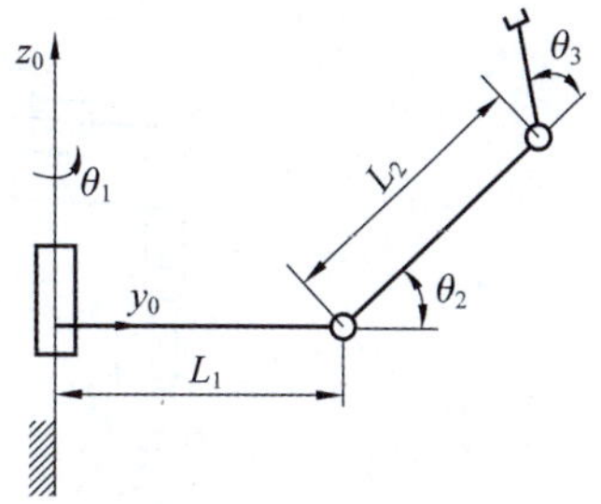

图4.13　4题图

5. 图4.14所示为一个二自由度机械手，连杆长度分别是L_1、L_2，关节旋转变量分别为θ_1和θ_2，已知手部位姿 ${}^0_2\boldsymbol{T}=\begin{bmatrix} n_x & o_x & a_x & p_x \\ n_y & o_y & a_y & p_y \\ n_z & o_z & a_z & p_z \\ 0 & 0 & 0 & 1 \end{bmatrix}$，通过运动学方程，求关节旋转变量$\theta_1$和$\theta_2$。

6. 图4.15所示为一个三自由度机械手，试建立连杆坐标系，并推导出该机械手的运动学方程。

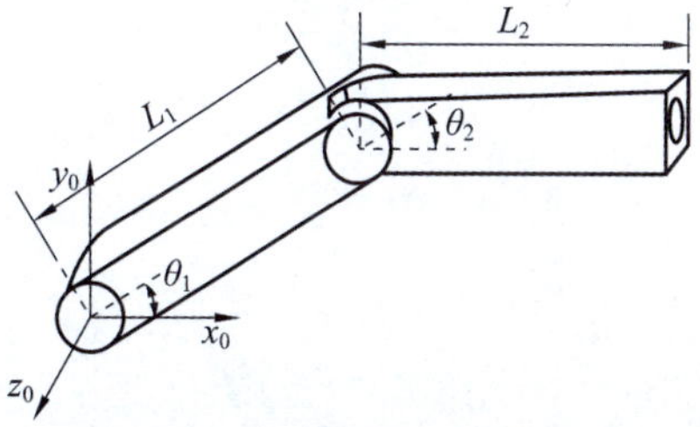

图4.14　5题图

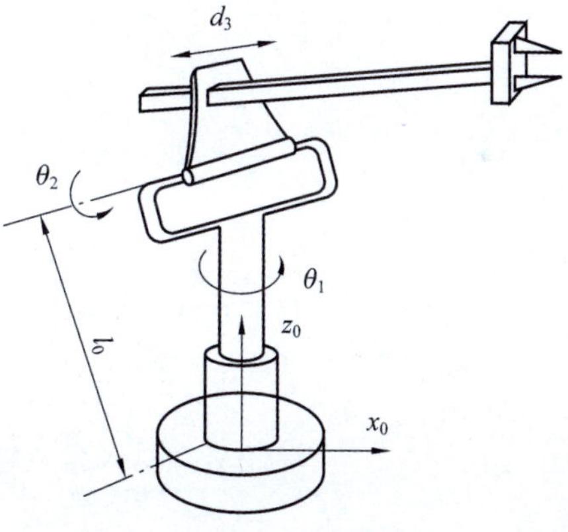

图4.15　6题图

7. 图4.16所示为一个三自由度机械手，试建立连杆坐标系，并推导出该机械手的运动学方程。

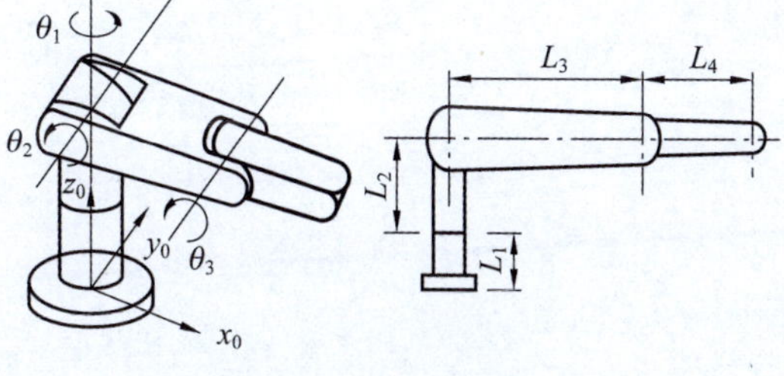

图4.16　7题图

8. 对于图 4. 17 图所示的 SCARA 型机器人，分析其结构，建立运动学方程；并在此基础上对其运动学方程求逆解。

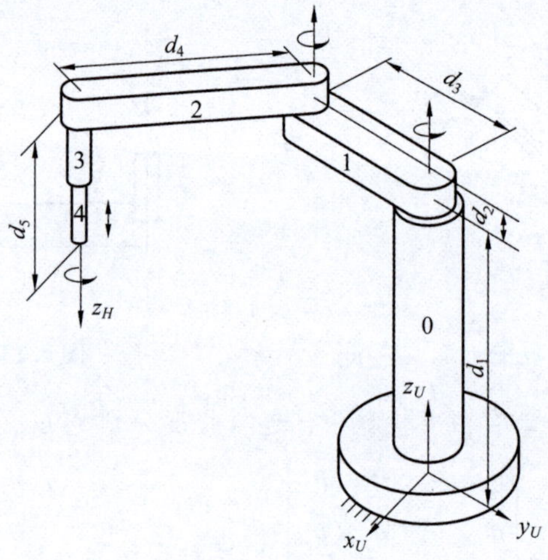

图 4. 17　8 题图

第5章 机器人动力学

稳态下研究的机器人运动学分析只限于静态位置问题的讨论，未涉及机器人运动的力、速度、加速度等动态过程。实际上，机器人是一个复杂的动力学系统，机器人在外载荷与关节驱动力(或力矩)的作用下将取得静力平衡，在关节驱动力(或力矩)的作用下将发生运动变化。机器人的动态性能不仅与运动学因素有关，还与机器人的结构形式、质量分布、执行机构的位置、传动装置等对动力学产生重要影响的因素有关。

机器人动力学主要研究机器人运动和受力之间的关系，目的是对机器人进行控制、优化设计和仿真。机器人动力学主要解决动力学正问题和逆问题两类问题：动力学正问题是根据各关节的驱动力(或力矩)，求解机器人的运动(关节位移、速度和加速度)，主要用于机器人的仿真；动力学逆问题是已知机器人关节的位移、速度和加速度，求解所需要的关节力(或力矩)，是实时控制的关键。

本章首先通过实例介绍与机器人速度和静力有关的雅可比矩阵，再在机器人雅可比矩阵分析的基础上进行机器人的静力分析，讨论动力学的基本问题，最后对机器人的动态特性作简要论述，以便为机器人编程、控制等打下基础。

5.1 机器人雅可比

机器人雅可比矩阵，简称机器人雅可比，表示了操作空间与关节空间的映射关系。机器人雅可比逼近表示操作空间与关节空间的速度映射关系，也表示两者之间力的传递关系，可以此确定机器人静态关节力矩以及不同坐标系之间的速度、加速度和静力的变换。在机器人运动中，有时需要做出微小的调整，因此在本节中先讨论连杆作微分运动时的坐标变换。

5.1.1 机器人的微分运动

1. 机器人的微分运动

首先研究机器人连杆在做微分运动时的位姿变换的表达。机器人运动链中某一个连杆相对于固定坐标系的位姿为$\boldsymbol{T}$，经过微分变换后该连杆相对于固定坐标系位姿变为$\boldsymbol{T}+\mathrm{d}\boldsymbol{T}$，若这个微分运动是相对于固定坐标系进行的，则可以用微分平移与微分旋转来表示，即

$$\boldsymbol{T}+\mathrm{d}\boldsymbol{T}=\mathrm{Trans}(\mathrm{d}x,\ \mathrm{d}y,\ \mathrm{d}z)\mathrm{Rot}(\boldsymbol{k},\ \mathrm{d}\theta)\boldsymbol{T} \tag{5.1}$$

$$\mathrm{d}\boldsymbol{T}=\mathrm{Trans}(\mathrm{d}x,\ \mathrm{d}y,\ \mathrm{d}z)\mathrm{Rot}(\boldsymbol{k},\ \mathrm{d}\theta)\boldsymbol{T}-\boldsymbol{T}=[\mathrm{Trans}(\mathrm{d}x,\ \mathrm{d}y,\ \mathrm{d}z)\mathrm{Rot}(\boldsymbol{k},\ \mathrm{d}\theta)-\boldsymbol{I}]\boldsymbol{T} \tag{5.2}$$

式中：k 为绕任意过原点的单位矢量。

根据齐次的相对性，若这个微分运动是相对于某个杆系$\{i\}$进行的，则 $\boldsymbol{T}+\mathrm{d}\boldsymbol{T}$ 表示为

$$\boldsymbol{T}+\mathrm{d}\boldsymbol{T}=\boldsymbol{T}\mathrm{Trans}(\mathrm{d}x,\ \mathrm{d}y,\ \mathrm{d}z)\mathrm{Rot}(\boldsymbol{k},\ \mathrm{d}\theta) \tag{5.3}$$

则

$$\mathrm{d}\boldsymbol{T}=\boldsymbol{T}\mathrm{Trans}(\mathrm{d}x,\ \mathrm{d}y,\ \mathrm{d}z)\mathrm{Rot}(\boldsymbol{k},\ \mathrm{d}\theta)-\boldsymbol{T}=\boldsymbol{T}[\mathrm{Trans}(\mathrm{d}x,\ \mathrm{d}y,\ \mathrm{d}z)\mathrm{Rot}(\boldsymbol{k},\ \mathrm{d}\theta)-\boldsymbol{I}] \tag{5.4}$$

不论相对于哪个坐标系做微分运动，均会有方括号内的公共部分，将此式表示为

$$\boldsymbol{\Delta}=\mathrm{Trans}(\mathrm{d}x,\ \mathrm{d}y,\ \mathrm{d}z)\mathrm{Rot}(\boldsymbol{k},\ \mathrm{d}\theta)-\boldsymbol{I} \tag{5.5}$$

于是式(5.2)变为

$$\mathrm{d}\boldsymbol{T}=\boldsymbol{\Delta}_0\boldsymbol{T}$$

而式(5.3)变为

$$\mathrm{d}\boldsymbol{T}=\boldsymbol{T}\boldsymbol{\Delta}_i$$

这里的 $\boldsymbol{\Delta}$ 下标不同是因为微分运动是相对于不同的坐标系进行的，$\boldsymbol{\Delta}$ 称为微分运动算子。

2. 微分平移与微分旋转

微分平移与一般平移一样，其变换矩阵是

$$\mathrm{Trans}(\mathrm{d}x,\ \mathrm{d}y,\ \mathrm{d}z)=\begin{bmatrix}1&0&0&\mathrm{d}x\\0&1&0&\mathrm{d}y\\0&0&1&\mathrm{d}z\\0&0&0&1\end{bmatrix}$$

微分旋转的表达式可由一般的旋转变换求得

$$\mathrm{Rot}(\boldsymbol{k},\ \theta)=\begin{bmatrix}k_xk_x\mathrm{vers}\theta+\mathrm{c}\theta & k_yk_x\mathrm{vers}\theta-k_z\mathrm{s}\theta & k_zk_x\mathrm{vers}\theta+k_y\mathrm{s}\theta & 0\\ k_xk_y\mathrm{vers}\theta+k_z\mathrm{s}\theta & k_yk_y\mathrm{vers}\theta+\mathrm{c}\theta & k_zk_y\mathrm{vers}\theta-k_x\mathrm{s}\theta & 0\\ k_xk_z\mathrm{vers}\theta-k_y\mathrm{s}\theta & k_yk_z\mathrm{vers}\theta+k_x\mathrm{s}\theta & k_zk_z\mathrm{vers}\theta+\mathrm{c}\theta & 0\\ 0&0&0&1\end{bmatrix} \tag{5.6}$$

注意当 $\theta\approx0$ 时，$\mathrm{s}\,\theta\approx\mathrm{d}\theta$，$\mathrm{c}\,\theta\approx1$，$\mathrm{vers}\theta\approx\theta$，因此式(5.6)通用旋转变换矩阵的微分旋转矩阵为

$$\mathrm{Rot}(\boldsymbol{k},\ \mathrm{d}\theta)=\begin{bmatrix}1&-k_z\mathrm{d}\theta&k_y\mathrm{d}\theta&0\\k_z\mathrm{d}\theta&1&-k_x\mathrm{d}\theta&0\\-k_y\mathrm{d}\theta&k_x\mathrm{d}\theta&1&0\\0&0&0&1\end{bmatrix} \tag{5.7}$$

于是

$$\boldsymbol{\Delta}=\mathrm{Trans}(\mathrm{d}x,\ \mathrm{d}y,\ \mathrm{d}z)\mathrm{Rot}(\boldsymbol{k},\ \mathrm{d}\theta)-\boldsymbol{I}=\begin{bmatrix}0&-k_z\mathrm{d}\theta&k_y\mathrm{d}\theta&d_x\\k_z\mathrm{d}\theta&0&-k_x\mathrm{d}\theta&d_y\\-k_y\mathrm{d}\theta&k_x\mathrm{d}\theta&0&d_z\\0&0&0&0\end{bmatrix} \tag{5.8}$$

例 5.1 已知一个坐标系$\{A\}$的位姿矩阵为 $\boldsymbol{A}=\begin{bmatrix}0&0&1&10\\1&0&0&5\\0&1&0&0\\0&0&0&1\end{bmatrix}$ 相对于固定系的微分平

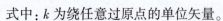

移矢量为 $\boldsymbol{d}=\boldsymbol{i}+0.5\boldsymbol{k}$，微分旋转矢量 $\boldsymbol{\delta}=0.1\boldsymbol{j}$，求相对于坐标系$\{A\}$的微分变换 $\mathrm{d}\boldsymbol{A}$。

解： 先求 $\boldsymbol{\Delta}_0$，由式(5.8)得

$$\boldsymbol{\Delta}_0=\begin{bmatrix}0&0&0.1&1\\0&0&0&0\\-0.1&0&0&0.5\\0&0&0&0\end{bmatrix}$$

$$\mathrm{d}\boldsymbol{A}=\boldsymbol{\Delta}_0\boldsymbol{A}=\begin{bmatrix}0&0&0.1&1\\0&0&0&0\\-0.1&0&0&0.5\\0&0&0&0\end{bmatrix}\begin{bmatrix}0&0&1&10\\1&0&0&5\\0&1&0&0\\0&0&0&1\end{bmatrix}=\begin{bmatrix}0&0.1&0&1\\0&0&0&0\\0&0&-0.1&-0.5\\0&0&0&0\end{bmatrix}$$

5.1.2　机器人雅可比的定义

雅可比是一个把关节速度变换为手部在操作空间中的广义速度的变换矩阵。在机器人速度分析和静力分析中都将用到雅可比，现通过一个具体的例子来说明。

图 5.1 所示为二自由度平面关节型机器人，端点位置 x、y 与关节 θ_1、θ_2 的关系为

$$\begin{cases}x=l_1\mathrm{c}_1+l_2\mathrm{c}_{12}\\y=l_1\mathrm{s}_1+l_2\mathrm{s}_{12}\end{cases}\tag{5.9}$$

即

$$\begin{cases}x=x(\theta_1,\ \theta_2)\\y=y(\theta_1,\ \theta_2)\end{cases}\tag{5.10}$$

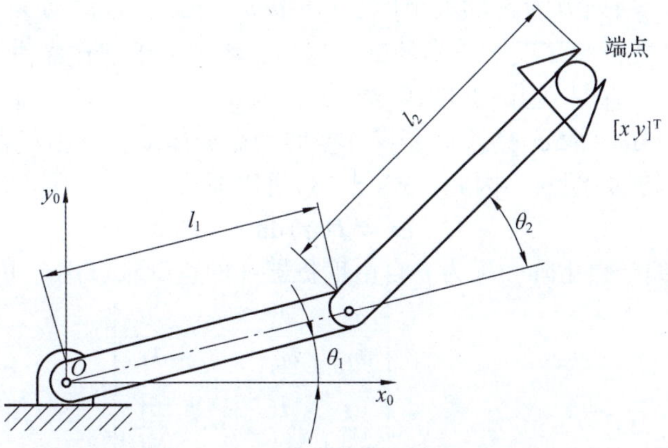

图 5.1　二自由度平面关节型机器人简图

求其微分得

$$\begin{cases}\mathrm{d}x=\dfrac{\partial x}{\partial\theta_1}\mathrm{d}\theta_1+\dfrac{\partial x}{\partial\theta_2}\mathrm{d}\theta_2\\[2ex]\mathrm{d}y=\dfrac{\partial y}{\partial\theta_1}\mathrm{d}\theta_1+\dfrac{\partial y}{\partial\theta_2}\mathrm{d}\theta_2\end{cases}$$

将其写成矩阵形式为

$$\begin{bmatrix} \mathrm{d}x \\ \mathrm{d}y \end{bmatrix} = \begin{bmatrix} \dfrac{\partial x}{\partial \theta_1} & \dfrac{\partial x}{\partial \theta_2} \\ \dfrac{\partial y}{\partial \theta_1} & \dfrac{\partial y}{\partial \theta_2} \end{bmatrix} \begin{bmatrix} \mathrm{d}\theta_1 \\ \mathrm{d}\theta_2 \end{bmatrix} \tag{5.11}$$

令

$$\boldsymbol{J} = \begin{bmatrix} \dfrac{\partial x}{\partial \theta_1} & \dfrac{\partial x}{\partial \theta_2} \\ \dfrac{\partial y}{\partial \theta_1} & \dfrac{\partial y}{\partial \theta_2} \end{bmatrix} \tag{5.12}$$

于是式(5.11)可以简写为

$$\mathrm{d}\boldsymbol{x} = \boldsymbol{J}\mathrm{d}\boldsymbol{\theta} \tag{5.13}$$

式中：$\mathrm{d}\boldsymbol{x} = \begin{bmatrix} \mathrm{d}x \\ \mathrm{d}y \end{bmatrix}$；$\mathrm{d}\boldsymbol{\theta} = \begin{bmatrix} \mathrm{d}\theta_1 \\ \mathrm{d}\theta_2 \end{bmatrix}$。

$\boldsymbol{J}$ 为图 5.1 所示的二自由度机器人的速度雅可比，它反映了关节空间微分运动 $\mathrm{d}\boldsymbol{\theta}$ 与手部作业空间微分位移 $\mathrm{d}\boldsymbol{x}$ 之间的关系。

若对式(5.12)进行运算，则图 5.1 所示的机器人的速度雅可比可以写成

$$\boldsymbol{J} = \begin{bmatrix} -l_1\mathrm{s}_1 - l_2\mathrm{s}_{12} & -l_2\mathrm{s}_{12} \\ l_1\mathrm{c}_1 + l_2\mathrm{c}_{12} & l_2\mathrm{c}_{12} \end{bmatrix} \tag{5.14}$$

从 $\boldsymbol{J}$ 中元素的组成可见，矩阵 $\boldsymbol{J}$ 的值是关于 θ_1、θ_2 的函数。

推而广之，对于 n 自由度机器人，关节变量可以用广义变量 $\boldsymbol{q}$ 表示，$\boldsymbol{q} = [q_1 \quad q_2 \quad \cdots \quad q_n]^{\mathrm{T}}$，当关节为转动关节时，$q_i = \theta_i$；当关节为移动关节时，$q_i = d_i$。$\mathrm{d}\boldsymbol{q} = [dq_1 \quad dq_2 \quad \cdots \quad dq_n]^{\mathrm{T}}$ 反映了关节空间的微分运动。机器人手部在操作空间的位置和方位可用手部位姿 $\boldsymbol{x}$ 表示，它是关节变量函数，$\boldsymbol{x} = \boldsymbol{x}(\boldsymbol{q})$，并且是一个 6 维列矢量。$\mathrm{d}\boldsymbol{x} = [\mathrm{d}x \quad \mathrm{d}y \quad \mathrm{d}z \quad \Delta\varphi_x \quad \Delta\varphi_y \quad \Delta\varphi_z]^{\mathrm{T}}$ 反映了操作空间的微分运动，它由机器人手部微分线位移和微分角位移(微分转动)组成。因此，式(5.13)可以写成

$$\mathrm{d}\boldsymbol{x} = \boldsymbol{J}(\boldsymbol{q})\mathrm{d}\boldsymbol{q} \tag{5.15}$$

式中：$\boldsymbol{J}(\boldsymbol{q})$ 是 $6\times n$ 偏导数矩阵，称为 n 自由度机器人的速度雅可比，可表示为

$$\boldsymbol{J}(\boldsymbol{q}) = \frac{\partial \boldsymbol{x}}{\partial \boldsymbol{q}^{\mathrm{T}}} = \begin{bmatrix} \dfrac{\partial x}{\partial q_1} & \dfrac{\partial x}{\partial q_2} & \cdots & \dfrac{\partial x}{\partial q_n} \\ \dfrac{\partial y}{\partial q_1} & \dfrac{\partial y}{\partial q_2} & \cdots & \dfrac{\partial y}{\partial q_n} \\ \dfrac{\partial z}{\partial q_1} & \dfrac{\partial z}{\partial q_2} & \cdots & \dfrac{\partial z}{\partial q_n} \\ \dfrac{\partial \varphi_x}{\partial q_1} & \dfrac{\partial \varphi_x}{\partial q_2} & \cdots & \dfrac{\partial \varphi_x}{\partial q_n} \\ \dfrac{\partial \varphi_y}{\partial q_1} & \dfrac{\partial \varphi_y}{\partial q_2} & \cdots & \dfrac{\partial \varphi_y}{\partial q_n} \\ \dfrac{\partial \varphi_z}{\partial q_1} & \dfrac{\partial \varphi_z}{\partial q_2} & \cdots & \dfrac{\partial \varphi_z}{\partial q_n} \end{bmatrix} \tag{5.16}$$

5.1.3 机器人速度分析

利用机器人速度雅可比可对机器人进行速度分析。对式(5.15)左右两边各除以 dt，得

$$\frac{\mathrm{d}\boldsymbol{x}}{\mathrm{d}t}=\boldsymbol{J}(\boldsymbol{q})\frac{\mathrm{d}\boldsymbol{q}}{\mathrm{d}t} \tag{5.17}$$

或表示为

$$\boldsymbol{v}=\dot{\boldsymbol{x}}=\boldsymbol{J}(\boldsymbol{q})\dot{\boldsymbol{q}} \tag{5.18}$$

式中：$\boldsymbol{v}$ 为机器人手部在操作空间中的广义速度；$\dot{\boldsymbol{q}}$ 为机器人关节在关节空间的关节速度。

对图 5.1 所示的机器人来说，$\boldsymbol{J}(\boldsymbol{q})$ 是式(5.14)所示的 2×2 矩阵。若令 $\boldsymbol{J}_1$、$\boldsymbol{J}_2$ 分别为式(5.14)所示速度雅可比的第一列和第二列矢量，则式(5.18)可写成

$$\boldsymbol{v}=\boldsymbol{J}_1\dot{\theta}_1+\boldsymbol{J}_2\dot{\theta}_2$$

式中：等号右边第一项表示仅由第一个关节运动引起的端点速度；右边第二项表示仅由第二个关节运动引起的端点速度。总的端点速度为这两个速度矢量的合成。因此，机器人速度雅可比的每一列都表示其他关节不动而仅由某一关节运动产生的端点速度。

图 5.1 所示的机器人手部的速度为

$$\boldsymbol{v}=\begin{bmatrix} v_x \\ v_y \end{bmatrix}=\begin{bmatrix} -l_1\mathrm{s}_1-l_2\mathrm{s}_{12} & -l_2\mathrm{s}_{12} \\ l_1\mathrm{c}_1+l_2\mathrm{c}_{12} & l_2\mathrm{c}_{12} \end{bmatrix}\begin{bmatrix} \dot{\theta}_1 \\ \dot{\theta}_2 \end{bmatrix}$$

$$=\begin{bmatrix} -(l_1\mathrm{s}_1+l_2\mathrm{s}_{12})\dot{\theta}_1-l_2\mathrm{s}_{12}\dot{\theta}_2 \\ (l_1\mathrm{c}_1+l_2\mathrm{c}_{12})\dot{\theta}_1+l_2\mathrm{c}_{12}\dot{\theta}_2 \end{bmatrix}$$

假设已知 $\dot{\theta}_1$ 和 $\dot{\theta}_2$ 是时间的函数，即 $\dot{\theta}_1=f_1(t)$、$\dot{\theta}_2=f_2(t)$，则可求出该机器人手部在某一时刻的速度 $\boldsymbol{v}=\boldsymbol{f}(t)$，即手部瞬时速度。

反之，假设给定机器人手部速度，可由式(5.18)解出相应的关节速度为

$$\dot{\boldsymbol{q}}=\boldsymbol{J}^{-1}\boldsymbol{v} \tag{5.19}$$

式中：$\boldsymbol{J}^{-1}$ 称为机器人的逆速度雅可比。

例 5.2 图 5.2 所示为二自由度机械手，手部沿着固定坐标系 x_0 轴的正方向以 1 m/s 的速度移动，杆长 $l_1=l_2=0.5$ m。设在某瞬时 $\theta_1=30°$，$\theta_2=60°$，求相应瞬时的关节速度。

解： 根据式(5.14)可得二自由度机械手的速度雅可比为

$$\boldsymbol{J}=\begin{bmatrix} -l_1\mathrm{s}_1-l_2\mathrm{s}_{12} & -l_2\mathrm{s}_{12} \\ l_1\mathrm{c}_1+l_2\mathrm{c}_{12} & l_2\mathrm{c}_{12} \end{bmatrix}$$

因此，逆速度雅可比为

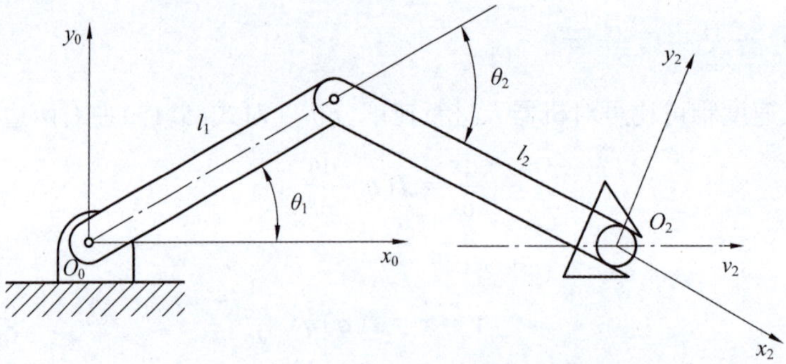

图 5.2　二自由度机械手手部运动示意

$$J^{-1}=\frac{1}{l_1l_2s_2}\begin{bmatrix} l_2c_{12} & l_2s_{12} \\ -l_1c_1-l_2c_{12} & -l_1s_1-l_2s_{12} \end{bmatrix}$$

由式(5.19)可知，$\dot{\boldsymbol{\theta}}=\boldsymbol{J}^{-1}\boldsymbol{v}$，且 $\boldsymbol{v}=[v_x \quad v_y]^{\mathrm{T}}=[1 \quad 0]^{T}$，因此

$$\dot{\boldsymbol{\theta}}=\begin{bmatrix}\dot{\theta}_1\\ \dot{\theta}_2\end{bmatrix}=\boldsymbol{J}^{-1}\boldsymbol{v}=\frac{1}{l_1l_2s_2}\begin{bmatrix} l_2c_{12} & l_2s_{12} \\ -l_1c_1-l_2c_{12} & -l_1s_1-l_2s_{12} \end{bmatrix}\begin{bmatrix}1\\0\end{bmatrix}$$

$$\dot{\theta}_1=\frac{\cos(\theta_1+\theta_2)}{l_1\sin\theta_2}=\frac{\cos(30°-60°)}{0.5\times\sin(-60°)}=-\frac{\sqrt{3}/2}{0.5\times\sqrt{3}/2}=-2\ \mathrm{rad/s}$$

$$\dot{\theta}_2=-\frac{\cos\theta_1}{l_2\sin\theta_2}-\frac{\cos(\theta_1+\theta_2)}{l_1\sin\theta_2}=-\frac{\cos 30°}{0.5\times\sin(-60°)}-\frac{\cos(30°-60°)}{0.5\times\sin(-60°)}=4\ \mathrm{rad/s}$$

因此，可得出在机械手手部两关节的位置分别为 $\theta_1=30°$，$\theta_2=-60°$；速度分别为 $\dot{\theta}_1=-2\ \mathrm{rad/s}$，$\dot{\theta}_2=4\ \mathrm{rad/s}$；机械手手部瞬时速度为 1.0 m/s。

5.1.4　机器人奇异点

对于平面运动的机器人，其速度雅可比 $\boldsymbol{J}$ 的行数恒为三，列数则为机械手含有的关节数目，手部的广义位置矢量 $[x \quad y \quad \varphi]^{\mathrm{T}}$ 均容易确定，且方位 φ 与角运动的形成顺序无关，故可采用直接微分法求 φ，非常方便。

在三维空间作业的 6 自由度机器人的速度雅可比 $\boldsymbol{J}$ 的前三行代表手部线速度与关节速度的传递比，后三行代表手部角速度与关节速度的传递比。而速度雅可比 $\boldsymbol{J}$ 的每一列则代表相应关节速度 $\dot{q}_i$ 对手部线速度和角速度的传递比，速度雅可比 $\boldsymbol{J}$ 的行数恒为 6(沿/绕基坐标系的变量共 6 个)，通过三维空间运行的机器人运动学方程可以获得直角位置矢量 $[x \quad y \quad z]^{\mathrm{T}}$ 的显式方程。因此，速度雅可比 $\boldsymbol{J}$ 的前三行可以通过直接微分法求得，但不可能找到方位矢量 $[\varphi_x \quad \varphi_y \quad \varphi_z]^{\mathrm{T}}$ 的一般表达式。这是因为，虽然可以用角度如回转角、俯仰角及偏转角等来规定方位，却找不出互相独立、无顺序的三个转角来描述方位；绕直角坐标轴的连续角运动变换不满足交换律，而角位移的微分与角位移的形成顺序无关，故一般不能运用直接微分法来获得速度雅可比 $\boldsymbol{J}$ 的后三行。因此常用构造法求速度雅可比 $\boldsymbol{J}$。

如果希望工业机器人手部在空间按规定的速度进行作业，则应计算出沿路径每一瞬时相应的关节速度。但是，当速度雅可比的秩不是满秩时，求解逆速度雅可比 $\boldsymbol{J}^{-1}$ 较困难，有时还可能出现奇异解，此时相应的操作空间的点为奇异点，无法解出关节速度，机器人处于退化位置。

机器人的奇异形位分为以下两类。

(1)边界奇异形位。当机器人臂部全部伸展开或全部折回时，使手部处于机器人工作空间的边界上或边界附近出现逆速度雅可比奇异，机器人运动受到物理结构的约束，这时相应的机器人形位称为边界奇异形位。

(2)内部奇异形位。两个或两个以上关节轴线重合时，机器人各关节运动相互抵消，不产生操作运动，这时相应的机器人形位称为内部奇异形位。

在例 5.2 中的关节速度 $\dot{\theta}_1 = \dfrac{\cos(\theta_1 + \theta_2)}{l_1 \sin\theta_2}$，$\dot{\theta}_2 = -\dfrac{\cos\theta_1}{l_2 \sin\theta_2} - \dfrac{\cos(\theta_1 + \theta_2)}{l_1 \sin\theta_2}$，当 $\sin\theta_2 = 0$ 时，$\dot{\theta}_1$、$\dot{\theta}_2$ 无法解出。则 $\theta_2 = 0°$、$180°$ 时，机器人逆速度雅可比 $\boldsymbol{J}^{-1}$ 奇异，机器人处于奇异形位，即臂部全部伸展开或全部折回，如图 5.3 所示。此时原点和最远空间的边界为奇异形位，在奇异形位时，如果杆长均为 1，则速度雅可比为

$$\begin{bmatrix} v_x \\ v_y \end{bmatrix} = \begin{bmatrix} -2s_1 \\ 2c_1 \end{bmatrix}\dot{\theta}_1 + \begin{bmatrix} -s_1 \\ c_1 \end{bmatrix}\dot{\theta}_2 = \begin{bmatrix} -s_1 \\ c_1 \end{bmatrix}(2\dot{\theta}_1 + \dot{\theta}_2)$$

即速度雅可比的两个列矢量平行，手部只能沿垂直于臂部连杆的方向运动，沿其他方向均不能运动。

此外，关节速度变化曲线如图 5.4 所示，从图中可以看出在接近奇异点 A 和 D 时两个关节的关节速度 $\dot{\theta}_i$ 都很大。它说明沿径向 OA 和 OD 产生的末端速度，需要两个关节都具有很大的速度。在 BC 之间，由于臂部必须在这个范围内迅速转动，所以第一个关节的速度很大。这个范围中由于已接近 $\boldsymbol{J}$ 的奇异点，即使 $\boldsymbol{J}^{-1}$ 存在，求出的关节速度也将会很大。

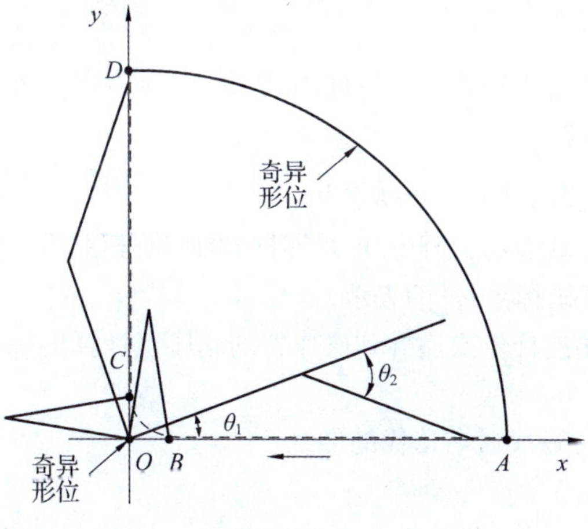

图 5.3　接近奇异点的轨迹运动

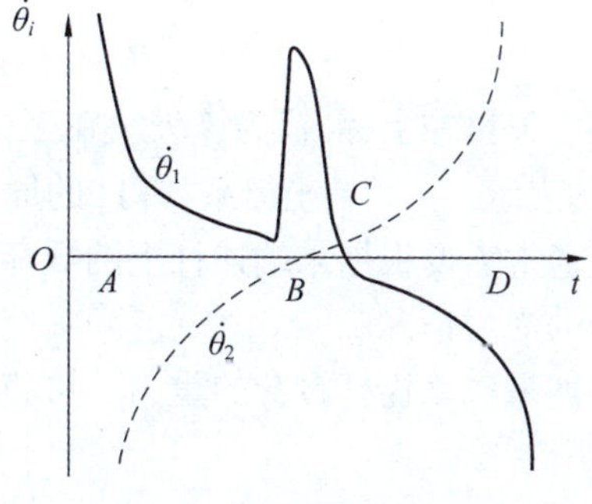

图 5.4　关节速度变化曲线

5.2　机器人静力分析

机器人在工作状态下与环境之间存在相互作用的力和力矩。机器人各关节的驱动装置提供关节力和力矩，通过连杆传递到手部，克服外界作用力和力矩。关节驱动力和力矩与手部

施加的力和力矩之间的关系是机器人操作臂力控制的基础。

5.2.1 操作臂的力和力矩平衡

机器人的手部通常受到外载荷作用，各关节的驱动力(矩)通过连杆传递到手部，从而克服外界作用力(矩)。本节研究机器人静止状态下手部所受的外载荷和关节驱动力(矩)之间的关系。

机器人是由连杆和关节组成，以其中一个连杆 i 为对象进行静力分析，连杆 i 及相邻连杆之间的作用力和作用力矩关系如图 5.5 所示。

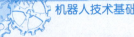

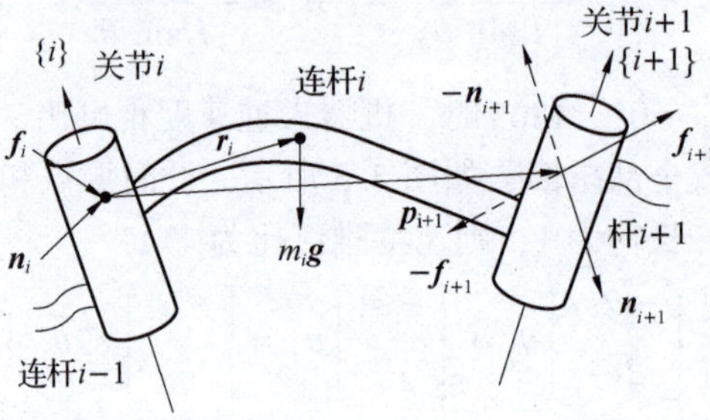

图 5.5 连杆 i 及相邻连杆之间的作用力和作用力矩关系

定义以下变量：

$\boldsymbol{f}_i$：连杆 i-1 作用在连杆 i 上的力；

$\boldsymbol{n}_i$：连杆 i-1 作用在连杆 i 上的力矩；

$\boldsymbol{f}_{i+1}$：连杆 i 作用在连杆 i+1 上的力；

$\boldsymbol{n}_{i+1}$：连杆 i 作用在连杆 i+1 上的力矩；

$m_i\boldsymbol{g}$：作用在连杆 i 质心上的重力。

连杆的静力平衡条件为其上所受的合力和合力矩为零，因此力和力矩平衡方程可表示为

$$\begin{cases} {}^i\boldsymbol{f}_i - {}^i\boldsymbol{f}_{i+1} + m_i\,{}^i\boldsymbol{g} = \boldsymbol{0} \\ {}^i\boldsymbol{n}_i - {}^i\boldsymbol{n}_{i+1} - {}^i\boldsymbol{p}_{i+1} \times {}^i\boldsymbol{f}_{i+1} + {}^i\boldsymbol{r}_i \times m_i\,{}^i\boldsymbol{g} = \boldsymbol{0} \end{cases} \tag{5.20}$$

式中：矢量左上标"i"为该矢量在坐标系{i}中的表示，其中 ${}^i\boldsymbol{r}_i$ 是连杆 i 的质心相对于坐标系{i}的表示；${}^i\boldsymbol{p}_{i+1}$ 是坐标系{i+1}的原点相对于坐标系{i}的表示。

通常需要根据末端连杆上的载荷，从末端连杆依次递推到操作臂的基座，计算出每个连杆上的受力情况。

如果忽略连杆自身的重力，可将式(5.20)写成反向迭代的形式：

$$\begin{cases} {}^i\boldsymbol{f}_i = {}^i\boldsymbol{f}_{i+1} \\ {}^i\boldsymbol{n}_i = {}^i\boldsymbol{n}_{i+1} + {}^i\boldsymbol{p}_{i+1} \times {}^i\boldsymbol{f}_{i+1} \end{cases} \tag{5.21}$$

通过旋转矩阵将式(5.21)右端力(矩)表示在自身坐标系{i+1}中

$$\begin{cases} {}^i\boldsymbol{f}_i = {}^i_{i+1}\boldsymbol{R}\,{}^{i+1}\boldsymbol{f}_{i+1} \\ {}^i\boldsymbol{n}_i = {}^i_{i+1}\boldsymbol{R}\,{}^{i+1}\boldsymbol{n}_{i+1} + {}^i\boldsymbol{p}_{i+1} \times {}^i\boldsymbol{f}_i \end{cases} \tag{5.22}$$

式(5.22)的迭代关系实现静力从一连杆向另一连杆的传递，根据这一关系可进一步求得各关节的驱动力和力矩。

若不考虑关节中的摩擦，除关节驱动力(矩)以外，其余各方向的力和力矩分量都由机

械构件承受。为了保证连杆平衡，对于转动关节，关节驱动力矩应为

$$\tau_i = {}^i\boldsymbol{n}_i^{\mathrm{T}} \cdot {}^i\boldsymbol{z}_i \tag{5.23}$$

对于移动关节，关节驱动力为

$$\tau_i = {}^i\boldsymbol{f}_i^{\mathrm{T}} \cdot {}^i\boldsymbol{z}_i \tag{5.24}$$

式(5.22)~式(5.24)给出了在机器人平衡时，各关节驱动力(矩)与外界载荷之间的平衡关系。

例 5.3　已知末端连杆受到平面的操作力，分析图 5.6 所示平面 2R 机器人的关节力矩。

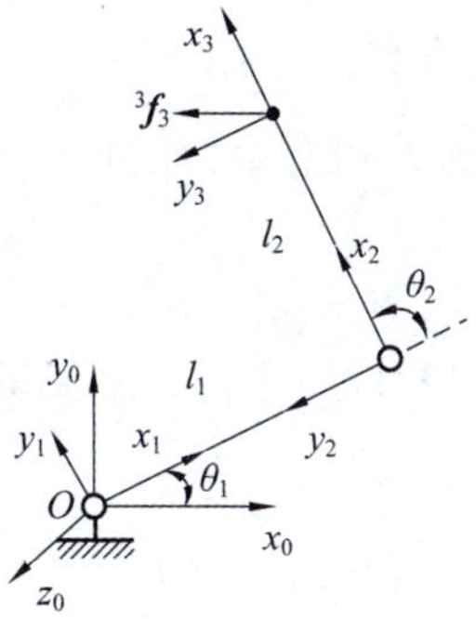

图 5.6　平面 2R 机器人的关节力矩

解： 根据运动学中确定连杆坐标系的方法建立连杆坐标系{0}、{1}、{2}、{3}。

末端连杆操作力在坐标系{3}中表示为

$$ {}^3\boldsymbol{f}_3 = \begin{bmatrix} f_x \\ f_y \\ 0 \end{bmatrix},\quad {}^3\boldsymbol{n}_3 = \begin{bmatrix} 0 \\ 0 \\ 0 \end{bmatrix} $$

由连杆坐标系可得相邻连杆旋转变换矩阵为

$$ {}_1^0\boldsymbol{R} = \begin{bmatrix} c_1 & -s_1 & 0 \\ s_1 & c_1 & 0 \\ 0 & 0 & 1 \end{bmatrix},\quad {}_2^1\boldsymbol{R} = \begin{bmatrix} c_2 & -s_2 & 0 \\ s_2 & c_2 & 0 \\ 0 & 0 & 1 \end{bmatrix},\quad {}_3^2\boldsymbol{R} = \begin{bmatrix} 1 & 0 & 0 \\ 0 & 1 & 0 \\ 0 & 0 & 1 \end{bmatrix} $$

根据式(5.22)可得到连杆 1 对连杆 2 的作用力和作用力矩为

$$ {}^2\boldsymbol{f}_2 = {}_3^2\boldsymbol{R}\,{}^3\boldsymbol{f}_3 = \begin{bmatrix} f_x \\ f_y \\ 0 \end{bmatrix} $$

$$ {}^2\boldsymbol{n}_2 = {}_3^2\boldsymbol{R}\,{}^3\boldsymbol{n}_3 + {}^2\boldsymbol{p}_3 \times {}^2\boldsymbol{f}_2 = \begin{bmatrix} 1 & 0 & 0 \\ 0 & 1 & 0 \\ 0 & 0 & 1 \end{bmatrix}\begin{bmatrix} 0 \\ 0 \\ 0 \end{bmatrix} + \begin{bmatrix} l_2 \\ 0 \\ 0 \end{bmatrix} \times \begin{bmatrix} f_x \\ f_y \\ 0 \end{bmatrix} = \begin{bmatrix} 0 \\ 0 \\ l_2 f_y \end{bmatrix} $$

同理可得到基座对连杆 1 的作用力和作用力矩为

$$ {}^1\boldsymbol{f}_1 = {}_2^1\boldsymbol{R}\,{}^2\boldsymbol{f}_2 = \begin{bmatrix} c_2 & -s_2 & 0 \\ s_2 & c_2 & 0 \\ 0 & 0 & 1 \end{bmatrix}\begin{bmatrix} f_x \\ f_y \\ 0 \end{bmatrix} = \begin{bmatrix} c_2 f_x - s_2 f_y \\ s_2 f_x + c_2 f_y \\ 0 \end{bmatrix} $$

$$
{}^{1}\boldsymbol{n}_1={}_{2}^{1}\boldsymbol{R}^{2}\boldsymbol{n}_2+{}^{1}\boldsymbol{p}_2\times{}^{1}\boldsymbol{f}_1=\begin{bmatrix}c_2 & -s_2 & 0\\ s_2 & c_2 & 0\\ 0 & 0 & 1\end{bmatrix}\begin{bmatrix}0\\0\\l_2f_y\end{bmatrix}+\begin{bmatrix}l_1\\0\\0\end{bmatrix}\times\begin{bmatrix}c_2f_x-s_2f_y\\ s_2f_x+c_2f_y\\ 0\end{bmatrix}=\begin{bmatrix}0\\0\\l_1s_2f_x+l_1c_2f_y+l_2f_y\end{bmatrix}
$$

综上可得两关节所需的驱动力矩为

$$
\begin{cases}\tau_1={}^{1}\boldsymbol{n}_1^{\mathrm{T}}\cdot{}^{1}z_1=l_1s_2f_x+l_1c_2f_y+l_2f_y\\ \tau_2={}^{2}\boldsymbol{n}_2^{\mathrm{T}}\cdot{}^{2}z_2=l_2f_y\end{cases}
$$

5.2.2 机器人力雅可比

为了便于表示机器人手部端点的力和力矩(简称为端点广义力 $\boldsymbol{F}$)，可将末端连杆外载荷合并成一个 6 维矢量，具体如下：

$$
\boldsymbol{F}=[\boldsymbol{f}^{\mathrm{T}}\quad \boldsymbol{n}^{\mathrm{T}}]^{\mathrm{T}} \tag{5.25}
$$

各关节驱动器的驱动力或力矩可写成一个由 n 维矢量广义力矩的形式表示：

$$
\boldsymbol{\tau}=\begin{bmatrix}\tau_1\\ \tau_2\\ \vdots\\ \tau_n\end{bmatrix} \tag{5.26}
$$

图 5.7 所示为手部及各关节的虚位移。根据虚功原理中的理想约束，系统保持静止的条件：所有作用于该系统的主动力对质点系的虚位移所做的功的和为零，可以推导出机器人末端连杆的力 $\boldsymbol{F}$ 和关节力矩 $\boldsymbol{\tau}$ 之间的关系。其中关节虚位移为 δq_i，手部的虚位移为 $\delta \boldsymbol{X}$，则

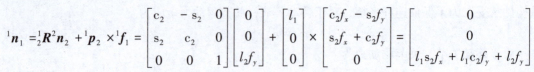

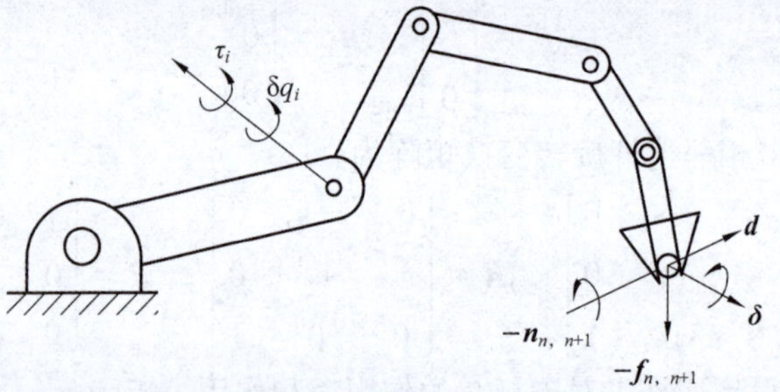

图 5.7　手部及各关节的虚位移

$$
\delta\boldsymbol{X}=\begin{bmatrix}\boldsymbol{d}\\ \boldsymbol{\delta}\end{bmatrix},\ \delta\boldsymbol{q}=[\delta q_1\quad \delta q_2\quad \cdots\quad \delta q_n]^{\mathrm{T}} \tag{5.27}
$$

式中：$\boldsymbol{d}=[d_x\quad d_y\quad d_z]^{\mathrm{T}}$、$\boldsymbol{\delta}=[\delta\varphi_x\quad \delta\varphi_y\quad \delta\varphi_z]^{\mathrm{T}}$，分别对应手部的线虚位移和角虚位移；$\delta\boldsymbol{q}$ 为由各关节虚位移 δq_i 组成的机器人关节虚位移矢量。

假设发生上述虚位移时，各关节力矩为 $\tau_i(i=1,2,\cdots,n)$，环境作用在机器人手部端点上的力和力矩分别为 $-\boldsymbol{f}_{n,n+1}$ 和 $-\boldsymbol{n}_{n,n+1}$。由上述力和力矩所做的虚功为

$$
\delta W=\tau_1\delta q_1+\tau_2\delta q_2+\cdots+\tau_n\delta q_n-\boldsymbol{f}_{n,\ n+1}\boldsymbol{d}-\boldsymbol{n}_{n,\ n+1}\boldsymbol{\delta} \tag{5.28}
$$

或写成

$$
\delta \boldsymbol{W}=\boldsymbol{\tau}^{\mathrm{T}}\delta\boldsymbol{q}-\boldsymbol{F}^{\mathrm{T}}\delta\boldsymbol{X} \tag{5.29}
$$

根据虚功原理，机器人处于平衡状态的充分必要条件是：对于任意符合几何约束的虚位

移，有 $\delta W=0$。并注意到虚位移 $\delta \boldsymbol{X}$ 和 $\delta \boldsymbol{q}$ 之间符合连杆的几何约束条件，再利用 $\delta \boldsymbol{X}=\boldsymbol{J}\delta \boldsymbol{q}$，将式(5.29)写成

$$\delta W=\boldsymbol{\tau}^{\mathrm{T}}\delta \boldsymbol{q}-\boldsymbol{F}^{\mathrm{T}}\boldsymbol{J}\delta \boldsymbol{q}=(\boldsymbol{\tau}-\boldsymbol{J}^{\mathrm{T}}\boldsymbol{F})^{\mathrm{T}}\delta \boldsymbol{q} \tag{5.30}$$

对任意的 $\delta \boldsymbol{q}$，欲使 $\delta W=0$ 成立，必有

$$\boldsymbol{\tau}=\boldsymbol{J}^{\mathrm{T}}\boldsymbol{F} \tag{5.31}$$

式(5.31)表示在静态平衡状态下，手部端点力 $\boldsymbol{F}$ 和广义关节力矩 $\boldsymbol{\tau}$ 之间的线性映射关系，$\boldsymbol{J}^{\mathrm{T}}$ 与手部端点力 $\boldsymbol{F}$ 和广义关节力矩 $\boldsymbol{\tau}$ 之间的力传递有关，将其称为机器人力雅可比，机器人力雅可比 $\boldsymbol{J}^{\mathrm{T}}$ 是速度雅可比 $\boldsymbol{J}$ 的转置矩阵。力雅可比是 m 维操作空间向 n 维关节空间的映射，因此关节力矩总是由末端操作力唯一确定。然而，对于给定的关节力矩，与之平衡的末端操作力不一定存在。

5.2.3　机器人静力计算

机器人静力计算可分为以下两类问题：

(1)已知外界环境对机器人手部的作用力 $\boldsymbol{F}'$(即手部端点力 $\boldsymbol{F}=-\boldsymbol{F}'$)，可求相应的满足静力平衡条件的广义关节力矩 $\boldsymbol{\tau}$。

(2)已知广义关节力矩 $\boldsymbol{\tau}$，确定机器人手部对外界环境的作用力或负载的质量。

第二类问题是第一类问题的逆解，逆解的关系式为：$\boldsymbol{F}=(\boldsymbol{J}^{\mathrm{T}})^{-1}\boldsymbol{\tau}$。

当机器人的自由度不是6，例如 $n>6$ 时，力雅可比就不是方阵，则 $\boldsymbol{J}^{\mathrm{T}}$ 没有逆解。所以，对第二类问题的求解就困难得多，一般情况不一定能得到唯一的解。如果手部端点力 $\boldsymbol{F}$ 的维数比广义关节力矩 $\boldsymbol{\tau}$ 的维数低，且速度雅可比 $\boldsymbol{J}$ 满秩，则可利用最小二乘法求得手部端点力 $\boldsymbol{F}$ 的估计值。

例5.4　图5.8所示为一个二自由度平面关节机械手，已知手部端点力 $\boldsymbol{F}=[F_x,\ F_y]^{\mathrm{T}}$，忽略摩擦，求 $\theta_1=0°$、$\theta_2=90°$ 时的关节力矩。

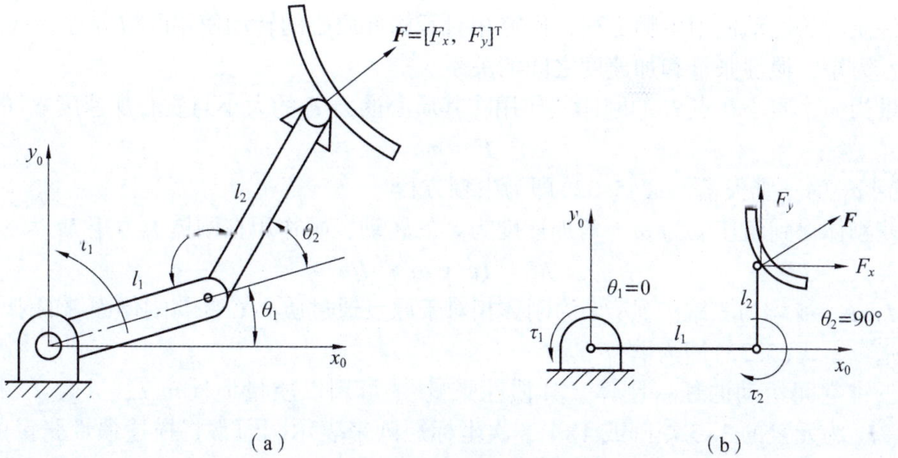

图5.8　例5.4图

(a)机械手结构简图；(b)机械手受力图

解： 根据式(5.14)，该机械手的速度雅可比为

$$\boldsymbol{J}=\begin{bmatrix} -l_1 s_1 - l_2 s_{12} & -l_2 s_{12} \\ l_1 c_1 + l_2 c_{12} & l_2 c_{12} \end{bmatrix}$$

该机器人的力雅可比为

$$\boldsymbol{J}^{\mathrm{T}}=\begin{bmatrix} -l_1 s_1 - l_2 s_{12} & l_1 c_1 + l_2 c_{12} \\ -l_2 s_{12} & l_2 c_{12} \end{bmatrix}$$

根据 $\boldsymbol{\tau}=\boldsymbol{J}^T\boldsymbol{F}$，得

$$\boldsymbol{\tau}=\begin{bmatrix} \tau_1 \\ \tau_2 \end{bmatrix}=\begin{bmatrix} -l_1 s_1 - l_2 s_{12} & l_1 c_1 + l_2 c_{12} \\ -l_2 s_{12} & l_2 c_{12} \end{bmatrix}\begin{bmatrix} F_x \\ F_y \end{bmatrix}$$

所以

$$\begin{cases} \tau_1=-(l_1 s_1 + l_2 s_{12})F_x + (l_1 c_1 + l_2 c_{12})F_y \\ \tau_2=-l_2 s_{12} F_x + l_2 c_{12} F_y \end{cases}$$

若在某瞬时 $\theta_1=0°$，$\theta_2=90°$，则在该瞬时与手部端点力相对应的关节力矩为

$$\begin{cases} \tau_1=-l_2 F_x + l_1 F_y \\ \tau_2=-l_2 F_x \end{cases}$$

5.3 机器人动力学方程

机器人动力学的研究方法有牛顿-欧拉(Newton-Euler)法、拉格朗日(Lagrange)法、高斯(Gauss)法、凯恩(Kane)法及罗伯逊-魏登堡(Roberon-Wittenburg)法等。本节介绍动力学研究常用的牛顿-欧拉方程和拉格朗日方程。

5.3.1 欧拉方程

欧拉方程，又称为牛顿-欧拉方程，应用欧拉方程建立机器人机构的动力学方程是指：研究构件质心的运动使用牛顿方程，研究相对于构件质心的转动使用欧拉方程。欧拉方程表征了力、力矩、惯性张量和加速度之间的关系。

质量为 m、质心在点 C 的刚体，作用在其质心的力 $\boldsymbol{F}$ 的大小与质心加速度 $\boldsymbol{a}_C$ 的关系为

$$\boldsymbol{F}=m\boldsymbol{a}_C \tag{5.32}$$

式中：$\boldsymbol{F}$、$\boldsymbol{a}_C$ 为三维矢量。式(5.32)即为牛顿方程。

欲使刚体得到角速度为 $\boldsymbol{\omega}$、角加速度为 $\boldsymbol{\varepsilon}$ 的转动，则作用在刚体上力矩 $\boldsymbol{M}$ 为

$$\boldsymbol{M}={}^C\boldsymbol{I}\boldsymbol{\varepsilon}+\boldsymbol{\omega}\times{}^C\boldsymbol{I}\boldsymbol{\omega} \tag{5.33}$$

式中：$\boldsymbol{M}$、$\boldsymbol{\varepsilon}$、$\boldsymbol{\omega}$ 均为三维矢量；${}^C\boldsymbol{I}$ 为刚体相对于原点通过质心 C 并与刚体固结的刚体坐标系的惯性张量。式(5.33)即为欧拉方程。

在三维空间运动的任一刚体，其惯性张量 ${}^C\boldsymbol{I}$ 可用以质量惯性矩 I_{xx}、I_{yy}、I_{zz} 和惯性积 I_{xy}、I_{yz}、I_{zx} 为元素的 3×3 矩阵或 4×4 齐次坐标矩阵来表示。通常将描述惯性张量的参考坐标系固定在刚体上，以方便刚体运动的分析。这种坐标系称为刚体坐标系，简称体坐标系。

5.3.2 拉格朗日方程

在动力学研究中，主要应用拉格朗日方程建立机器人动力学方程。这类方程可直接表示

为系统控制输入的函数，若采用齐次坐标，则利用递推的拉格朗日方程也可建立比较方便而有效的动力学方程。

对于任何机械系统，拉格朗日函数 L 的定义为系统总动能 E_k 与总势能 E_p 之差，即

$$L = E_k - E_p \tag{5.34}$$

由拉格朗日函数 L 所描述的系统动力学状态的拉格朗日方程(简称L-E方程，E_k 和 E_p 可以用任何方便的坐标系来表示)为

$$F_i = \frac{\mathrm{d}}{\mathrm{d}t}\left(\frac{\partial L}{\partial \dot{q}_i}\right) - \frac{\partial L}{\partial q_i},\ i = 1,\ 2,\ \cdots,\ n \tag{5.35}$$

式中：L 为拉格朗日函数；n 为连杆数目；q_i 为系统选定的广义坐标，单位为m或rad，具体选m还是rad由 q_i 为直线坐标还是转角坐标来决定；$\dot{q}_i$ 为广义速度(广义坐标 q_i 对时间的一阶导数)，单位为m/s或rad/s，具体选m/s还是rad/s由 $\dot{q}_i$ 是线速度还是角速度来决定；F_i 为作用在第 i 个坐标上的广义力或力矩，单位为N或N·m，具体选N还是N·m由 q_i 是直线坐标还是转角坐标来决定。考虑式(5.35)中不显含 $\dot{\boldsymbol{q}}$，上式可写为

$$F_i = \frac{\mathrm{d}}{\mathrm{d}t}\left(\frac{\partial E_k}{\partial \dot{q}_i}\right) - \frac{\partial E_k}{\partial q_i} + \frac{\partial E_p}{\partial q_i} \tag{5.36}$$

应用式(5.36)时应注意以下两点。

(1)系统的势能 E_p 仅是广义坐标 q_i 的函数，而动能 E_k 是 q_i、$\dot{q}_i$ 及时间 t 的函数，因此拉格朗日函数可以写成 $L = L(q_i,\ \dot{q}_i,\ t)$。

(2)若 q_i 是线位移，则 $\dot{q}_i$ 是线速度，对应的广义力 $\boldsymbol{F}_i$ 就是力：若 q_i 是角位移，则 $\dot{q}_i$ 是角速度，对应的广义力 F_i 就是力矩。

5.3.3　平面关节机器人动力学分析

机器人是一个非线性的复杂动力学系统。其动力学问题的求解比较困难，而且需要较长的运算时间，因此简化解的过程，最大限度地减少工业机器人动力学在线计算的时间是一个受到关注的研究课题。机器人动力学问题有以下两类。

(1)给出已知的轨迹点上的 $\boldsymbol{\theta}$、$\dot{\boldsymbol{\theta}}$ 及 $\ddot{\boldsymbol{\theta}}$，即机器人关节位置、速度和加速度，求相应的关节力矩 $\boldsymbol{\tau}$。这对实现机器人动态控制是相当有用的。

(2)已知关节力矩，求机器人系统相应各瞬时的运动。也就是，给出关节力矩 $\boldsymbol{\tau}$，求机器人的 $\boldsymbol{\theta}$、$\dot{\boldsymbol{\theta}}$ 及 $\ddot{\boldsymbol{\theta}}$。这对模拟机器人的运动是非常有用的。

1. 机器人动力学方程的推导过程

机器人是结构复杂的连杆系统，一般采用齐次变换的方法，用拉格朗日方程建立其系统动力学方程，对其位姿和运动状态进行描述。运动学方程具体的推导过程如下。

(1)选取坐标系，选定完全而且独立的广义关节变量 q_i，$i=1,\ 2,\ \cdots,\ n$。

(2)选定相应的关节上的广义力 F_i，当 q_i 是位移变量时，则 F_i 为力；当 q_i 是角度变量时，则 F_i 为力矩。

(3)求出机器人各构件的动能和势能，构造拉格朗日函数。

(4)代入拉格朗日方程求得机器人系统的动力学方程。

以如图5.9所示的二自由度机器人为例，说明机器人动力学方程的推导过程。

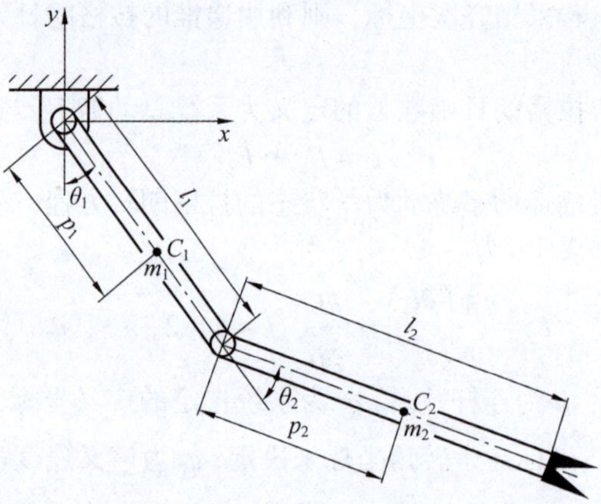

图 5.9　二自由度机器人

(1)选定广义关节变量及广义力。

选取笛卡儿坐标系。连杆 1 和连杆 2 的关节变量为 θ_1 和 θ_2，相应的力矩为 τ_1 和 τ_2。质量分别为 m_1 和 m_2，杆长分别为 l_1 和 l_2，质心分别为 C_1 和 C_2，离关节中心的距离分别是 p_1 和 p_2。

杆 1 质心 C_1 的位置坐标为

$$x_1 = p_1 s_1$$
$$y_1 = -p_1 c_1$$

杆 1 质心 C_1 速度的平方为

$$\dot{x}_1^2 + \dot{y}_1^2 = (p_1\dot{\theta}_1)^2$$

杆 2 质心 C_2 的位置坐标为

$$x_2 = l_1 s_1 + p_2 s_{12}$$
$$y_2 = -l_1 c_1 - p_2 c_{12}$$

杆 2 质心 C_2 速度的平方为

$$\dot{x}_2^2 + \dot{y}_2^2 = l_1^2\dot{\theta}_1^2 + p_2^2(\dot{\theta}_1 + \dot{\theta}_2)^2 + 2l_1 p_2(\dot{\theta}_1^2 + \dot{\theta}_1\dot{\theta}_2)c_2$$

(2)求系统的动能和势能。

系统动能为

$$E_k = \Sigma E_{ki},\ i = 1,\ 2$$
$$E_{k1} = \frac{1}{2}m_1 p_1^2\dot{\theta}_1^2$$

$$E_{k2} = \frac{1}{2}m_2 l_1^2\dot{\theta}_1^2 + \frac{1}{2}m_2 p_2^2(\dot{\theta}_1 + \dot{\theta}_2)^2 + m_2 l_2 p_2(\dot{\theta}_1^2 + \dot{\theta}_1\dot{\theta}_2)c_2$$

系统势能为

$$E_p = \Sigma E_{pi},\ i = 1,\ 2$$
$$E_{p1} = -m_1 g p_1 c_1$$
$$E_{p2} = -m_2 g l_1 c_1 - m_2 g p_2 c_{12}$$

(3)构造拉格朗日函数。

拉格朗日函数为

$$L = E_k - E_p = \frac{1}{2}(m_1p_1^2 + m_2l_1^2)\dot{\theta}_1^2 + m_2l_1p_2(\dot{\theta}_1^2 + \dot{\theta}_1\dot{\theta}_2)c\theta_2 + \frac{1}{2}m_2p_2^2(\dot{\theta}_1 + \dot{\theta}_2)^2 + (m_1p_1 + m_2l_1)gc\theta_1 + m_2gp_2c_{12}$$

(4)求系统动力学方程。

根据拉格朗日方程(5.35)计算各个关节上的力矩，可得到系统的动力学方程。

①计算关节1上的力矩 τ_1：

$$\frac{\partial L}{\partial \dot{\theta}_1} = (m_1p_1^2 + m_2l_1^2)\dot{\theta}_1 + m_2l_1p_2(2\dot{\theta}_1 + \dot{\theta}_2)c_2 + m_2p_2^2(\dot{\theta}_1 + \dot{\theta}_2)$$

$$\frac{\partial L}{\partial \theta_1} = -(m_1p_1 + m_2l_1)gs_1 - m_2gp_2s_{12}$$

所以

$$\tau_1 = \frac{d}{dt}\frac{\partial L}{\partial \dot{\theta}_1} - \frac{\partial L}{\partial \theta_1} = (m_1p_1^2 + m_2p_2^2 + m_2l_1^2 + 2m_2l_1p_2c_2)\ddot{\theta}_1 + (m_2p_2^2 + m_2l_1p_2c_2)\ddot{\theta}_2 + (-2m_2l_1p_2s_2)\dot{\theta}_1\dot{\theta}_2 + (-m_2l_1p_2s_2)\dot{\theta}_2^2 + (m_1p_1 + m_2l_1)gs_1 + m_2p_2gs_{12}$$

将上式简写为

$$\tau_1 = D_{11}\ddot{\theta}_1 + D_{12}\ddot{\theta}_2 + D_{112}\dot{\theta}_1\dot{\theta}_2 + D_{122}\dot{\theta}_2^2 + D_1 \tag{5.37}$$

其中 D_{11}、D_{12}、D_{112}、D_{122}、D_1 的表达式为

$$\begin{cases} D_{11} = m_1p_1^2 + m_2p_2^2 + m_2l_1^2 + 2m_2l_1p_2c_2 \\ D_{12} = m_2p_2^2 + m_2l_1p_2c_2 \\ D_{112} = -2m_2l_1p_2s_2 \\ D_{122} = -m_2l_1p_2s_2 \\ D_1 = (m_1p_1 + m_2l_1)gs_1 + m_2p_2gs_{12} \end{cases}$$

②计算关节2上的力矩 τ_2：

$$\frac{\partial L}{\partial \dot{\theta}_2} = m_2l_1p_2\dot{\theta}_1c_2 + m_2p_2^2(\dot{\theta}_1 + \dot{\theta}_2)$$

$$\frac{\partial L}{\partial \theta_2} = -m_2l_1p_2(\dot{\theta}_1^2 + \dot{\theta}_1\dot{\theta}_2)s_2 - m_2gp_2s_{12}$$

所以

$$\tau_2 = \frac{d}{dt}\frac{\partial L}{\partial \dot{\theta}_2} - \frac{\partial L}{\partial \theta_2} = (m_2p_2^2 + m_2l_1p_2c_2)\ddot{\theta}_1 + m_2p_2^2\ddot{\theta}_2 + (-m_2l_1p_2s_2 + m_2l_1p_2s_2)\dot{\theta}_1\dot{\theta}_2 + (m_2l_1p_2s_2)\dot{\theta}_1^2 + m_2gp_2s_{12}$$

将上式简写为

$$\tau_2 = D_{21}\ddot{\theta}_1 + D_{22}\ddot{\theta}_2 + D_{212}\dot{\theta}_1\dot{\theta}_2 + D_{211}\dot{\theta}_2^2 + D_2 \tag{5.38}$$

其中 D_{21}、D_{22}、D_{212}、D_{211}、D_2的表达式为

$$\begin{cases}D_{21}=m_2p_2^2+m_2l_1p_2c_2\\ D_{22}=m_2p_2^2\ddot{\theta}_2\\ D_{212}=-m_2l_1p_2s_2+m_2l_1p_2s_2\\ D_{211}=m_2l_1p_2s_2\\ D_2=m_2gp_2s_{12}\end{cases}$$

式(5.37)、式(5.38)分别表示了关节驱动力矩与关节位移、速度、加速度之间的关系，即力和运动之间的关系，称为二自由度工业机器人的动力学方程。对于这些公式进行分析可得以下结论

(1)含 $\ddot{\theta}_1$、$\ddot{\theta}_2$ 的项表示由加速度引起的关节力矩项，这些项的具体含义如下。

①含 D_{11} 和 D_{22} 的项：表示由关节 1 和关节 2 加速度引起的惯性力矩项。

②含 D_{12} 的项：表示关节 2 的加速度对关节 1 的耦合惯性力矩项。

③含 D_{21} 的项：表示关节 1 的加速度对关节 2 的耦合惯性力矩项。

(2)含有 $\dot{\theta}_1^2$，$\dot{\theta}_2^2$ 的项表示由向心力引起的关节力矩项，这些项的具体含义如下。

①含 D_{122} 的项：表示关节 2 的速度引起的向心力对关节 1 的耦合力矩项。

②含 D_{211} 的项：表示关节 1 的速度引起的向心力对关节 2 的耦合力矩项。

(3)含有 $\dot{\theta}_1\dot{\theta}_2$ 的项表示由科氏力引起的关节力矩项，这些项的具体含义如下。

①含 D_{112} 的项：表示科氏力对关节 1 的耦合力矩项。

②含 D_{212} 的项：表示科氏力对关节 2 的耦合力矩项。

(4)只含关节变量 θ_1、θ_2 的项表示重力引起的关节力矩项，这些项的具体含义如下。

①含 D_1 的项：表示连杆 1、连杆 2 的质量对关节 1 引起的重力矩项。

②含 D_2 的项：表示连杆 2 的质量对关节 2 引起的重力矩项。

从上面的推导可以看出，简单的二自由度平面关节型工业机器人动力学方程已经很复杂了，包含很多因素，这些因素都在影响机器人的动力学特性。对于复杂的多自由度机器人，其动力学方程和推导过程更复杂，不利于机器人的实时控制。故进行动力学分析时，通常进行下列简化：

(1)当连杆质量不是很大时，动力学方程中的重力矩项可以省略；

(2)当关节速度不是很大，机器人不是高速工业机器人时，含有 $\dot{\theta}_1^2$、$\dot{\theta}_2^2$、$\dot{\theta}_1\dot{\theta}_2$ 的项可以省略；

(3)当关节加速度不是很大，即关节电机的升降速不是很突然时，含 $\ddot{\theta}_1$、$\ddot{\theta}_2$ 的项可省略，当然，关节加速度的减小，会引起速度升降的时间增加，延长机器人的循环作业时间。

2. 关节空间和操作空间动力学

1)关节空间和操作空间

有 n 个自由度的操作臂的末端位姿 $\boldsymbol{X}$ 由 n 个关节变量所决定，这 n 个关节变量也叫作 n 维关节矢量 $\boldsymbol{q}$，所有关节矢量 $\boldsymbol{q}$ 构成了关节空间。手部的作业是在直角坐标空间中进行的，即操作臂末端位姿 $\boldsymbol{X}$ 是在直角坐标空间中描述的，把这个空间叫作操作空间。运动学方程

$\boldsymbol{X}=\boldsymbol{X}(\boldsymbol{q})$就是关节空间向操作空间的映射；而运动学逆解则是由映射求其关节空间的原像。在关节空间和操作空间中，操作臂动力学方程有不同的表示形式，并且两者之间存在一定的对应关系。

2)关节空间动力学方程

将式(5.37)、式(5.38)写成矩阵形式，可表示为

$$\boldsymbol{\tau}=\boldsymbol{D}(\boldsymbol{q})\ddot{\boldsymbol{q}}+\boldsymbol{H}(\boldsymbol{q},\ \dot{\boldsymbol{q}})+\boldsymbol{G}(\boldsymbol{q}) \tag{5.39}$$

式中：$\boldsymbol{\tau}=\begin{bmatrix}\tau_1\\ \tau_2\end{bmatrix}$；$\boldsymbol{q}=\begin{bmatrix}\theta_1\\ \theta_2\end{bmatrix}$；$\dot{\boldsymbol{q}}=\begin{bmatrix}\dot{\theta}_1\\ \dot{\theta}_2\end{bmatrix}$；$\ddot{\boldsymbol{q}}=\begin{bmatrix}\ddot{\theta}_1\\ \ddot{\theta}_2\end{bmatrix}$。

所以

$$\boldsymbol{D}(\boldsymbol{q})=\begin{bmatrix}m_1p_1^2+m_2(l_1^2+p_2^2+2l_1p_2\mathrm{c}_2) & m_2(p_2^2+l_1p_2\mathrm{c}_2)\\ m_2(p_2^2+l_1p_2\mathrm{c}_2) & m_2p_2^2\end{bmatrix}$$

$$\boldsymbol{H}(\boldsymbol{q},\ \dot{\boldsymbol{q}})=m_2l_1p_2\mathrm{s}_2\begin{bmatrix}\dot{\theta}_2^2+2\dot{\theta}_1\dot{\theta}_2\\ \dot{\theta}_1^2\end{bmatrix}$$

$$\boldsymbol{G}(\boldsymbol{q})=\begin{bmatrix}(mp_1+m_2l_1)g\mathrm{s}_1+m_2p_2g\mathrm{s}_{12}\\ m_2p_2g\mathrm{s}_{12}\end{bmatrix}$$

式(5.39)就是操作臂在关节空间的动力学方程的一般形式，它反映了关节力矩与关节变量、速度、加速度之间的函数关系。对于 n 个关节的操作臂，$\boldsymbol{D}(\boldsymbol{q})$ 是 $n\times n$ 的正定矩阵，是 $\boldsymbol{q}$ 的函数，称为机器人操作臂的惯性矩阵；$\boldsymbol{H}(\boldsymbol{q},\ \dot{\boldsymbol{q}})$ 是 $n\times 1$ 的离心力和科氏力矢量；$\boldsymbol{G}(\boldsymbol{q})$ 是 $n\times 1$ 的重力矢量，与操作臂的形位 $\boldsymbol{q}$ 有关。

3)操作空间动力学方程

与关节空间动力学方程相对应，在笛卡儿操作空间(简称操作空间)中，可用手部的位姿 $\boldsymbol{X}$ 来表示机器人动力学方程。操作力 $\boldsymbol{F}$ 与末端加速度 $\ddot{\boldsymbol{X}}$ 之间的关系可表示为

$$\boldsymbol{F}=\boldsymbol{D}_x(\boldsymbol{\theta})\ddot{\boldsymbol{X}}+\boldsymbol{H}_x(\boldsymbol{\theta},\ \dot{\boldsymbol{\theta}})+\boldsymbol{G}_x(\boldsymbol{\theta}) \tag{5.40}$$

式中：$\boldsymbol{F}$ 是作用在机器人末端的力(矩)矢量；$\boldsymbol{X}$ 是表达末端位姿的笛卡儿矢量；$\boldsymbol{D}_x(\boldsymbol{\theta})$ 是操作空间的惯性矩阵；$\boldsymbol{H}_x(\boldsymbol{\theta},\ \dot{\boldsymbol{\theta}})$ 是操作空间的离心力和科氏力矢量，$\boldsymbol{G}_x(\boldsymbol{\theta})$ 是操作空间的重力矢量。

由关节空间和操作空间之间的速度、加速度关系式

$$\begin{cases}\dot{\boldsymbol{X}}=\boldsymbol{J}(\boldsymbol{q})\dot{\boldsymbol{q}}\\ \ddot{\boldsymbol{X}}=\dot{\boldsymbol{J}}(\boldsymbol{q})\dot{\boldsymbol{q}}+\boldsymbol{J}(\boldsymbol{q})\ddot{\boldsymbol{q}}\end{cases} \tag{5.41}$$

可得关节空间和操作空间加速度关系表示

$$\ddot{\boldsymbol{q}}=\boldsymbol{J}^{-1}\ddot{\boldsymbol{X}}-\boldsymbol{J}^{-1}\dot{\boldsymbol{J}}\dot{\boldsymbol{q}} \tag{5.42}$$

关节空间动力学方程和操作空间动力学方程之间的对应关系可以通过广义操作力 $\boldsymbol{F}$ 与广义关节力矩 $\boldsymbol{\tau}$ 之间的关系表示

$$\boldsymbol{\tau} = \boldsymbol{J}^{\mathrm{T}}(\boldsymbol{q})\boldsymbol{F} \tag{5.43}$$

由力雅可比的定义可得

$$\boldsymbol{F} = \boldsymbol{J}^{-\mathrm{T}} \cdot \boldsymbol{\tau} = \boldsymbol{J}^{-\mathrm{T}}\boldsymbol{D}(\boldsymbol{q})\ddot{\boldsymbol{q}} + \boldsymbol{J}^{-\mathrm{T}}\boldsymbol{H}(\boldsymbol{q},\ \dot{\boldsymbol{q}}) + \boldsymbol{J}^{-\mathrm{T}}\boldsymbol{G}(\boldsymbol{q}) \tag{5.44}$$

则

$$\boldsymbol{F} = \boldsymbol{J}^{-\mathrm{T}}\boldsymbol{D}(\boldsymbol{q})\boldsymbol{J}^{-1}\ddot{\boldsymbol{X}} - \boldsymbol{J}^{-\mathrm{T}}\boldsymbol{D}(\boldsymbol{q})\boldsymbol{J}^{-1}\dot{\boldsymbol{J}}\dot{\boldsymbol{q}} + \boldsymbol{J}^{-\mathrm{T}}\boldsymbol{H}(\boldsymbol{q},\ \dot{\boldsymbol{q}}) + \boldsymbol{J}^{-\mathrm{T}}\boldsymbol{G}(\boldsymbol{q}) \tag{5.45}$$

由上式可得关节空间动力学方程和操作空间动力学方程的关系为

$$\begin{cases} \boldsymbol{D}_x(\boldsymbol{q}) = \boldsymbol{J}^{-\mathrm{T}}\boldsymbol{D}(\boldsymbol{q})\boldsymbol{J}^{-1} \\ \boldsymbol{H}_x(\boldsymbol{q},\ \dot{\boldsymbol{q}}) = \boldsymbol{J}^{-\mathrm{T}}\boldsymbol{H}(\boldsymbol{q},\ \dot{\boldsymbol{q}}) - \boldsymbol{J}^{-\mathrm{T}}\boldsymbol{D}(\boldsymbol{q})\boldsymbol{J}^{-1}\dot{\boldsymbol{J}}\dot{\boldsymbol{q}} \\ \boldsymbol{G}_x(\boldsymbol{q}) = \boldsymbol{J}^{-\mathrm{T}}\boldsymbol{G}(\boldsymbol{q}) \end{cases} \tag{5.46}$$

当机器人接近奇异点时，操作空间动力学方程中的某些量趋于无穷大，动态性能恶化。

5.4 机器人的动态特性

机械手的动态特性描述下列能力：它能够移动得多快，能以怎样的准确性快速地停在给定点，以及它对停止位置超调了多少距离等。当工具快速移向工件时，任何超调都可能造成重大的损害或事故。另外，如果工具移动得太慢，又会耗费过多的时间。

对基底具有转动关节的机械手来说，要达到良好的动态性能通常是很困难的。从伺服控制角度看，惯性负载不仅是由物体的转动惯量决定的，还取决于这些关节的瞬时位置及运动情况。在快速运动时，机械手上各刚性连杆的质量和转动惯量给这些关节的伺服系统的总负载强加上了一个很大的摩擦负载。一台工业操作机器人，随着它的姿态变化，其第一个转动关节上的惯性负载在十倍范围内变化的情况并非罕见。如果单独关节伺服系统是经典的比例-积分-微分控制器，那么这些伺服系统应以最大惯性负载来调准，以保证不会超越它们的目标。但是，这种调整方法会严重地降低它们的性能。

在机器人示教设备中，有一种用于加速运动过程的技术，即教会一个或多个附加的路径中继点，这些中继点所处位置能够使臂部的部分运动进入小转动惯量姿态。中继点是工具触头应当经过而不必停止的点，如图 5.10 所示。

例如，可以把中继点示教为从起始位置至停止位置间直线的中点。当悬臂开始运动之后，这个过程将强制悬臂收缩进去，以减少旋转关节伺服系统所受到的转动惯量，并很可能导致较大的加速度与减速度，减少过渡过程时间。我们说“很可能”，这是因为大多数机械手的伺服系统具有相当明显的奇异非线性，因而要使它们的特性普遍化是很困难的。

必须谨慎地采用中继点。如果这些点的位置设置得不适当，那么它们可能损坏某些机械臂。一般来说，不应该让主关节以全速接近中继点，也不应在相反的方向以全速趋向中继点。

机器人手部能否以给定的速度准确地接近目标，其快速、准确地停在目标点的程度以及对给定停止位置的超调量等都取决于机器人的动态特性。机器人臂部与行走机构的结构、传动部件的精度、运动学和动力学计算机运算程序的质量等决定了机器人的动态特性。机器人的动态特性通常用稳定性、空间分辨率、精度、重复定位精度等来描述。

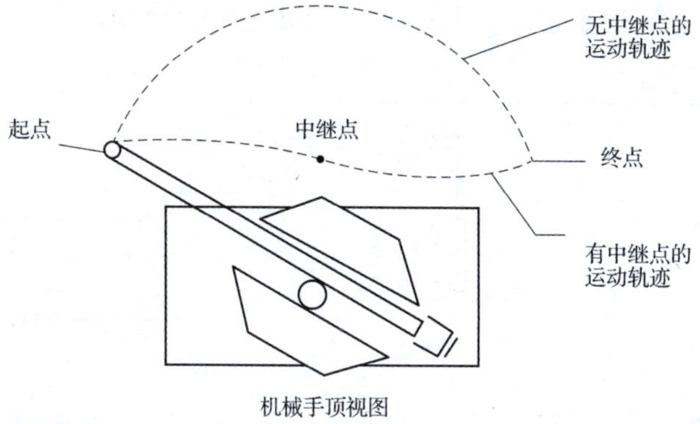

图 5.10 采用中继点加速机械手运动

5.5 本章小结

本章首先分析了机器人在静力状态下，速度雅可比及力雅可比的求解方法。机器人动力学问题的研究，对于快速运动的机器人及其控制具有特别重要的意义。其次研究了刚体动力学问题，介绍了机器人机械手动力学方程的两种研究方法，即欧拉方程法和拉格朗日方程法。然后利用拉格朗日方程法在分析二自由度机械手的基础上，总结出建立拉格朗日方程的步骤，并根据该步骤计算出机械手连杆上一点的速度、动能和势能。

习 题

1. 简述机器人奇异形位的类型。
2. 简述机器人速度雅可比、力雅可比的概念以及二者之间的关系。
3. 简述欧拉方程的基本原理。
4. 简述利用拉格朗日方程建立机器人动力学方程的步骤。
5. 简述机器人动态特性与哪些因素有关。
6. 已知坐标系$\{C\}$对参考坐标系的变换为：$\boldsymbol{C}=\begin{bmatrix}0&1&0&4\\0&0&1&3\\1&0&0&0\\0&0&0&1\end{bmatrix}$，而且对于参考坐标系的微分平移分量为沿 x 轴移动 0.5、y 轴移动 0、z 轴移动为 1；微分旋转分量为 0.1、0.2、0。求对应的微分变换 $\mathrm{d}\boldsymbol{C}$。
7. 已知二自由度机械手的速度雅可比为 $\boldsymbol{J}=\begin{bmatrix}-l_1s_1-l_2s_{12} & -l_2s_{12}\\ l_1c_1+l_2c_{12} & l_2c_{12}\end{bmatrix}$，若忽略重力，当手部端点力 $\boldsymbol{F}=[1\quad 0]^{\mathrm{T}}$ 时，求相应的关节力矩 $\boldsymbol{\tau}$。
8. 如图 5.11 所示，一个三自由度机器人，$l_1=l_2=1$ m，$l_3=0.5$ m，$\theta_1=60°$，$\theta_2=-60°$，$\theta_3=-90°$，其手部夹持一质量 $m=3$ kg 的重物，不计机器人连杆质量，求机器人处于平衡状态时的各关节力矩。
9. 分别利用拉格朗日方程以及欧拉方程推导图 5.12 所示的单自由度系统力和加速度的

关系。假设车轮的转动惯量可忽略不计，x 轴表示小车的运动方向。

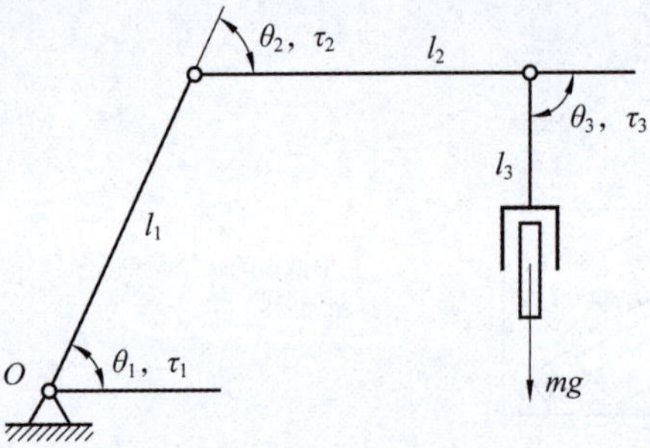

图 5.11　8 题图

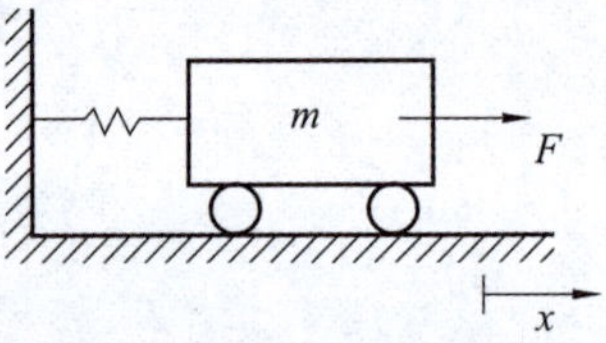

图 5.12　9 题图

10. 推导图 5.13 所示二自由度系统的动力学方程。

11. 推导图 5.14 所示二自由度系统的动力学方程。

12. 推导图 5.15 所示二自由度机器人臂部的动力学方程。

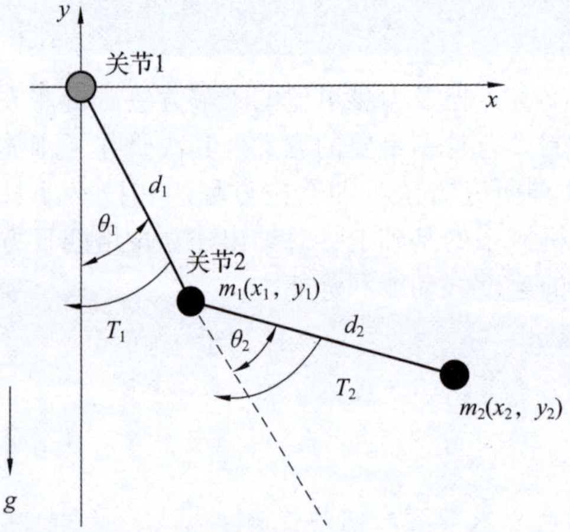

图 5.13　10 题图

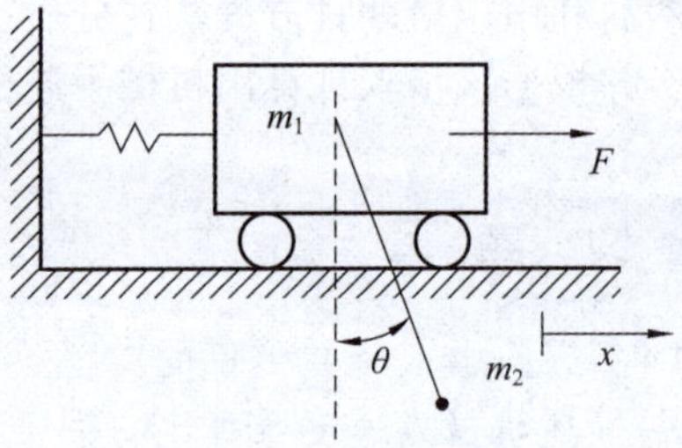

图 5.14　11 题图

13. 图 5.16 所示为一具有两个移动关节的机械臂，分别用 m_1 和 m_2 来表示连杆 1 和连杆 2 的质量，用 P_1 和 P_2 来表示两个关节的位移量，用 f_1 和 f_2 来表示作用在每个关节的力，试应用拉格朗日方程求其动力学方程。

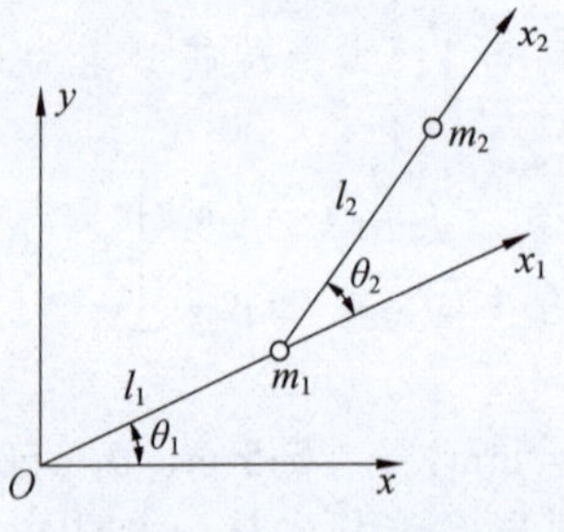

图 5.15　12 题图

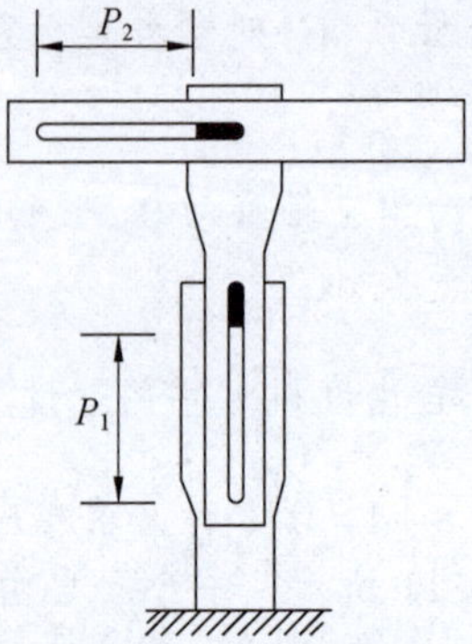

图 5.16　13 题图

第6章 机器人轨迹规划

机器人轨迹规划属于机器人底层规划，基本上不涉及人工智能问题，而是在机器人运动学和动力学的基础上，讨论在关节空间和操作空间中机器人运动的轨迹规划和轨迹生成方法。轨迹规划则是根据作业任务的要求，计算出预期的运动轨迹。首先对机器人的任务、运动路径和轨迹进行描述。然后轨迹规划器可使编程手续简化，只要求用户输入有关路径和轨迹的若干约束和简单描述，复杂的细节问题则由规划器解决。例如，用户只需给出手部的目标位姿，让规划器确定到该目标的路径点、持续时间、运动速度等轨迹参数，并在计算机内部描述所要求的轨迹，即选择习惯规定及合理的软件数据结构。最后，对内部描述的轨迹，实时计算机器人运动过程中的位移、速度和加速度，生成运动轨迹。

6.1 机器人轨迹规划概述

6.1.1 机器人轨迹的概念

机器人轨迹泛指工业机器人在运动过程中的运动轨迹，即运动点的位移、速度和加速度。

机器人在作业空间要完成给定的任务，其手部运动必须按一定的轨迹进行。轨迹的生成一般是先给定轨迹上的若干个点，将其经运动学反解映射到关节空间，在关节空间中的相应点建立运动学方程，然后按照运动学方程对关节进行插值，从而实现作业空间的运动要求，这一过程通常称为轨迹规划，本章仅讨论在关节空间或操作空间中工业机器人运动的轨迹规划和轨迹生成方法。

机器人运动轨迹的描述一般是对其手部位姿的描述，此位姿值可与关节变量相互转换。控制轨迹也就是按时间控制手部或工具中心走过的空间路径。

6.1.2 轨迹规划的一般性问题

机器人的作业可以描述成工具坐标系 $\{T\}$ 相对于工件坐标系 $\{S\}$ 的一系列运动。例如，如图6.1所示，将销插入工件孔中的作业可以借助工具坐标系的一些列位姿 $\boldsymbol{P}_i(i=1, 2, \cdots, n)$ 来描述。这种描述方法不仅符合用户考虑问题的思路，而且有利于生成机器人的运动轨迹。

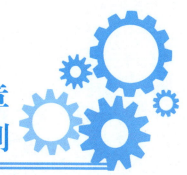

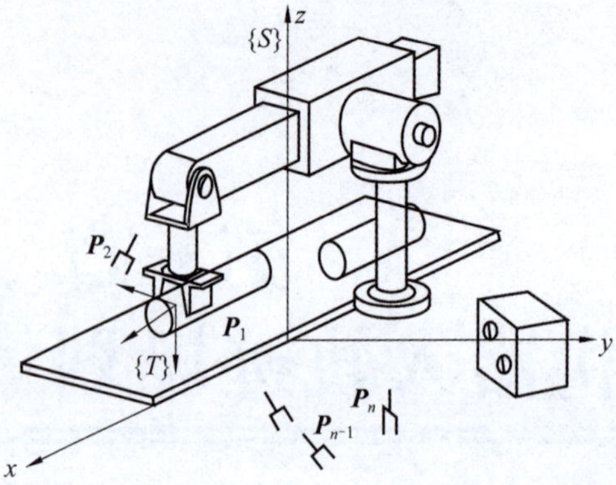

图 6.1　机器人将销插入工件孔中的作业描述

用工具坐标系相对于工件坐标系的运动来描述作业路径是一种通用的作业描述方法。它把作业路径描述与具体的机器人、手爪或工具分离开来，形成了模型化的作业描述方法，从而使这种描述既适用于不同的机器人，也适用于在同一机器人上装夹不同规格的工具。有了这种描述方法，就可以把图 6.2 所示的机器人从初始状态运动到终止状态的作业看作是工具坐标系从初始位置$\{T_0\}$变化到终止位置$\{T_f\}$的坐标变换。显然，这种坐标变换与具体的机器人无关。一般情况下，这种变换包含了工具坐标系位姿的变化。

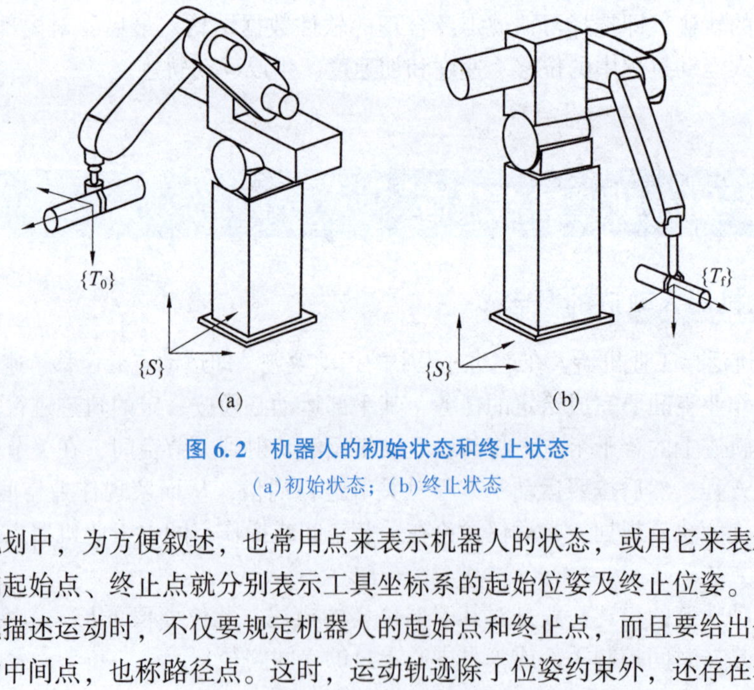

图 6.2　机器人的初始状态和终止状态

(a)初始状态；(b)终止状态

在轨迹规划中，为方便叙述，也常用点来表示机器人的状态，或用它来表示工具坐标系的位姿，例如起始点、终止点就分别表示工具坐标系的起始位姿及终止位姿。

更详细地描述运动时，不仅要规定机器人的起始点和终止点，而且要给出介于起始点和终止点之间的中间点，也称路径点。这时，运动轨迹除了位姿约束外，还存在着各路径点之间的时间分配问题。例如，在规定路径的同时，必须给出两个路径点之间的运动时间。

机器人的运动应当平稳，不平稳的运动将加剧机械部件的磨损，并导致机器人的振动和冲击。为此，要求所选择的运动轨迹描述函数必须连续，而且它的一阶导数(速度)、二阶导数(加速度)也应该连续。

轨迹规划既可以在关节空间中进行，也可以在直角坐标空间中进行。在关节空间中进行轨迹规划是指将所有关节变量表示为时间的函数，用这些关节函数及其一阶、二阶导数描述机器人预期的运动；在直角坐标空间中进行轨迹规划是指将手爪位姿、速度和加速度表示为时间的函数，而相应的关节位置、速度和加速度由手爪信息导出。

6.1.3 轨迹的生成方式

运动轨迹的描述或生成有以下几种方式。

(1)示教-再现运动。这种运动由人手把手示教机器人，定时记录各关节变量，得到沿路径运动时各关节的位移时间函数 $q(t)$；再现时，按内存中记录的各点的值产生序列动作。

(2)关节空间运动。这种运动直接在关节空间里进行。由于动力学参数及其极限值直接在关节空间里描述，用这种方式求最短时间运动很方便。

(3)空间直线运动。这是一种在直角坐标空间里的运动，它便于描述空间操作，计算量小，适用于简单的作业。

(4)空间曲线运动。这是一种在描述空间中用明确的函数表达的运动，如圆周运动、螺旋运动等。

6.1.4 轨迹规划涉及的主要问题

为了描述一个完整的作业，往往需要将上述运动进行组合。通常这种规划涉及以下几方面的问题。

(1)对工作对象及作业进行描述，用示教方法给出轨迹上的若干个结点。

(2)用一条轨迹通过或逼近结点，此轨迹可按一定的原则优化，如加速度平滑得到直角坐标空间的位移时间函数 $X(t)$ 或关节空间的位移时间函数 $q(t)$；在结点之间进行插补，即根据轨迹表达式在每一个采样周期中实时计算轨迹上点的位姿和各关节变量值。

(3)以上生成的轨迹是机器人位置控制的给定值，可以据此根据机器人的动态参数设计一定的控制规律。

(4)规划机器人运动轨迹时，需要明确其路径上是否存在路径约束和障碍约束的组合。

路径约束和障碍约束的组合把机器人的规划与控制方式划分为四类，如表6.1所示。本节主要讨论连续路径的无障碍的轨迹规划方法。轨迹规划器可形象地看成一个黑箱(图6.3)，其输入包括路径的设定和约束，输出的是手部的位姿序列，表示手部在各离散时刻的中间位形。机械人最常用的轨迹规划方法有两种：第一种方法要求用户对于选定的转变结点(插值点)上的位姿、速度和加速度给出一组显式约束(例如连续性和光滑程度等)，轨迹规划器从一类函数(例如 n 次多项式)中选取参数化轨迹，对结点进行插值，并满足约束条件；第二种方法要求用户给出运动路径的解析式，轨迹规划器在关节空间或直角坐标空间中确定一条轨迹来逼近预定的路径。在第一种方法中，约束的设定和轨迹规划均在关节空间进行，因此可能会发生与障碍物相碰的情况。第二种方法的路径约束是在直角坐标空间中给定的，而关节驱动器是在关节空间中受控的。因此，为了得到与给定路径十分接近的轨迹，必须先采用某种函数逼近的方法将直角坐标路径约束转化为关节坐标路径约束，然后确定满足关节路径约束的参数化路径。

轨迹规划既可在关节空间也可在直角坐标空间中进行，但是所规划的轨迹函数都必须连续和平滑，使得操作臂的运动平稳。在关节空间进行规划时，是将关节变量表示为时间的函数，并规划它的一阶和二阶时间导数；在直角坐标空间进行规划是指将手部位姿、速度和加速度表示为时间的函数，而相应的关节位移、速度和加速度由手部的信息导出。通常通过运动学逆解得出关节位移，用逆速度雅可比求出关节速度，用逆速度雅可比及其导数求解关节加速度。用户根据作业给出各个路径结点后，规划器的任务包含：解变换方程、进行运动学逆解和插值运算等；在关节空间中进行规划时，大量工作是对关节变量的插值运算。

表 6.1 机器人的规划与控制方式

路径约束	障碍约束	
	有	无
有	离线无碰撞路径规则+在线路径跟踪	离线路径规划+在线路径跟踪
无	位置控制+在线障碍探测和避障	位置控制

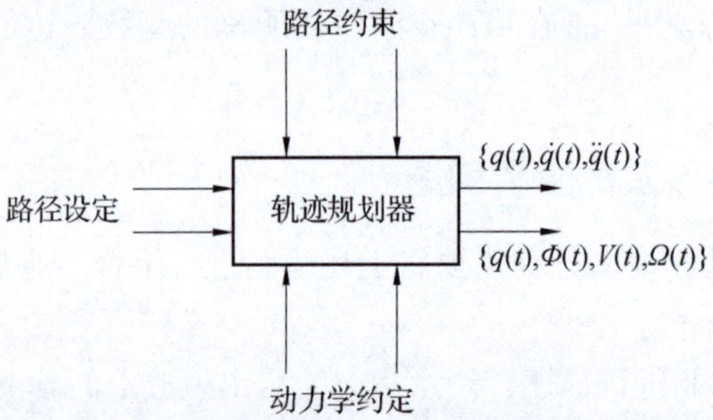

图 6.3 轨迹规划器框图

6.2 插补方式分类与轨迹控制

6.2.1 插补方式分类

1. 轨迹规划中的运动

(1)点到点(Point To Point，PTP)运动：只规定了机器人的起始点和目标点的运动。

(2)连续轨迹(Continuous Path，CP)运动或轮廓运动：不仅规定了机器人的起始点和目标点，而且必须沿着特定的路径进行的运动。

2. 插补方式

路径控制与插补方式的分类如表 6.2 所示。

表 6.2 路径控制与插补方式的分类

路径控制	不插补	关节插补(平滑)	空间插补
点位控制	(1)各轴独立快速到达 (2)各关节最大加速度限制	(1)各轴协调运动定时插补 (2)各关节最大加速度限制	

续表

路径控制	不插补	关节插补(平滑)	空间插补
连续轨迹控制		(1)在空间插补点间进行关节定时插补 (2)用关节的低阶多项式拟合空间直线使各轴协调运动 (3)各关节最大加速度限制	(1)直线、圆弧、曲线等距插补 (2)起停线速度、线加速度给定，各关节速度、加速度限制

6.2.2　机器人轨迹控制过程

机器人路径规划与控制的关系如图 6.4 所示，即操作员首先对任务进行定义，并进一步完成任务规划和动作规划，此过程主要由操作员完成(或结合人机接口软件完成)，得到的动作描述为机器人的手部末端运动结点的位姿。机器人控制软件根据运动结点的位姿，完成手部的路径规划，并通过逆运动学计算得到关节路径规划，从而得到各个关节的期望位置、速度及加速度。这些期望值作为各关节伺服控制器的输入，由关节控制器产生关节控制力矩，实现对关节期望值的跟踪，从而实现手部的路径跟踪。机器人轨迹控制过程如图 6.5 所示。轨迹规划算法对机器人运动速度、精度以及平稳性有很大影响。

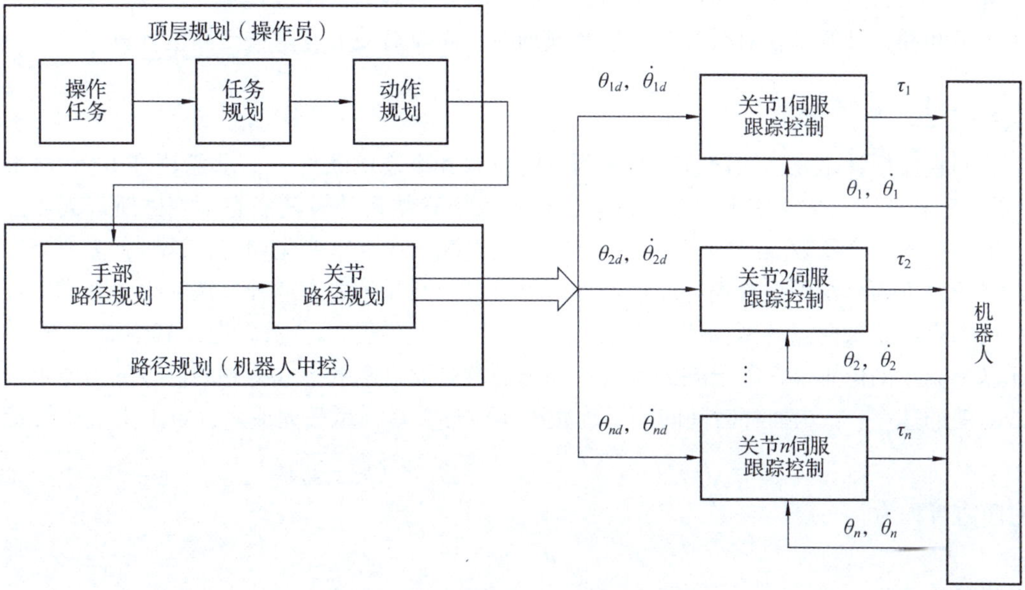

图 6.4　机器人路径规划与控制的关系

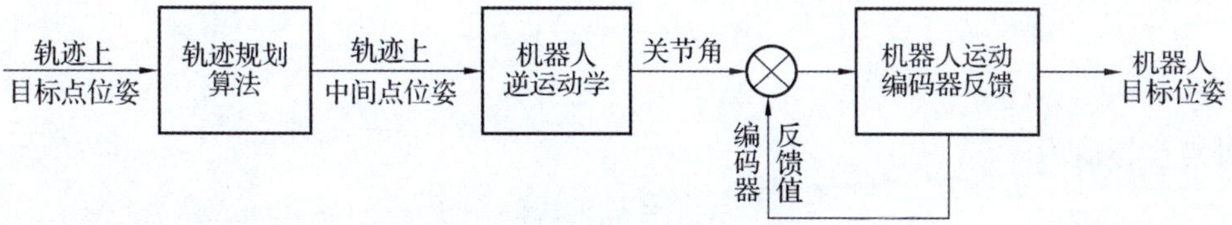

图 6.5　机器人轨迹控制过程

机器人的基本操作方式是示教-再现，但在操作过程中，不可能把空间轨迹的所有点都示教一遍使机器人再现，对于有规律的轨迹，仅示教几个特征点，计算机就能利用插补算法获得中间点的坐标，如直线需要示教两点，圆弧需要示教三点，通过机器人逆运动学算法由这些点的坐标求出机器人各关节的位置和角度(θ_1，…，θ_n)，然后由后面的角位置闭环控制系统实现要求的轨迹上的一点。继续插补并重复上述过程，从而实现要求的轨迹。轨迹插补的基本方法是直线插补和圆弧插补，这是机器人系统中的基本插补算法。非直线轨迹和非圆弧轨迹可以用直线或圆弧逼近，以实现这些轨迹。

因此，机器人轨迹规划大约有以下三个方面：

(1)首先，要对机器人工作任务进行描述，即确定具体的运动形式；

(2)其次，对机器人的运动形式进行解析，即用计算机编程语言来表达所要求的运动轨迹；

(3)最后，对轨迹上各插补点所对应的关节位置、速度、加速度等参数进行计算处理，从而完成轨迹规划。

6.3 机器人轨迹插值计算

在机器人轨迹规划中，给出各个路径点后，轨迹规划的任务包含解变换方程及进行逆运动学求解和插值计算。在对关节空间进行规划时，需要对关节变量进行插值计算。

6.3.1 直线插补

空间直线插补是在已知该直线始末两点的位置和姿态的条件下，求各轨迹中间点(插补点)的位置和姿态。由于在大多数情况下，机器人沿直线运动时其姿态不变，所以无姿态插补，即保持第一个示教点时的姿态。当然在有些情况下会要求变化姿态，这时就需要姿态插补，可仿照下面介绍的位置插补原理处理，也可参照圆弧的姿态插补方法解决。如图 6.6 所示，已知直线始末两点的坐标值 $P_0(x_0, y_0, z_0)$、$P_e(x_e, y_e, z_e)$及姿态，其中 P_0、P_e 是相对于基坐标系的位置。这些已知的位置和姿态通常是通过示教方式得到的。设 v 为要求的沿直线运动的速度；t_s 为插补时间间隔。为减少实时计算量，示教完成后，可求出直线长度为

$$L = \sqrt{(x_e - x_0)^2 + (y_e - y_0)^2 + (z_e - z_0)^2}$$

t_s 时间内行程为

$$d = vt_s$$

各轴增量为

$$\Delta x = (x_e - x_0)/N$$
$$\Delta y = (y_e - y_0)/N$$
$$\Delta z = (z_e - z_0)/N$$

各插补点坐标值为

$$x_{i+1} = x_i + \Delta x$$
$$y_{i+1} = y_i + \Delta y$$
$$z_{i+1} = z_i + \Delta z$$

式中：$i=0, 1, 2, \cdots, N$；插补总步数 $N=L/d+1$。

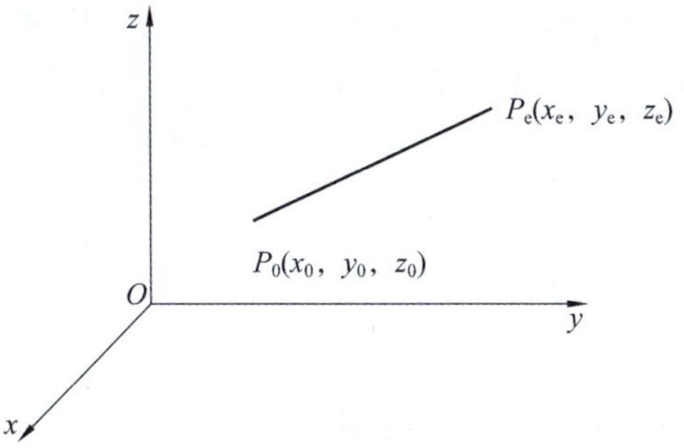

图 6.6　空间直线插补

6.3.2　圆弧插补

1. 平面圆弧插补

平面圆弧是指圆弧平面与基坐标系的三大平面之一重合。以 Oxy 平面圆弧为例，如图 6.7 和图 6.8 所示，已知在一条线上的三点 P_1、P_2、P_3 以及这三点对应的机器人手部的姿态。

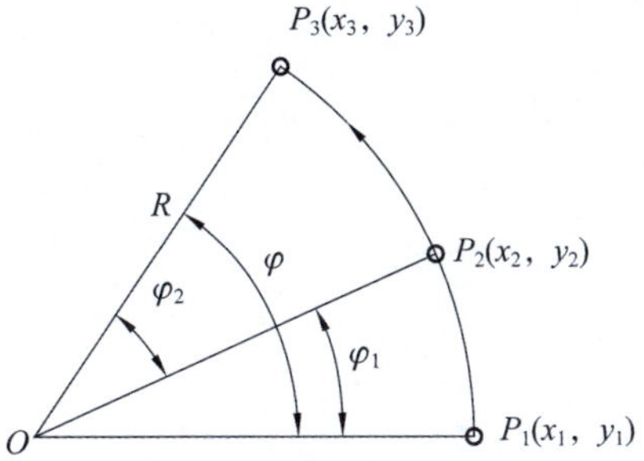

图 6.7　由 P_1、P_2、P_3 确定的圆弧

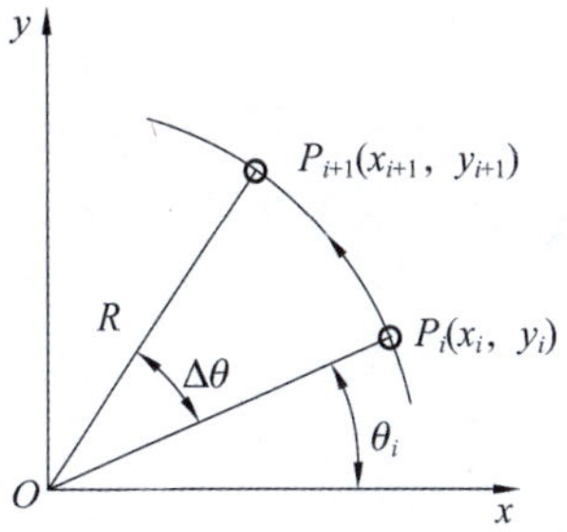

图 6.8　圆弧插补

设 v 是圆弧的运动速度，t_s 为插补时间间隔。类似直线插补的情况计算出以下参数。

(1) 由 P_1、P_2、P_3 确定的圆弧半径 R。

(2) 总圆心角 $\varphi=\varphi_1+\varphi_2$，其中

$$\varphi_1 = 2\arcsin[\sqrt{(x_2 - x_1) + (y_2 - y_1)}/2R]$$

$$\varphi_2 = 2\arcsin[\sqrt{(x_3 - x_2) + (y_3 - y_2)}/2R]$$

(3) t_s 时间内角位移量 $\Delta\theta=t_s v/R$，根据图 6.7 所示的几何关系求各插补点坐标。

(4) 总插补步数(取整数)为

$$N = \varphi/\Delta\theta + 1$$

对于点 P_{i+1}，有

$$x_{i+1} = R\cos(\theta_i + \Delta\theta) = R\cos\theta_i\cos\Delta\theta - R\sin\theta_i\sin\Delta\theta = x_i\cos\Delta\theta - y_i\sin\Delta\theta$$

式中：$x_i = R\cos\theta_i$；$y_i = R\sin\theta_i$。

同理，有

$$y_{i+1}=R\sin(\theta_i+\Delta\theta)=R\sin\theta_i\cos\Delta\theta+R\cos\theta_i\sin\Delta\theta=y_i\cos\Delta\theta+x_i\sin\Delta\theta$$

由 $\theta_{i+1}=\theta_i+\Delta\theta$ 可判断是否到插补终点。若 $\theta_{i+1}\leqslant\varphi$，则继续插补下去；若 $\theta_{i+1}>\varphi$，则修正最后一步的步长 $\Delta\theta$，并以 $\Delta\theta'$ 表示，$\Delta\theta'=\varphi-\theta$。故平面圆弧位置插补为

$$\left.\begin{aligned}x_{i+1}&=x_i\cos\Delta\theta-y_i\sin\Delta\theta\\y_{i+1}&=y_i\cos\Delta\theta+x_i\sin\Delta\theta\\\theta_{i+1}&=\theta_i+\Delta\theta\end{aligned}\right\}$$

2. 空间圆弧插补

空间圆弧是指三维空间任意一平面内的圆弧，此为空间一般平面的圆弧问题。

空间圆弧插补可分为三步来处理：

(1)把三维问题转化成二维问题，找出圆弧所在平面；

(2)利用二维平面插补算法求出插补点坐标(x_{i+1}，y_{i+1})；

(3)把该点的坐标值转变为基坐标系下的值，如图 6.9 所示。

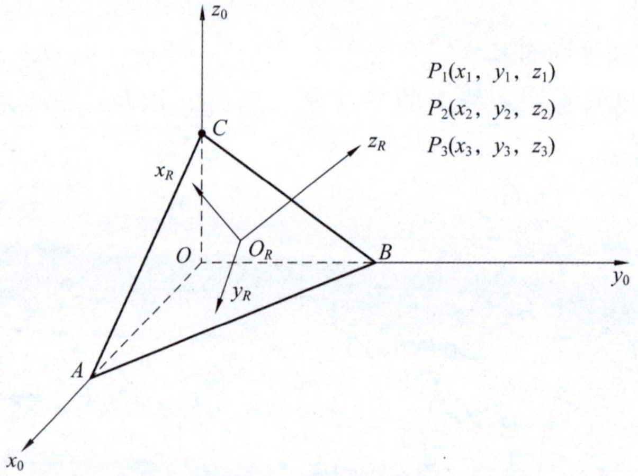

图 6.9　基础坐标系与空间圆弧平面的关系

通过不在同一直线上的三点 P_1、P_2、P_3 可确定一个圆及三点间的圆弧，其圆心为 O_R，半径为 R，圆弧所在平面与基础坐标系平面的交线分别为 AB、BC、CA。

建立圆弧平面插补坐标系，即把 $O_Rx_Ry_Rz_R$ 坐标系原点与圆心 O_R 重合，设 $O_Rx_Ry_R$ 平面为圆弧所在平面，且保持 z_R 为外法线方向。这样，一个三维问题就转化成平面问题，可以应用平面圆弧插补的结论。

求解两坐标系(图 6.9)的转换矩阵。令 $\boldsymbol{T}_R$ 表示由圆弧坐标 $O_Rx_Ry_Rz_R$ 至基础坐标系 $Ox_0y_0z_0$ 的转换矩阵。

若 z_R 轴与基础坐标系 z_0 轴的夹角为 α，x_R 轴与基础坐标系 x_0 轴的夹角为 θ，则可完成下述步骤：

①绕 x_R 轴旋转角 α，使 z_0 轴和 z_R 轴平行；

②绕 z_R 轴旋转角 θ，使 x_R 轴与 x_0 轴平行；

③将 $O_Rx_Ry_Rz_R$ 的原点 O_R 放到基础原点 O 上。

这三步完成了 $O_Rx_Ry_Rz_R$ 向 $Ox_0y_0z_0$ 的转换，故总转换矩阵应为

$$
\begin{aligned}
\boldsymbol{T}_R &= \mathrm{Trans}(x_{O_R},\ y_{O_R},\ z_{O_R})\mathrm{Rot}(z,\ \theta)\mathrm{Rot}(x,\ \alpha) \\
&= \begin{bmatrix} \cos\theta & -\sin\theta\cos\theta & \sin\theta\cos\theta & x_{O_R} \\ \sin\theta & \cos\theta\cos\alpha & -\cos\theta\sin\alpha & y_{O_R} \\ 0 & \sin\alpha & \cos\alpha & z_{O_R} \\ 0 & 0 & 0 & 1 \end{bmatrix}
\end{aligned} \tag{6.1}
$$

式中：x_{O_R}、y_{O_R}、z_{O_R} 为圆心 O_R 在基础坐标系下的坐标值。

欲将基础坐标系的坐标值表示在坐标系中，则要用到 $\boldsymbol{T}_R$ 的逆矩阵：

$$
\boldsymbol{T}_R^{-1} = \begin{bmatrix} \cos\theta & \sin\theta & 0 & -(x_{O_R}\cos\theta + y_{O_R}\sin\theta) \\ -\sin\theta\cos\theta & \cos\theta\cos\alpha & \sin\alpha & -(x_{O_R}\sin\theta\cos\alpha + y_{O_R}\cos\theta\cos\alpha + z_{O_R}\sin\alpha) \\ \sin\theta\sin\alpha & -\cos\theta\sin\alpha & \cos\alpha & -(x_{O_R}\sin\theta\sin\alpha + y_{O_R}\cos\theta\sin\alpha + z_{O_R}\cos\alpha) \\ 0 & 0 & 0 & 1 \end{bmatrix}
$$

6.3.3　定时插补与定距插补

由上述可知，机器人实现一个空间轨迹的过程即是实现轨迹离散的过程，如果这些离散点间隔很大，则机器人运动轨迹与要求轨迹可能会有较大误差。只有这些插补得到的离散点彼此距离很近，才有可能使机器人轨迹以足够的精确度逼近要求的轨迹。模拟 CP 控制实际上是多次执行插补点的 PTP 控制，插补点越密集，越能逼近要求的轨迹曲线。

插补点要多密集才能保证轨迹不失真和运动连续平滑呢？可采用定时插补和定距插补方法来解决。

1. 定时插补

由图 6.5 所示的机器人轨迹控制过程可知，每插补出一个轨迹点的坐标值，就要转换成相应的关节角度值并加到位置伺服系统以实现这个位置，这个过程每隔一个时间间隔完成一次。为保证运动的平稳，这个时间间隔不能太长。

由于关节型机器人的机械结构大多属于开链式，刚度不高，t_s 一般不超过 25 ms(40 Hz)，这样就产生了 t_s 的上限值。当然 t_s 越小越好，但它的下限值受到计算量限制，即对于机器人的控制，计算机要在规定时间里完成一次插补运算和一次逆运动学计算。对于目前的大多数机器人控制器，完成这样一次计算需几毫秒。这样产生了 t_s 的下限值。当然，应当选择 t_s 接近或等于它的下限值，这样可以保证较高的轨迹精度和平滑的运动过程。

以 Oxy 平面里的一个直线轨迹为例说明定时插补的方法。

设机器人需要的运动轨迹为直线，运动速度为 v(单位为 mm/s)，插补时间间隔为 t_s(单位为 ms)，机器人在 t_s 时间内应走过的距离为

$$
P_iP_{i+1} = vt_s \tag{6.2}
$$

可见两个插补点之间的距离正比于要求的运动速度，两点之间的轨迹不受控制，只有插补点之间的距离足够小，才能满足一定的轨迹精度要求。

机器人控制系统易于实现定时插补，例如采用定时中断方式每隔 t_s 中断一次进行一次

插补，计算一次逆运动学，输出一次给定值。由于 t_s 仅为几毫秒，机器人沿着要求轨迹的速度一般不会很高，且机器人总的运动精度不如数控机床、加工中心高，故大多数工业机器人采用定时插补方式。

当要求以更高的精度实现运动轨迹时，可采用定距插补。

2. 定距插补

由式(6.2)可知 v 是要求的运动速度，它不能变化，如果要两插补点的距离 P_iP_{i+1} 恒为一个足够小的值，以保证轨迹精度，t_s 就要变化。在此方式下，插补点距离不变，但要随着不同工作速度 v 的变化而变化。

定时插补与定距插补的基本算法相同，只是前者固定 t_s，易于实现，后者保证轨迹插补精度，但 t_s 要随之变化，实现起来比前者困难。

6.3.4 关节空间插补

在关节空间中进行轨迹规划，需要给定机器人在起始点和终止点臂部的位姿。运动轨迹的描述可用起始点关节角度与终止点关节角度的一个平滑插值函数来表示，在起始时刻 $t_0=0$ 的值是起始关节角度 θ_0，在终端时刻 t_f 的值是终止关节角度 θ_f。显然，有许多平滑函数可作为关节插值函数，如图 6.10 所示。与此相应的各个关节位移、速度、加速度在整个时间间隔内的连续性要求以及其极值必须在各个关节变量的容许范围之内等。满足所要求的约束条件之后，可以选取不同类型的关节插值函数，生成不同的轨迹。常用的关节空间插补有以下几种方法。

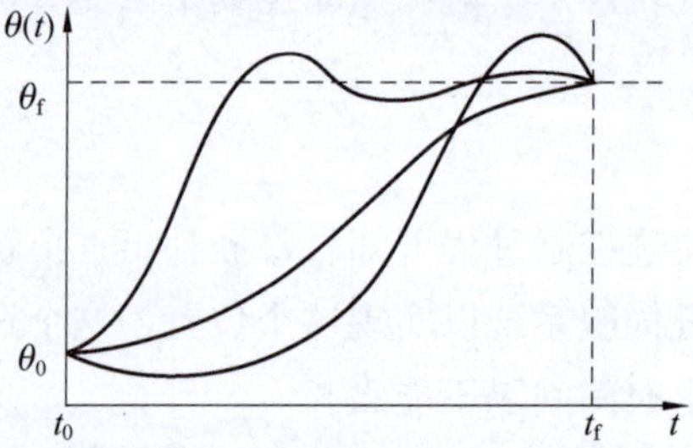

图 6.10　单个关节不同的轨迹曲线

1. 三次多项式插值

在机器人运动过程中，若手部的起始和终止位姿已知，由逆运动学即可求出对应于两位姿的各个关节角度。手部实现两位姿的运动轨迹描述可在关节空间中用通过起始点关节角和终止点关节角的一个平滑轨迹函数 $\theta(t)$ 来表示。

为实现系统的平稳运动，每个关节的轨迹函数 $\theta(t)$ 至少需要满足四个约束条件，即两端点位置约束和两端点速度约束。

端点位置约束是指起始位姿和终止位姿分别所对应的关节角度。$\theta(t)$ 在 $t_0=0$ 时的值是起始关节角度 θ_0，在终端时刻 t_f 时的值是终止关节角度 θ_f，即

$$\begin{cases}\theta(0)=\theta_0\\ \theta(t_f)=\theta_f\end{cases}\tag{6.3}$$

为满足关节运动速度的连续性要求，方便计算，起始点和终止点的关节速度可设为 0，即

$$\begin{cases}\dot{\theta}(0)=0\\ \dot{\theta}(t_f)=0\end{cases}\tag{6.4}$$

上面给出的四个约束条件可以唯一地确定一个三次多项式

$$\theta(t)=a_0+a_1t+a_2t^2+a_3t^3\tag{6.5}$$

运动过程中的关节速度和加速度为

$$\begin{cases}\dot{\theta}(t)=a_1+2a_2t+3a_3t^2\\ \ddot{\theta}(t)=2a_2+6a_3t\end{cases}\tag{6.6}$$

为了求得三次多项式的 a_0、a_1、a_2、a_3，将式(6.3)、式(6.4)代入式(6.5)和式(6.6)，得

$$\begin{cases}\theta_0=a_0\\ \theta_f=a_0+a_1t_f+a_2t_f^2+a_3t_f^3\\ \dot{\theta}_0=a_1\\ \dot{\theta}_f=a_1+2a_2t_f+3a_3t_f^2\end{cases}\tag{6.7}$$

求解该方程，可得

$$\begin{cases}a_0=\theta_0\\ a_1=0\\ a_2=\dfrac{3}{t_f^2}(\theta_f-\theta_0)\\ a_3=-\dfrac{2}{t_f^3}(\theta_f-\theta_0)\end{cases}\tag{6.8}$$

将式(6.8)代入式(6.5)和式(6.6)，可以求得满足连续平稳运动要求的三次多项式插值函数为

$$\begin{cases}\theta(t)=\theta_0+\dfrac{3}{t_f^2}(\theta_f-\theta_0)t^2-\dfrac{2}{t_f^3}(\theta_f-\theta_0)t^3\\ \dot{\theta}(t)=\dfrac{6}{t_f^2}(\theta_f-\theta_0)t-\dfrac{6}{t_f^3}(\theta_f-\theta_0)t^2\\ \ddot{\theta}(t)=\dfrac{6}{t_f^2}(\theta_f-\theta_0)-\dfrac{12}{t_f^3}(\theta_f-\theta_0)t\end{cases}\tag{6.9}$$

即确定的三次多项式描述了起始点和终止点具有任意给定位置、速度及加速度的运动轨迹。

三次多项式插值的关节运动轨迹如图 6.11 所示，由图可知，当其速度曲线为抛物线时，相应的加速度曲线为直线。

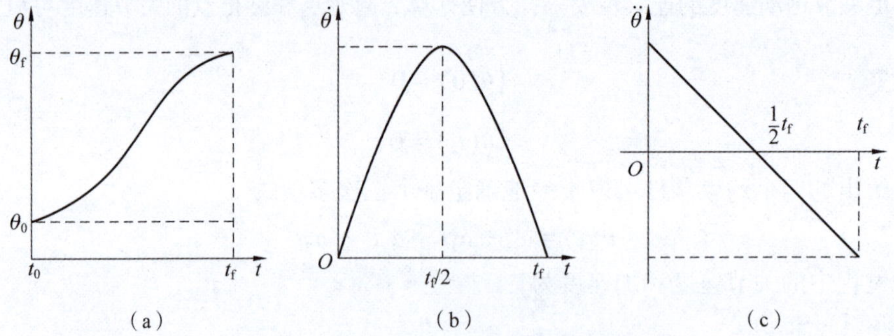

图 6.11　三次多项式插值的关节运动轨迹

(a)角位移；(b)角速度；(c)角加速度

例 6.1　设有一个旋转关节的单自由度关节机器人，当其臂部关节处于静止状态时 $\theta_0=20°$，要在 3 s 之内平稳运动到 $\theta_f=60°$停下来(即要求终止速度为 0)。规划出满足上述条件的平滑运动的轨迹，计算出第 1 s 和第 2 s 时的关节角度，并画出关节角位移、角速度及角加速度随时间变化的曲线。

解： 根据要求，两端点位置约束为

$$\begin{cases}\theta(0)=\theta_0=20° \\ \theta(t_f)=\theta_f=60°\end{cases}$$

两端点速度约束为

$$\begin{cases}\dot{\theta}(0)=\dot{\theta}_0=0 \\ \dot{\theta}(t_f)=\dot{\theta}_f=0\end{cases}$$

将约束条件代入三次多项式位置函数和速度函数，得位置条件和速度条件为

$$\theta(t_0)=a_0=20$$

$$\theta(t_f)=a_0+a_1(3)+a_2(3^2)+a_3(3^3)=60$$

$$\dot{\theta}(t_0)=a_1=0$$

$$\dot{\theta}(t_f)=a_1+2a_2(3)+3a_3(3^2)=0$$

解方程组得

$$a_0=20,\ a_1=0,\ a_2=13.33,\ a_3=-2.96$$

从而可得机器人臂部的位移、速度、加速度

位移为

$$\theta(t)=20+13.33t^2-2.96t^3$$

角速度为

$$\dot{\theta}(t)=26.66t-8.88t^2$$

角加速度为

$$\ddot{\theta}(t)=26.66-17.76t$$

将 $t=1$ s、$t=2$ s 代入 $\theta(t)=20+13.33t^2-2.96t^3$，求得第 1 s 和第 2 s 的关节角度为：$\theta(1)=30.37°$，$\theta(2)=49.64°$

三次多项式插值的关节运动轨迹如图 6.12 所示。

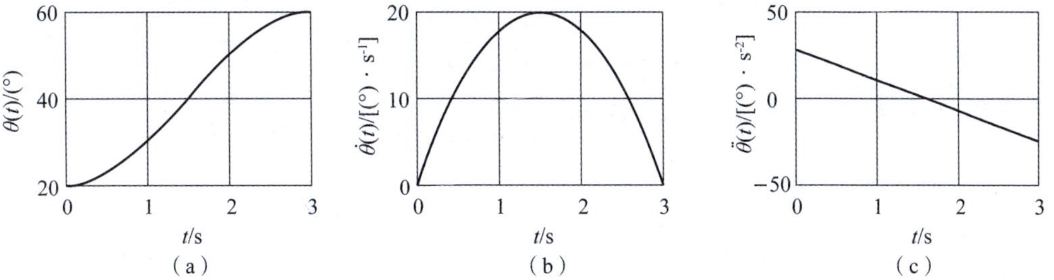

图 6.12　例 6.1 图

(a) 角位移；(b) 角速度；(c) 角加速度

2. 过路径点的三次多项式插值

若所规划的机器人作业路径在多个点上有位姿要求，如图 6.13 所示，机器人作业除在点 A、B 有位姿要求外，在路径点 C、D 也有位姿要求。对于这种情况，假如手部在路径点停留，即各路径点上速度为 0，则轨迹规划可直接使用前面介绍的三次多项式插值方法；但若手部只是经过，并不停留，则需要将前述方法推广。

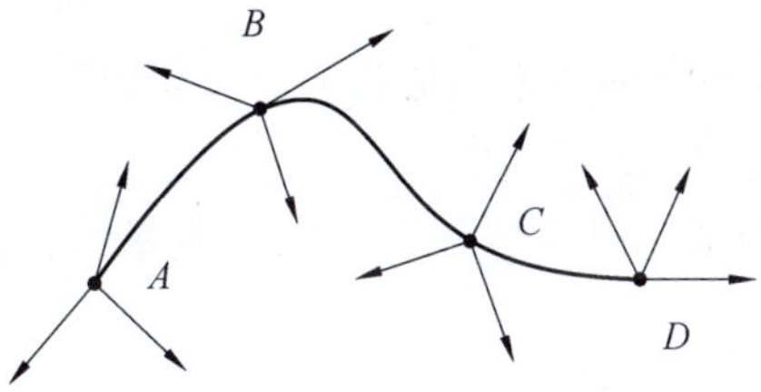

图 6.13　机器人作业路径点

对于机器人作业路径上的所有路径点，可以用求解逆运动学的方法先得到多组对应的关节空间路径点，进行轨迹规划时，把每个关节上相邻的两个路径点分别看作起始点和终止点，再确定相应的三次多项式插值函数，把路径点平滑连接起来。一般情况下，这些起始点和终止点的关节运动速度不为 0。

设路径点上的关节速度已知，在某段路径上，起始点为和 θ_0 和 $\dot{\theta}_0$，终止点为 θ_f 和 $\dot{\theta}_f$，这时，确定三次多项式系数的方法与前文所述完全一致，只是速度约束条件变为

$$\begin{cases}\dot{\theta}(0)=\dot{\theta}_0\\ \dot{\theta}(t_f)=\dot{\theta}_f\end{cases} \tag{6.10}$$

利用约束条件确定三次多项式系数，有下列方程组：

$$\begin{cases}\theta_0 = a_0 \\ \theta_f = a_0 + a_1 t_f + a_2 t_f^2 + a_3 t_f^3 \\ \dot{\theta}_0 = a_1 \\ \dot{\theta}_f = a_1 + 2a_2 t_f + 3a_3 t_f^2\end{cases} \tag{6.11}$$

求解以上方程组，即可求得三次多项式的系数为

$$\begin{cases}a_0 = \theta_0 \\ a_1 = \dot{\theta}_0 \\ a_2 = \dfrac{3}{t_f^2}(\theta_f - \theta_0) - \dfrac{2}{t_f}\dot{\theta}_0 - \dfrac{1}{t_f}\dot{\theta}_f \\ a_3 = -\dfrac{2}{t_f^3}(\theta_f - \theta_0) + \dfrac{1}{t_f^2}(\dot{\theta}_0 + \dot{\theta}_f)\end{cases} \tag{6.12}$$

实际上，由上式确定的三次多项式描述了起始点和终止点具有任意给定位置和速度的运动轨迹，是式(6.8)的推广。剩下的问题是如何确定路径点上的关节速度，可由以下三种方法规定：

(1)根据工具坐标系在直角坐标空间中的瞬时线速度和角速度来确定每个路径点的关节速度；

(2)在直角坐标空间或关节空间中采用适当的启发式方法，可由控制系统自动地选择路径点的速度；

(3)为保证每个路径点上的加速度连续，可由控制系统按此要求自动地选择路径点的速度。

3. 高阶多项式插值

如果对于运动轨迹的要求更为严格，约束条件增多，那么三次多项式就不能满足需要，必须用更高阶的多项式对运动轨迹路径段进行插值。例如，对某段路径的起始点和终止点都规定了关节的位置、速度和加速度，则要用一个五次多项式进行插值：

$$\theta(t) = a_0 + a_1 t + a_2 t^2 + a_3 t^3 + a_4 t^4 + a_5 t^5 \tag{6.13}$$

多项式系数要满足6个约束条件：

$$\begin{cases}\theta_0 = a_0 \\ \theta_f = a_0 + a_1 t_f + a_2 t_f^2 + a_3 t_f^3 + a_4 t_f^4 + a_5 t_f^5 \\ \dot{\theta}_0 = a_1 \\ \dot{\theta}_f = a_1 + 2a_2 t_f + 3a_3 t_f^2 + 4a_4 t_f^3 + 5a_5 t_f^4 \\ \ddot{\theta}_0 = 2a_2 \\ \ddot{\theta}_f = 2a_2 + 6a_3 t_f + 12a_4 t_f^2 + 20a_5 t_f^3\end{cases} \tag{6.14}$$

这些约束条件确定一个具有6个方程和6个未知数的线性方程组，通过求解得

$$
\begin{cases}
a_0 = \theta_0 \\
a_1 = \dot{\theta}_0 \\
a_2 = \dfrac{\ddot{\theta}_0}{2} \\
a_3 = \dfrac{20\theta_f - 20\theta_0 - 8(12\dot{\theta}_0 + \dot{\theta}_f)t_f - (3\ddot{\theta}_0 - \ddot{\theta}_f)t_f^2}{2t_f^3} \\
a_4 = \dfrac{30\theta_0 - 30\theta_f + (16\dot{\theta}_0 + 14\dot{\theta}_f)t_f + (3\ddot{\theta}_0 - 2\ddot{\theta}_f)t_f^2}{2t_f^4} \\
a_5 = \dfrac{12\theta_f - 12\theta_0 - 6(\dot{\theta}_0 + \dot{\theta}_f)t_f + (\ddot{\theta}_f - \ddot{\theta}_0)t_f^2}{2t_f^5}
\end{cases}
\tag{6.15}
$$

4. 用抛物线过渡的线性插值

在关节空间轨迹规划中，对于给定起始点和终止点的情况，选择线性插值较为简单，如图 6. 14 所示。然而，只有线性插值会导致起始点和终止点的关节运动速度不连续，且加速度无穷大，显然，在两端点会造成刚性冲击。为此，应对线性插值方案进行修正，在线性插值两端点的邻域内设置一段抛物线形缓冲区段。由于抛物线函数对于时间的二阶导数为常数，即相应区段内的加速度恒定，可以保证起始点和终止点的速度平滑过渡，从而使整个轨迹上的位置和速度连续。线性函数与两段抛物线函数平滑的衔接在一起形成的轨迹称为带有抛物线过渡域的线性轨迹，如图 6. 15 所示。

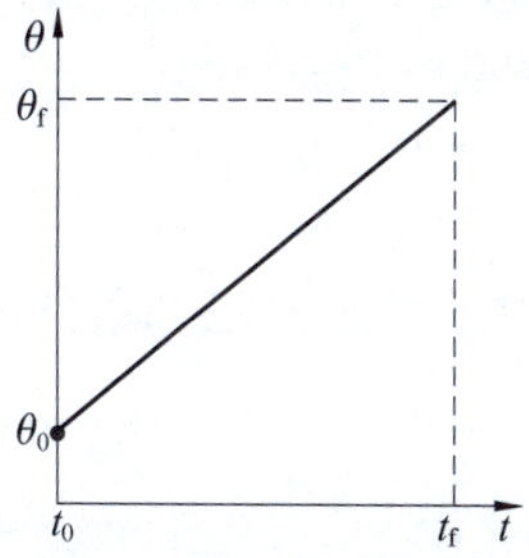

图 6. 14　两点间的线性插值轨迹

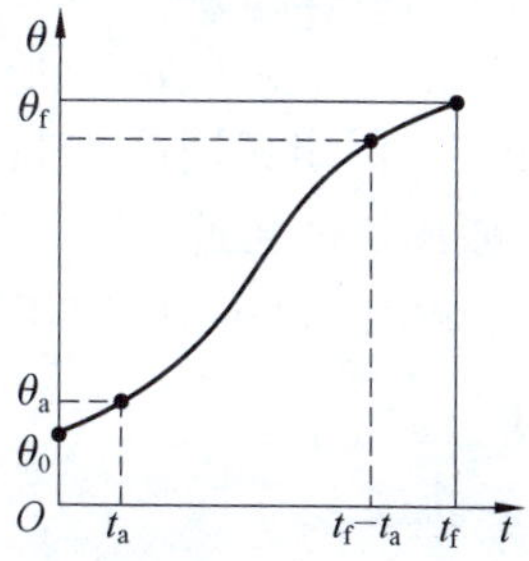

图 6. 15　带有抛物线过渡域的线性轨迹

设两端的抛物线轨迹具有相同的持续时间 t_a，具有大小相同而符号相反的恒加速度 $\ddot{\theta}$。对于这种路径规划，存在多个解，其轨迹不唯一，如图 6. 16 所示。但是，每条路径都对称于时间中点 t_h 和位置中点 θ_h。

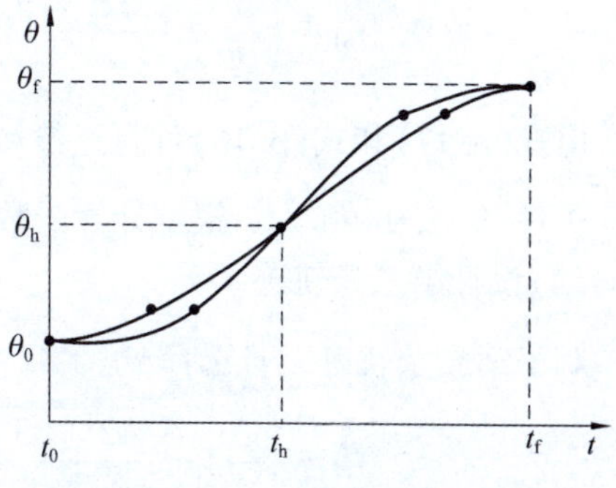

图 6. 16　轨迹的多解性与对称性

要保证路径轨迹的连续、光滑，即要求抛物线轨迹的终点速度必须等于线性段的速度，故有下列关系：

$$\ddot{\theta} t_a = \frac{\theta_h - \theta_a}{t_h - t_a} \tag{6.16}$$

式中：θ_a 为对应于抛物线持续时间 t_a 的关节角度。

θ_a 的值可以根据下式求出：

$$\theta_a = \theta_0 + \frac{1}{2}\ddot{\theta} t_a^2 \tag{6.17}$$

设关节从起始点到终止点的总运动时间为 t_f，则 $t_f = 2t_h$，并注意到

$$\theta_h = (\theta_0 + \theta_f)/2 \tag{6.18}$$

则将式(6.16)~式(6.18)联立可得

$$\ddot{\theta} t_a^2 - \ddot{\theta} t_f t_a + (\theta_f - \theta_0) = 0 \tag{6.19}$$

一般情况下，θ_0、θ_f、t_f 是已知条件，这样，根据式(6.16)可以选择相应的 $\ddot{\theta}$ 和 t_a，得到相应的轨迹。通常的做法是先选定加速度 $\ddot{\theta}$ 的值，然后按照式(6.19)求出相应的 t_a：

$$t_a = \frac{t_f}{2} - \frac{\sqrt{\ddot{\theta}^2 t_f^2 - 4\ddot{\theta}(\theta_f - \theta_0)}}{2\ddot{\theta}} \tag{6.20}$$

由式(6.20)可知，为保证 t_a 有解，加速度 $\ddot{\theta}$ 必须选得足够大，即

$$\ddot{\theta} \geqslant \frac{4(\theta_f - \theta_0)}{t_f^2} \tag{6.21}$$

当式(6.21)中的等号成立时，轨迹线性段的长度缩减为 0，整个轨迹由两个过渡域组成，这两个过渡域在衔接处的斜率(关节速度)相等；加速度 $\ddot{\theta}$ 的取值愈大，过渡域的长度会变得愈短，若加速度趋于无穷大，轨迹又回归为简单的线性插值情况。

例 6.2 θ_0、θ_f、t_f 的定义同例 6.1，若将已知条件改为 $\theta_0 = 15°$，$\theta_f = 75°$，$t_f = 3$ s，设计两条带有抛物线过渡的线性轨迹。

解：根据题意，按照式(6.21)定出加速度的取值范围，为此将已知条件代入式(6.21)中，有 $\ddot{\theta} \geqslant 26.67° \cdot s^{-2}$。

(1)设计第一条轨迹。

对于第一条轨迹，如果选取 $\ddot{\theta}_1 = 27° \cdot s^{-2}$，由式(6.20)计算过渡时间 t_{a1}，则

$$t_{a1} = \left(\frac{3}{2} - \frac{\sqrt{27^2 \times 3^2 - 4 \times 27 \times (75 - 15)}}{2 \times 27}\right) \text{s} = 1.33 \text{ s}$$

用式(6.17)和式(6.16)计算过渡域终止时关节位置 θ_{a1} 和关节速度 $\dot{\theta}_1$，得 $\theta_{a1} = 38.9°$，$\dot{\theta}_1 = \ddot{\theta}_1 t_{a1} = 35.9° \cdot s^{-1}$。根据计算的数值可以绘制图 6.17(a)所示的轨迹曲线。

(2)设计第二条轨迹。

对于第二条轨迹，若选择 $\ddot{\theta}_2 = 42° \cdot s^{-2}$，可求出

$$t_{a2} = \left(\frac{3}{2} - \frac{\sqrt{42^2 \times 3^2 - 4 \times 42 \times (75 - 15)}}{2 \times 42}\right) \text{s} = 0.59 \text{ s}$$

对于关节位置 θ_{a2} 和关节速度 $\dot{\theta}_2$，可得 $\theta_{a2} = 22.3°$，$\dot{\theta}_2 = \ddot{\theta}_2 t_{a2} = 24.8° \cdot s^{-1}$；根据计算的

数值可以绘制图 6.17(b)所示的轨迹曲线。

用抛物线过渡的线性插值进行轨迹规划的物理概念非常清楚，即如果机器人每一关节电动机采用等加速、等速和等减速运动规律，则关节的角度、角速度、角加速度随时间变化的曲线如图 6.17 所示。

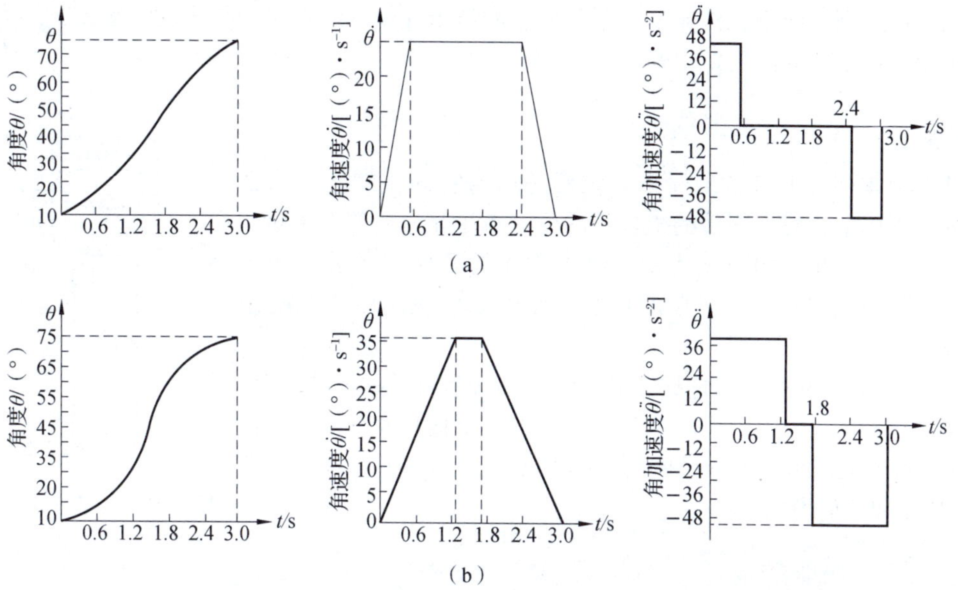

图 6.17　带有抛物线过渡的线性插值

(a)加速度较大时的曲线；(b)加速度较小时的曲线

若某个关节的运动要经过一个路径点，则可采用多段带有抛物线过渡域的线性轨迹方案。如图 6.18 所示，某个关节在运动中设有 n 个路径点，关节的运动要经过一组路径点，用关节角度 θ_i、θ_j 和 θ_k、θ_l 表示其中三个相邻的路径点，以线性函数将每两个相邻路径点相连，而所有路径点附近都采用抛物线过渡。在点 k 的过渡域的持续时间为 t_k；点 j 和点 k 之间线性域的持续时间为 t_{jk}；连接点 j 与 k 的路径段的全部持续时间为 t_{djk}。另外，点 j 与 k 之间的线性域速度(图中的斜率)为 $\dot{\theta}_{jk}$，点 j 过渡域的加速度为 $\ddot{\theta}_j$。

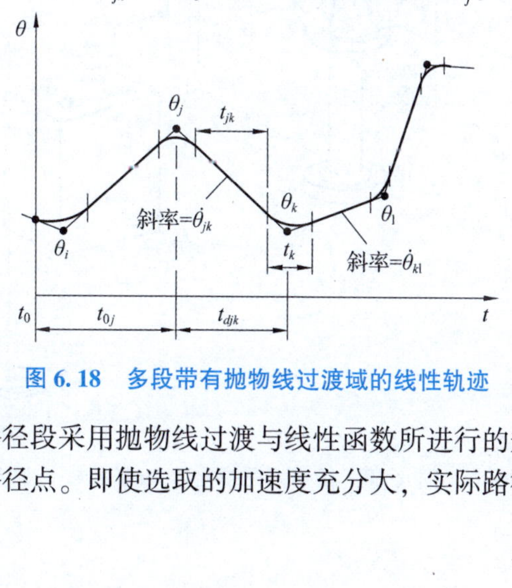

图 6.18　多段带有抛物线过渡域的线性轨迹

应该注意到：在各路径段采用抛物线过渡与线性函数所进行的规划中，机器人的运动关节并不能真正到达那些路径点。即使选取的加速度充分大，实际路径也只是十分接近理想路径点，如图 6.18 所示。

6.4 笛卡儿路径轨迹规划

在轨迹规划系统中，作业是用手部位姿的笛卡儿坐标结点序列规定的。因此，结点指的是表示手部位姿的齐次变换矩阵。

6.4.1 操作对象的描述

任一刚体相对于参考坐标系的位姿是用与它固接的坐标系来描述的。刚体上相对于固接的坐标系的任一点用相应的位置矢量 $\boldsymbol{P}$ 表示，任一方向用方向余弦表示。给出物体的几何图形及固接坐标系后，只要规定固接坐标系的位姿，便可重构该刚体在空间中的位姿。

例如，图 6.19 所示的螺栓，其轴线与固接坐标系的 z 轴重合。螺栓头部直径为 32 mm，中心取为坐标原点，螺栓长 80 mm，直径 20 mm，则可根据固接坐标系的位姿重构螺栓在空间(相对于参考系)的位姿和几何形状。

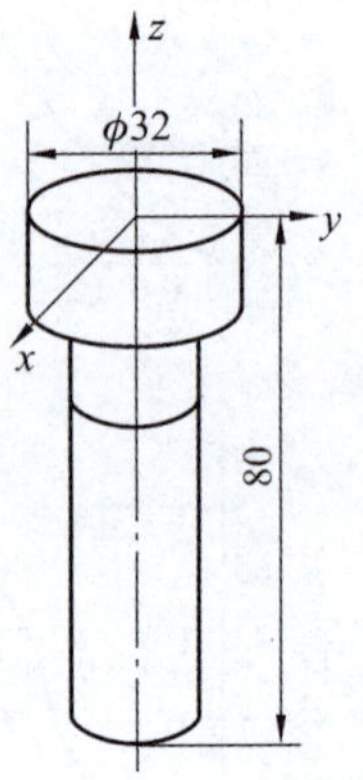

图 6.19 操作对象的描述

6.4.2 作业的描述

机器人的作业过程可用手部位姿结点序列来规定，每个结点是由工具坐标系相对于作业坐标系的齐次变换来描述的。相应关节变量可用运动学反解程序计算。

例如，要求机器人按直线运动，把螺栓从槽中取出并放入托架的一个孔中，如图 6.20 所示。

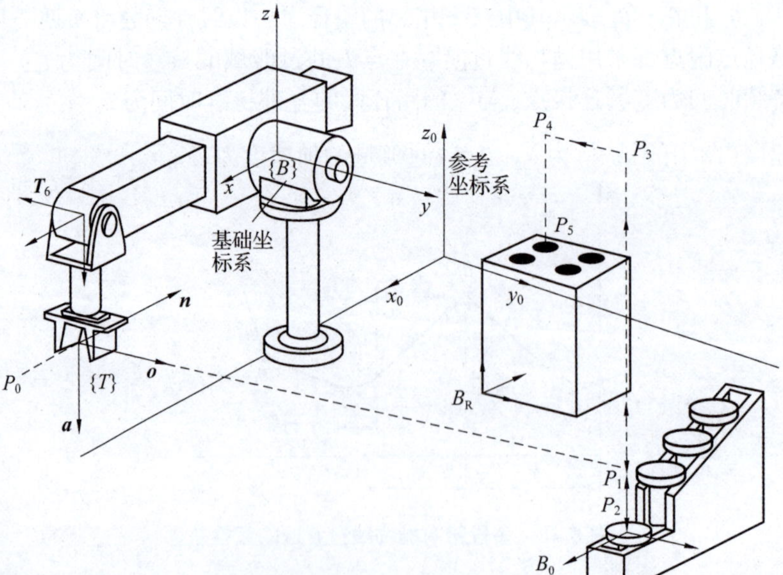

图 6.20 机器人插螺栓作业的轨迹

用符号表示沿直线运动的各结点的位姿，使机器人能沿虚线运动并完成作业。令 $P_i(i=0, 1, \cdots, 5)$ 为手部必须经过的直角坐标结点。参照这些结点的位姿将作业描述为表 6.3 所示的手部的一连串运动。

表 6.3　螺栓的抓取和插入过程

结点	P_0	P_1	P_2	P_2	P_3	P_4	P_5	P_5	P_i
运动	INIT	MOVE	MOVE	GRASP	MOVE	MOVE	MOVE	RELEASE	MOVE
目标	原始	接近螺栓	到达	抓住	提升	接近托架	放入孔中	松夹	移开

一个结点 P_i 对应一个变换方程，从而解出相应的机械手的变换矩阵 ${}^0_6\boldsymbol{T}$。由此得到作业描述的基本结构：作业结点 P_i 对应机械手变换矩阵 ${}^0_6\boldsymbol{T}$，从一个变换到另一变换通过机械手运动实现。

3. 两个结点之间的“直线”运动

机械手在进行作业时，手部的位姿可用一系列结点 P_i 来表示。因此，在直角坐标空间中进行轨迹规划的首要问题是由两结点 P_i 和 P_{i+1} 所定义的路径起点和终点之间，如何生成一系列中间点。两结点之间最简单的路径是在空间的一条直线移动和绕某定轴的转动。若给定运动时间，则可以产生一个使线速度和角速度受控的运动。如图 6.20 所示，要生成从结点 P_0（原位）运动到 P_i（接近螺栓）的轨迹，一般地，从一结点 P_i 到下一结点 P_{i+1} 的运动可表示为从

$$ {}^0_6\boldsymbol{T}={}^0_B\boldsymbol{T}^B\boldsymbol{P}_i\,{}^6_E\boldsymbol{T}^{-1} \tag{6.22}$$

到

$$ {}^0_6\boldsymbol{T}={}^0_B\boldsymbol{T}^B\boldsymbol{P}_{i+1}\,{}^6_E\boldsymbol{T}^{-1} \tag{6.23}$$

的运动。其中 ${}^6_E\boldsymbol{T}$ 是工具坐标系 $\{T\}$ 相对于末端连杆系 $\{6\}$ 的变换；${}^B\boldsymbol{P}_i$ 和 ${}^B\boldsymbol{P}_{i+1}$ 分别为两个结点 P_i 和 P_{i+1} 相对于坐标系 $\{B\}$ 的齐次变换。如果起始点 P_i 是相对于另一坐标系 $\{A\}$ 描述的，那么可以通过变换过程得到

$$ {}^B\boldsymbol{P}_i={}^0_B\boldsymbol{T}^{-1}\,{}^0_A\boldsymbol{T}^A\boldsymbol{P}_i \tag{6.24}$$

基于式(6.22)和式(6.23)，则从结点 P_i 到 P_{i+1} 的运动可由驱动变换 $\boldsymbol{D}(\lambda)$ 来表示为

$$ {}^0_6\boldsymbol{T}(\lambda)={}^0_B\boldsymbol{T}^B\boldsymbol{P}_i\boldsymbol{D}(\lambda)\,{}^6_E\boldsymbol{T}^{-1} \tag{6.25}$$

式中：驱动变换 $\boldsymbol{D}(\lambda)$ 是归一化时间 λ 的函数，$\lambda=t/T$，$\lambda\in[0, 1]$，t 为自运动开始算起的实际时间，T 为走过该轨迹段的总时间。

在结点 P_i，实际时间 $t=0$，因此 $\lambda=0$，$\boldsymbol{D}(0)$ 是 4×4 的单位矩阵，因而式(6.25)与式(6.22)相同。

在结点 P_{i+1}，$t=T$，$\lambda=1$ 时，有

$$ {}^B\boldsymbol{P}_i\boldsymbol{D}(1)={}^B\boldsymbol{P}_{i+1}$$

式(6.25)与式(6.23)相同，因此得

$$ {}^B\boldsymbol{P}_i\boldsymbol{D}(1)={}^B\boldsymbol{P}_i^{-1\,B}\boldsymbol{P}_{i+1} \tag{6.26}$$

可将手部从一个结点 P_i 到下一个结点 P_{i+1} 的运动看成与手部固结的坐标系的运动。在前面的知识中，规定手部坐标系的三个坐标轴用 $\boldsymbol{n}$、$\boldsymbol{o}$ 和 $\boldsymbol{a}$ 表示，坐标原点用 $\boldsymbol{p}$ 表示。

因此，结点 P_i 和 P_{i+1} 相对于目标坐标系 $\{B\}$ 的描述可用相应的齐次变换矩阵来表示，即

$$
{}^{B}\boldsymbol{P}_i=\begin{bmatrix}\boldsymbol{n}_i & \boldsymbol{o}_i & \boldsymbol{a}_i & \boldsymbol{p}_i\\ 0 & 0 & 0 & 1\end{bmatrix}=\begin{bmatrix}n_{i_x} & o_{i_x} & a_{i_x} & p_{i_x}\\ n_{i_y} & o_{i_y} & a_{i_y} & p_{i_y}\\ n_{i_z} & o_{i_z} & a_{i_z} & p_{i_z}\\ 0 & 0 & 0 & 1\end{bmatrix}
$$

$$
{}^{B}\boldsymbol{P}_{i+1}=\begin{bmatrix}\boldsymbol{n}_{i+1} & \boldsymbol{o}_{i+1} & \boldsymbol{a}_{i+1} & \boldsymbol{p}_{i+1}\\ 0 & 0 & 0 & 1\end{bmatrix}=\begin{bmatrix}n_{(i+1)_x} & o_{(i+1)_x} & a_{(i+1)_x} & p_{(i+1)_x}\\ n_{(i+1)_y} & o_{(i+1)_y} & a_{(i+1)_y} & p_{(i+1)_y}\\ n_{(i+1)_z} & o_{(i+1)_z} & a_{(i+1)_z} & p_{(i+1)_z}\\ 0 & 0 & 0 & 1\end{bmatrix}
$$

一般情况下，已知变换矩阵 $\boldsymbol{T}$ 为

$$
\boldsymbol{T}=\begin{bmatrix}n_x & o_x & a_x & p_x\\ n_y & o_y & a_y & p_y\\ n_z & o_z & a_z & p_z\\ 0 & 0 & 0 & 1\end{bmatrix}
$$

则其逆矩阵为

$$
\boldsymbol{T}^{-1}=\begin{bmatrix}n_x & o_x & a_x & -\boldsymbol{p}\cdot\boldsymbol{n}\\ n_y & o_y & a_y & -\boldsymbol{p}\cdot\boldsymbol{o}\\ n_z & o_z & a_z & -\boldsymbol{p}\cdot\boldsymbol{a}\\ 0 & 0 & 0 & 1\end{bmatrix} \tag{6.27}
$$

式中：$\boldsymbol{n}$、$\boldsymbol{o}$、$\boldsymbol{a}$ 和 $\boldsymbol{p}$ 是四个列矢量。

利用矩阵求逆公式(6.26)求出 ${}^{B}\boldsymbol{P}_i^{-1}$，再右乘 ${}^{B}\boldsymbol{P}_{i+1}$，则得

$$
\boldsymbol{D}(1)=\begin{bmatrix}\boldsymbol{n}_i\boldsymbol{n}_{i+1} & \boldsymbol{n}_i\boldsymbol{o}_{i+1} & \boldsymbol{n}_i\boldsymbol{a}_{i+1} & \boldsymbol{n}_i(\boldsymbol{p}_{i+1}-\boldsymbol{p}_i)\\ \boldsymbol{o}_i\boldsymbol{n}_{i+1} & \boldsymbol{o}_i\boldsymbol{o}_{i+1} & \boldsymbol{o}_i\boldsymbol{a}_{i+1} & \boldsymbol{o}_i(\boldsymbol{p}_{i+1}-\boldsymbol{p}_i)\\ \boldsymbol{a}_i\boldsymbol{n}_{i+1} & \boldsymbol{a}_i\boldsymbol{o}_{i+1} & \boldsymbol{a}_i\boldsymbol{a}_{i+1} & \boldsymbol{a}_i(\boldsymbol{p}_{i+1}-\boldsymbol{p}_i)\\ 0 & 0 & 0 & 1\end{bmatrix}
$$

工具坐标系从结点 P_i 到 P_{i+1} 的运动可分解为一个平移运动和两个旋转运动：第一个转动使工具轴线与预期的接近方向 $\boldsymbol{a}$ 对准；第二个转动是绕工具轴线($\boldsymbol{a}$)转动，使方向矢量 $\boldsymbol{o}$ 对准。则驱动变换 $\boldsymbol{D}(\lambda)$ 由一个平移运动和两个旋转运动构成，即

$$
\boldsymbol{D}(\lambda)=\boldsymbol{L}(\lambda)\boldsymbol{R}_a(\lambda)\boldsymbol{R}_o(\lambda) \tag{6.28}
$$

式中：$\boldsymbol{L}(\lambda)$ 是表示平移运动的齐次变换，其作用是把结点 P_i 的坐标原点沿直线运动到 P_{i+1} 的原点；第一个转动用齐次变换 $\boldsymbol{R}_a(\lambda)$ 表示，其作用是将 P_i 的接近矢量 $\boldsymbol{a}_i$，转向 P_{i+1} 的接近矢量 $\boldsymbol{a}_{i+1}$；第二个转动用齐次变换 $\boldsymbol{R}_o(\lambda)$ 表示，其作用是将 P_i 的方向矢量 $\boldsymbol{o}_i$，转向 P_{i+1} 的方向矢量 $\boldsymbol{o}_{i+1}$：

$$
\boldsymbol{L}(\lambda)=\begin{bmatrix}1 & 0 & 0 & \lambda x\\ 0 & 1 & 0 & \lambda y\\ 0 & 0 & 1 & \lambda z\\ 0 & 0 & 0 & 1\end{bmatrix} \tag{6.29}
$$

$$
R_a(\lambda)=\begin{bmatrix} s^2\psi v(\lambda\theta)+c(\lambda\theta) & -s\psi c\psi v(\lambda\theta) & c\psi c(\lambda\theta) & 0 \\ -s\psi c\psi v(\lambda\theta) & c^2\psi v(\lambda\theta)+c(\lambda\theta) & s\psi s(\lambda\theta) & 0 \\ -c\psi s(\lambda\theta) & -s\psi s(\lambda\theta) & c(\lambda\theta) & 0 \\ 0 & 0 & 0 & 1 \end{bmatrix} \tag{6.30}
$$

$$
R_o(\lambda)=\begin{bmatrix} c(\lambda\varphi) & -s(\lambda\varphi) & 0 & 0 \\ s(\lambda\varphi) & c(\lambda\varphi) & 0 & 0 \\ 0 & 0 & 1 & 0 \\ 0 & 0 & 0 & 1 \end{bmatrix} \tag{6.31}
$$

式中：$v(\lambda\theta)=\mathrm{vers}(\lambda\theta)=1-\cos(\lambda\theta)$；$c(\lambda\theta)=\cos(\lambda\theta)$；$s(\lambda\theta)=\sin(\lambda\theta)$；$c(\lambda\varphi)=\cos(\lambda\varphi)$；$s(\lambda\varphi)=\sin(\lambda\varphi)$；$\lambda\in[0,1]$。

旋转变换 $R_a(\lambda)$ 表示绕矢量 $\boldsymbol{k}$ 转动 θ 角，而矢量 $\boldsymbol{k}$ 是 P_i 的 y 轴绕其 z 轴转过 ψ 角得到的，即

$$
\boldsymbol{k}=\begin{bmatrix} -s\psi \\ c\psi \\ 0 \\ 1 \end{bmatrix}=\begin{bmatrix} c\psi & -s\psi & 0 & 0 \\ s\psi & c\psi & 0 & 0 \\ 0 & 0 & 1 & 0 \\ 0 & 0 & 0 & 1 \end{bmatrix}\begin{bmatrix} 0 \\ 1 \\ 0 \\ 1 \end{bmatrix}
$$

根据旋转变换通式，即可得到式(6.30)。旋转变换 $R_o(\lambda)$ 表示绕接近矢量 $\boldsymbol{a}$ 旋转 φ 角的变换矩阵。显然，平移量 λx、λy、λz 和转动量 $\lambda\theta$ 和 $\lambda\varphi$ 与 λ 成正比。若 λ 随时间线性变化，则 $D(\lambda)$ 所代表的合成运动将是一个恒速移动和两个恒速转动的复合运动。

将矩阵式(6.29)~式(6.31)相乘，代入式(6.28)，得

$$
D(\lambda)=\begin{bmatrix} d\boldsymbol{n} & d\boldsymbol{o} & d\boldsymbol{a} & d\boldsymbol{p} \\ 0 & 0 & 0 & 1 \end{bmatrix} \tag{6.32}
$$

式中：

$$
d\boldsymbol{o}=\begin{bmatrix} -s(\lambda\varphi)[s^2\psi v(\lambda\theta)+c(\lambda\theta)]+c(\lambda\varphi)[-s\psi c\psi v(\lambda\theta)]- \\ s(\lambda\varphi)[-s\psi c\psi v(\lambda\varphi)]+c(\lambda\varphi)[c^2\varphi v(\lambda\theta)+c(\lambda\theta)]- \\ s(\lambda\theta)[-c\psi s(\lambda\theta)]+c(\lambda\varphi)[-s\psi s(\lambda\theta)] \end{bmatrix}
$$

$$
d\boldsymbol{a}=\begin{bmatrix} c\psi s(\lambda\theta) \\ s\psi s(\lambda\theta) \\ c(\lambda\theta) \end{bmatrix},\quad d\boldsymbol{p}=\begin{bmatrix} \lambda x \\ \lambda y \\ \lambda z \end{bmatrix},\quad d\boldsymbol{n}=d\boldsymbol{o}\times d\boldsymbol{a}
$$

通过利用驱动变换 $D(\lambda)$ 来控制一个移动和两个转动生成两结点之间的“直线”运动[式(6.25)]的轨迹。

6.5　本章小结

本章讨论了属于底层规划的机器人轨迹规划问题，它是在机械运动学和动力学的基础上，研究关节空间和操作空间中机器人运动的轨迹规划和轨迹生成方法。在阐明轨迹规划应考虑的问题之后，介绍了不同的插值计算方法，着重讨论了关节空间轨迹的插值计算方法和操作空间路径轨迹规划方法。

习 题

1. 什么是轨迹规划？简述机器人轨迹规划的方法并说明其特点。

2. 设一个机器人具有6个转动关节，其关节运动按三次多项式规划，要求经过两个中间路径点后停在目标位置，试问欲描述该机器人关节运动，共需要多少个独立三次多项式？确定这些三次多项式，需要多少个系数？

3. 机器人的一个旋转关节运动，当机器人臂部关节处于静止状态时 $\theta_0=20°$，要在4 s内平稳运动到 $\theta_f=60°$ 停下来。

(1)试根据上述要求应用三次多项式插值规划该关节的平滑运动轨迹函数，并画出关节轨迹函数随时间变化的曲线。

(2)将关节按照抛物线过渡的线性插值方式规划。

4. 对于机器人某关节，要求5 s内从静止状态 $\theta_0=30°$ 运动到终止状态 $\theta_f=75°$，且已知起始与终止加速度均为 $5°\cdot s^{-2}$，试根据上述要求，应用五次多项式规划该关节的角度、角速度及角加速度函数。

5. 在[0, 2]时间区间内，使用一条三次样条曲线轨迹 $\theta(t)=10+9t^2-6t^3$。试求解该轨迹实物起始点和终止点的角度、角速度和角加速度。

6. 在[0, 1]时间区间内，使用一条五次样条曲线轨迹 $\theta(t)=10+9t^2-6t^3+20t^4-5t^5$。试求解该轨迹实物起始点和终止点的角度、角速度和角加速度。

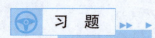

第 7 章 机器人控制

本章将讨论机器人机械手的控制问题，设计与选择可靠又适用的机器人机械手控制器，并使机械手按规定的轨迹进行运动，以满足控制要求。控制系统主要对机器人工作过程中的动作顺序、应到达的位置及姿态、路径轨迹及规划、动作时间间隔以及手部施加在被作用物上的力和力矩等进行控制。控制系统中涉及传感技术、驱动技术、控制理论和控制算法。首先介绍机器人的控制特点、控制方式的分类以及机器人的基本控制原则，然后对机器人的传感器进行介绍，最后分别介绍与分析机器人的位置控制、力和位置混合控制、分解运动控制等。

7.1 机器人控制概述

7.1.1 机器人控制特点

从控制特点看，机器人控制系统代表冗余的、多变量和本质上非线性的控制系统，同时又是复杂的耦合动态系统，具体体现在以下几个方面。

(1)机器人控制系统本质上是一个非线性系统。机器人控制系统是由多关节组成的一个多变量控制系统，且各关节间具有耦合作用。

(2)机器人包含多个自由度，每个自由度均包含一个伺服机构，在控制过程中，各个关节必须协调运动，组成一个多变量的控制系统。

(3)机器人控制系统与运动学、动力学密切相关，在实现过程中，常常需要求解正运动学问题和逆运动学问题，同时需要考虑机器人自身重力、惯性力、科氏力以及向心力等的影响。

(4)机器人的动作往往可以通过不同的方式和路径来完成，因此存在一个“最优解”的问题。

(5)把多个独立的伺服系统有机地协调起来，使其按照人的意志行动，甚至赋予机器人一定的“智能”，这个任务只能由计算机来完成。

(6)具有较高的重复定位精度，系统的刚性要好，位置无超调，动态响应尽量快以及需采用加(减)速控制。

因此，工业机器人控制系统是一个与运动学、动力学密切相关的，有耦合的、非线性的多变量控制系统。

7.1.2 机器人控制方式

机器人控制方式的选择是由机器人所执行的任务决定的，不同类型的机器人应选择不同的控制方式。工业机器人控制的分类没有统一的标准，若按运动坐标控制的方式不同，可分为直角坐标空间运动控制、关节空间运动控制；若按控制系统对工作环境变化的适应程度不同，可分为程序控制系统、适应性控制系统、人工智能控制系统；若按同时控制机器人数目不同，可分为单控系统、群控系统。

除此之外，通常还按运动控制方式的不同，将机器人控制方式划分为位置控制、速度控制、力(矩)控制(包括力和位置混合控制)和智能控制四类。下面按照这种分类方法，对工业机器人控制方式进行介绍。

1. 位置控制

工业机器人位置控制又分为点位控制和连续轨迹控制两类。

1)点位控制

这类运动控制方式的特点是仅控制离散点上工业机器人手爪或工具的位姿，要求尽快而无超调地实现相邻点之间的运动，但对相邻点之间的运动轨迹一般不进行具体规定。点位控制的主要技术指标是定位精度和完成运动所需的时间。例如，在印制电路板上进行安插元件、点焊、搬运和上下料等工作，都采用点位控制方式。

2)连续轨迹控制

这类运动控制方式的特点是连续控制工业机器人手部的位姿轨迹，要求机器人手部按照示教的轨迹进行运动。控制方式类似于自动控制原理中的跟踪控制系统。连续轨迹控制的技术指标是轨迹精度和平稳性。例如，在弧焊、喷漆、切割等场所的工业机器人控制，均属于这一类。

2. 速度控制

对工业机器人的运动控制方式来说，在位置控制的同时，往往还要进行速度控制。在连续轨迹控制的情况下，工业机器人按照预定的命令，控制运动部件的速度，实现加(减)速，以满足运动平稳、定位准确的要求。

为了实现这一要求，机器人的行程要遵循一定的速度变化曲线。由于工业机器人是一种工作情况(行程负载)多变、惯性负载较大的运动机械，要处理好快速与平稳之间的矛盾，就必须控制启动加速、停止前的减速以及路径段之间的速度平滑过渡。

3. 力(矩)控制

在进行装配或抓取物体等作业时，工业机器人手部与环境或作业对象表面接触。除要求准确定位之外，还要求使用适度的力或力矩进行工作，这时就要采取力(矩)控制。力(矩)控制是对位置控制的补充，这种方式的控制原理与位置伺服控制原理也基本相同，只不过输入量和反馈量不只是位置信号，还有力(矩)信号，因此，系统中有力(矩)传感器。有时也利用接近、滑动等功能进行适应式控制。

4. 智能控制

机器人的智能控制通过传感器获得周围环境的信息，并根据自身内部的知识库做出相应的决策。智能控制技术使机器人具有较强的环境适应性及自学习能力，注重自主控制。其发展有赖于近年来人工神经网络、基因算法、遗传算法、专家系统等人工智能的迅速发展。

7.1.3　机器人基本控制原则

1. 主要控制变量

对于一台机器人，如果要教机器人去抓起工件 A，就必须知道手部（如夹手）在任何时刻相对于 A 的状态，包括位置、姿态和开闭状态等。工件 A 的位置是由它所在工作台的一组坐标轴给出的。这组坐标轴叫作任务轴（R_0）。手部的状态是由这组坐标轴的许多数值或参数表示的，而这些参数是矢量 $\boldsymbol{X}$ 的分量。要控制矢量 $\boldsymbol{X}$ 随时间变化的情况，即控制 $\boldsymbol{X}(t)$，它表示手部在空间的实时位置。只有当关节从 θ_1 至 θ_n 最后一个关节移动时，$\boldsymbol{X}$ 才变化。我们用矢量 $\boldsymbol{\Theta}(t)$ 来表示关节变量。

各关节在力矩 C_1 至 C_n 作用下运动，这些力矩构成矢量 $\boldsymbol{C}(t)$。矢量 $\boldsymbol{C}(t)$ 由各传动电动机的力矩矢量 $\boldsymbol{T}(t)$ 经过变速机送到各个关节。这些电动机在电流或电压矢量 $\boldsymbol{V}(t)$ 所提供的动力作用下，在一台或多台微处理器的控制下，产生力矩 $\boldsymbol{T}(t)$。对一台机器人的控制，本质上就是对图 7.1 中双向方程式的控制。

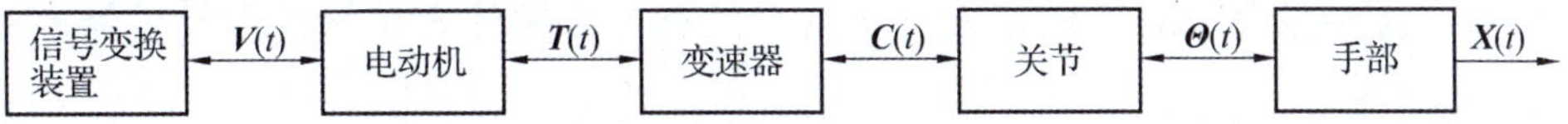

图 7.1　机器人的控制方程

2. 主要控制层次

如图 7.2 所示。机器人主要控制层次分为三个控制级，即人工智能级、控制模式级和伺服系统级。现对它们进一步讨论如下。

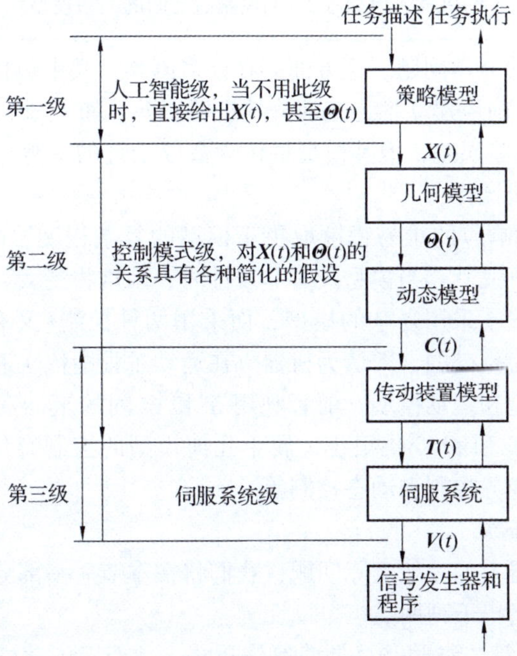

图 7.2　机器人主要控制层次

1)第一级：人工智能级

如果命令一台机器人去“把工件 A 取过来!”，那么如何执行这个任务呢？首先必须确定，该命令的成功执行至少是由于机器人能为该指令产生矢量 $\boldsymbol{X}(t)$。$\boldsymbol{X}(t)$ 表示手部相对工件 A 的运动。

表示机器人所具有的指令和产生矢量 $\boldsymbol{X}(t)$ 以及这两者间的关系，是建立第一级(最高级)控制的工作。它包括与人工智能有关的所有可能问题，如词汇和自然语言理解、规划的产生以及任务描述等。

这一级仍处于研究阶段，其目前在工业机器人上的应用仍不够多，还有许多实际问题有待解决。

2)第二级：控制模式级

控制模式级能够建立起这一级的 $\boldsymbol{X}(t)$ 和 $\boldsymbol{T}(t)$ 之间的双向关系。必须注意到，有多种可供采用的控制模式。这是因为存在下列关系：

$$\boldsymbol{X}(t)\leftrightarrow\boldsymbol{\Theta}(t)\leftrightarrow\boldsymbol{C}(t)\leftrightarrow\boldsymbol{T}(t) \tag{7.1}$$

在实际中会提出各种不同的问题，因此，要得到一个满意的方法，所提出的假设可能是极不相同的。这些假设取决于操作人员所具有的有关课题的知识深度以及机器人的应用场合。

考虑式(7.1)，式中四个矢量之间的关系可建立四种模型，如表 7.1 所示。

表 7.1　四个矢量可建立的模型

矢量	$\boldsymbol{T}(t)$	$\boldsymbol{C}(t)$	$\boldsymbol{\Theta}(t)$	$\boldsymbol{X}(t)$
可建立的模型	传动装置模型	关节式机械系统的机器人模型	任务空间内的关节变量与被控制值之间的关系模型	实际空间内的机器人模型

第一个问题是系统动力学问题。这方面存在许多困难，其中包括：

(1)无法知道如何正确地建立各连接部分的机械误差，如干摩擦和关节的挠性等；

(2)即使能够考虑这些误差，但其模型将包含数以千计的参数，处理机将无法以适当的速度执行所有必需的在线操作；

(3)控制对模型变换响应的难易程度取决于模型的复杂程度，毫无疑问，模型越复杂，对模型的变换就越困难，尤其是当模型具有非线性时，困难将更大。

因此，在工业上一般不采用复杂的模型，而采用两种控制(又有很多变种)模型。这些控制模型是以稳态理论为基础的，即认为机器人在运动过程中依次通过一些平衡状态。这两种模型分别称为几何模型和运动模型。前者利用 $\boldsymbol{X}$ 和 $\boldsymbol{\Theta}$ 间的坐标变换，后者则对几何模型进行线性处理，并假定 $\boldsymbol{X}$ 和 $\boldsymbol{\Theta}$ 变化很小。属于几何模型的控制有位置控制和速度控制等；属于运动模型的控制有变分控制和动态控制等。

3)第三级：伺服系统级

第三级所关心是机器人的一般实际问题，我们将在本节后一部分举例介绍机器人的伺服控制系统。在此，必须指出下列两点。

(1)控制的第一级和第二级并非总是截然分开的。是否把传动机构和减速齿轮包括在第二级，更是一个问题。这个问题涉及下列问题：

$$\boldsymbol{V}\leftrightarrow\boldsymbol{T}$$

或

$$V \leftrightarrow T \leftrightarrow C$$

当前的趋势是研究具有组合减速齿轮的电动机，它能直接安装在机器人的关节上。不过，这样做又会产生惯性力矩和减速比的问题。这是需要进一步解决的。

(2)一般的伺服系统是模拟系统，它们逐渐被数字控制伺服系统所代替。

7.1.4 伺服控制系统举例

对于直流电动机的伺服控制，我们将在后文中仔细讨论。这里只对液压伺服控制系统加以分析。

液压传动机器人具有结构简单、机械强度高和速度快等优点。这种机器人一般采用液压伺服控制阀和模拟分解器实现控制和反馈。一些最新的液压伺服控制系统还应用数字译码器和感觉反馈控制装置，因而其精度和重复性通常与电气传动机器人相似。

当在伺服控制阀内采用伺服电动机时，就构成电-液压伺服控制系统。

下面分析两个液压伺服控制系统，简要分析其数学模型。

1. 液压缸伺服传动系统

采用液压缸作为系统的动力元件时，能够省去中间动力减速器，从而消除齿隙和磨损问题，加上液压缸的结构简单、价格比较便宜，因而它在工业机器人机械手的往复运动装置和旋转运动装置上都得到了广泛应用。

为了控制液压缸或液压马达，在机器人传动系统中使用转动惯量小的液压滑阀。应用在电-液压随动系统中的滑阀装有正比于电信号的位移量电-机变换器。图 7.3 所示为液压缸伺服传动系统结构，其中，机器人的执行机构由带滑阀的液压缸带动，并用放大器控制滑阀。放大器输入端的控制信号由三个信号叠加而成。主反馈回路(外环)由位移传感器把位移反馈信号送至比较元件，与给定位置信号比较后得到误差信号，经校正后，再与另两个反馈信号比较。第二个反馈信号是由速度反馈回路(速度环)取得的，它包括速度传感器和校正元件。第三个反馈信号是加速度反馈，它是由液压缸中的压力传感器和校正元件实现的。

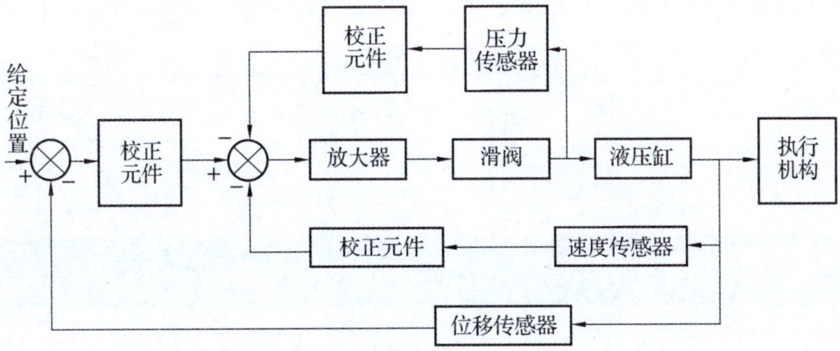

图 7.3 液压缸伺服传动系统结构

2. 电-液压伺服控制系统

当采用力矩伺服电动机作为位移给定元件时，就得到电-液伺服控制系统，其方框图如图 7.4 所示。

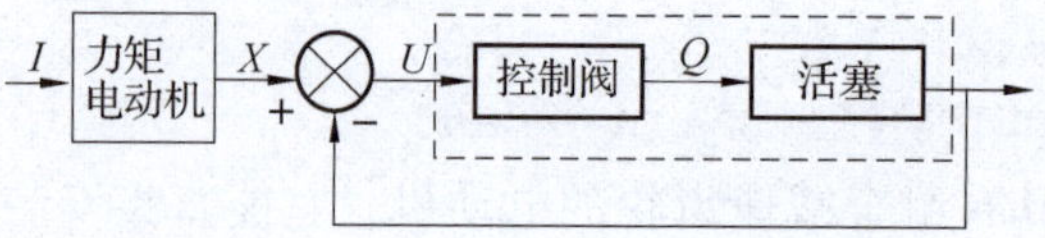

图 7.4　电-液伺服控制系统的方框图

在图 7.4 中，控制电流 I 与配油器输入信号的关系可由下列传递函数表示：

$$T_1(s)=\frac{U(s)}{I(s)}=\frac{k_1}{1+2\xi_1\dfrac{s}{\omega_1}+\dfrac{s^2}{\omega_1}} \tag{7.2}$$

式中：k_1 为增益；ξ_1 为阻尼系数，$\xi_1\to 1$；ω_1 为自然振荡角频率。

同样可得活塞位移 X 与配油器输入信号(位移误差信号)间的关系为

$$T_2(s)=\frac{X(s)}{U(s)}=\frac{k_2}{s\left(1+2\xi_2\dfrac{s}{\omega_2}+\dfrac{s^2}{\omega_2}\right)} \tag{7.3}$$

式中：k_2 为增益；ξ_2 为阻尼系数；ω_2 为自然振荡角频率。

根据式(7.2)、式(7.3)和图 7.4 可得到系统的传递函数：

$$\begin{aligned}T(s)&=\frac{X(s)}{I(s)}=\frac{T_2(s)}{1+T_1(s)T_2(s)}\\&=\frac{k_1k_2}{s\left(1+2\xi_1\dfrac{s}{\omega_1}+\dfrac{s^2}{\omega_1}\right)\left(1+2\xi_2\dfrac{s}{\omega_2}+\dfrac{s^2}{\omega_2}\right)+1}\end{aligned} \tag{7.4}$$

当采用力矩电动机作为位移给定元件时：

$$T'_1(s)=\frac{X_c(s)}{I(s)}=\frac{k'_1}{\tau_1 s+1} \tag{7.5}$$

式中：k'_1 为增益；τ_1 为时间常数。

当 τ_1 很小而又可以忽略时，式(7.5)可简化为 $T'_1(s)=k'_1$，这样，式(7.4)也被简化为

$$T(s)=\frac{k'_1k_2}{s\left(1+2\xi_2\dfrac{s}{\omega_2}+\dfrac{s^2}{\omega_2}\right)+1} \tag{7.6}$$

7.2　机器人传感器

7.2.1　机器人传感器的特点和要求

1. 机器人传感器的种类

传感器是一种以一定精度将被测量(如位移、力、加速度、温度等)变换为有确定对应关系的、易于精确处理和测量的某种电信号(如电压、电流和频率)的检测部件或装置，通常由敏感元件、转换元件、转换电路和辅助电源四部分组成。敏感元件的基本功能是将某种

不便测量的物理量转换为易于测量的物理量，转换元件与敏感元件一起构成传感器的结构部分，而基本转换电路将敏感元件产生的易测量小信号进行变换，使传感器的信号输出符合具体工业系统的要求(如 4~20 mA、-5~5V)。

机器人传感器除了常见的位置、速度传感器外，还包括以下几类传感器：

(1)简单触觉传感器：确定工件对象是否存在；

(2)复合触觉传感器：确定工件对象是否存在以及它的尺寸和形状等；

(3)简单力觉传感器：单维力的测量；

(4)复合力觉传感器：多维力的测量；

(5)接近觉传感器：工作对象的非接触探测；

(6)简单视觉传感器：孔、边、拐角等的检测；

(7)复合视觉传感器：识别工作对象的形状等。

一些在特殊领域应用的机器人可能还需要具有温度、湿度、压力、滑动量、化学性质等感觉能力方面的传感器。

2. 传感器的性能指标

为评价或选择传感器，通常需要确定传感器的性能指标，一般包括以下三类参数。

(1)基本参数，包括量程(测量范围、量程及过载能力)、灵敏度、静态精度和动态性能(频率特性及阶跃特性)。

(2)环境参数，包括温度、振动冲击及其他参数(潮湿、腐蚀及抗电磁干扰等)。

(3)使用条件，包括电源、尺寸、安装方式、电信号接口及校准周期等。

系统设计时比较重要和常用的一些参数指标有以下几个。

1)灵敏度

灵敏度是指传感器的输出信号达到稳定时，输出信号变化与输入信号变化的比值。假如传感器的输出和输入呈线性关系，其灵敏度可表示为

$$S = \frac{\Delta y}{\Delta x} \tag{7.7}$$

式中：S 为传感器的灵敏度；Δy 为传感器输出信号的增量；Δx 为传感器输入信号的增量。

假设传感器的输出与输入呈非线性关系，其灵敏度就是该曲线的导数，即

$$S = \frac{\mathrm{d}y}{\mathrm{d}x} \tag{7.8}$$

传感器输出信号的量纲和输入信号的量纲不一定相同。若输出信号和输入信号具有相同的量纲，则传感器的灵敏度也称为放大倍数。一般来说，传感器的灵敏度越高越好，这样可以使传感器的输出信号精确度更高，线性程度更好。但是过高的灵敏度有时会导致传感器输出稳定性下降，所以应该根据机器人的要求选择适中的传感器灵敏度。

2)线性度

线性度反映传感器输出信号与输入信号之间的线性程度。假设传感器的输出信号为 y，输入信号为 x，则 y 与 x 的关系为

$$y = bx \tag{7.9}$$

若 b 为常数，或者近似为常数，则传感器的线性度较高；若 b 是一个变化较大的量，则

传感器的线性度较差。机器人控制系统应该选用线性度较高的传感器。实际上，只有少数情况下，传感器的输出信号和输入信号呈线性关系。大多数情况下，b 都是 x 的函数，即

$$b = f(x) = a_0 + a_1x_1 + a_2x_2 + \cdots \tag{7.10}$$

如果传感器的输入信号变化不太大，且 a_1，a_2，…都远小于 a_0，那么可以取 $b = a_0$，近似地把传感器的输出信号和输入信号看成是线性关系。这种将传感器的输出输入关系近似为线性关系的过程称为传感器的线性化。它对于机器人控制方案的简化具有重要意义。常用的线性化方法有割线法、最小二乘法、最小误差法等。如果需要了解这些方法，可参考数值分析等方面的书籍。

3)精度

传感器的精度是指传感器的测量输出值与实际被测量值之间的误差。在机器人系统设计中，应根据系统的工作精度要求选择合适的传感器精度。

应该注意传感器精度的使用条件和测量方法。使用条件应包括机器人所有可能的工作条件，例如，不同的温度、湿度、运动速度、加速度以及在可能范围内的各种负载作用等。用于检测传感器精度的测量仪器必须具有高一级的精度，精度测试也需要考虑到最坏的工作条件。

4)重复性

重复性是指传感器在其输入信号按同一方式进行全量程连续多次测量时，相应测试结果的变化程度。测试结果的变化越小，传感器的测量误差就越小，重复性越好。对多数传感器来说，重复性指标都优于精度指标。这些传感器的精度不一定很高，但只要它的温度、湿度、受力条件和其他参数不变，传感器的测量结果就没有太大变化。同样，传感器重复性也应考虑使用条件和测试方法的问题。对于示教再现型机器人，传感器的重复性至关重要，它直接关系到机器人能否准确地再现其示教轨迹。

5)分辨率

分辨率是指传感器在整个测量范围内所能辨别的被测量的最小变化量，或者所能辨别的不同被测量的个数。如果它辨别的被测量最小变化量越小或不同被测量个数越多，则分辨率越高；反之，分辨率越低。无论是示教再现型机器人，还是可编程型机器人，都对传感器的分辨率有一定的要求。传感器的分辨率直接影响机器人的可控程度和控制品质。一般需要根据机器人的工作任务规定传感器分辨率的最低限度要求。

6)响应时间

响应时间是传感器的动态性能指标，是指传感器的输入信号变化后，其输出信号变化为一个稳定值所需要的时间。在某些传感器中，输出信号在达到某一稳定值以前会发生短时间的振荡。传感器输出信号的振荡对机器人控制系统来说非常不利，它有时可能会造成一个虚设位置，影响机器人的控制精度和工作精度，所以总是希望传感器的响应时间越短越好。响应时间的计算应当以输入信号起始变化的时刻为始点，以输出信号达到稳定值时刻为终点。实质上，还需要规定一个稳定值范围，只要输出信号的变化不再超出此范围，即可认为它已经达到稳定值。对于具体系统设计，还应规定传感器响应时间的容许上限。

7)抗干扰能力

机器人的工作环境是多种多样的，在某些情况下可能相当恶劣，因此机器人系统传感器

设计必须考虑抗干扰能力。由于传感器输出信号的稳定是控制系统稳定工作的前提，为防止机器人系统的意外动作或发生故障，传感器系统设计必须采用可靠性设计技术。通常抗干扰能力通过单位时间内发生故障的概率来定义，因此其是一个统计指标。

7.2.2　机器人内部传感器

操作机器人根据具体用途不同可以选择不同的控制方式，如位置控制、速度控制及力矩控制等。在这些控制方式中，机器人系统应具有的基本传感单元是位置和速度传感器。无论是旋转关节坐标型、直角坐标型还是混合型机器人，通常需要将其手部在笛卡儿坐标空间中的位姿或轨迹转化为关节空间位姿或轨迹，再通过控制各个关节联动实现手部的操作。可见机器人的位置或速度控制通常是在关节空间进行的，这样从工程的观点看，机器人控制系统的基本单元是机器人单关节位置、速度控制，因此用于检测关节位置或速度的传感器也成为机器人关节组件中的基本单元。

1. 位置传感器

位置控制是机器人最基本的控制要求，而位置和位移的检测也是机器人最基本的感觉要求。位置和位移传感器根据其工作原理和组成的不同有各种不同的形式，常见的有电位器式、电容式、电感式、编码式位移传感器，霍尔元件位移传感器，磁栅式位移传感器等。这里介绍几种典型的位移传感器。

1) 电位器式位移传感器

电位器式位移传感器主要由电位器和滑动触点组成，通过触点的滑动改变电位器的阻值来测量信号的大小。这种位移传感器可以测量直线位移和角位移，测量角位移的圆弧形电位器式位移传感器的测量原理如图 7.5 所示。图中可变电阻做成圆弧形，滑动触点是一个带有回转中心的电刷，电刷触点与弧形电阻接触，其回转中心与被测角度的回转中心及可变电阻的回转中心重叠。当被测角度发生变化时，电刷转过的角度随之改变。如果电刷两端通基准电压 U，则电刷触点与电阻一端之间的电压信号值 V 即为输出信号，此信号与被测角度 θ 成正比。设弧形电阻所包含的圆心角为 α，则被测角度可用下式表示：

$$\theta = \frac{\alpha V}{U} = kV \tag{7.11}$$

式中：k 为比例系数。

从式(7.10)中可以看出，输入信号(角度)与输出信号(电压)呈线性关系。输入信号为0时，输出信号也为0；输入信号达到最大值时，输出信号也最大。这种弧形电阻最大的测量角度为360°。

若将可变电阻做成直线形，当电刷沿电阻的长度方向做直线运动时，可测量出与电刷固连的被测物的直线位移。其测量原理如图 7.6 所示。与圆弧形电位器式位移传感器类似，这里可以很方便地表示出其位移测量公式：

$$L = \frac{sV}{U} = k'V \tag{7.12}$$

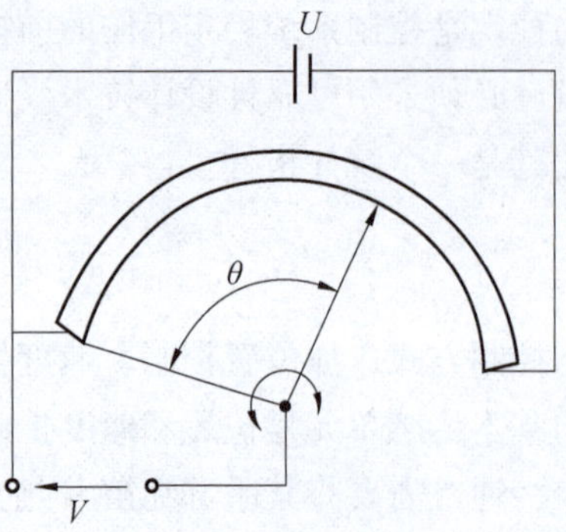

图 7.5　圆弧形电位器式位移传感器的测量原理

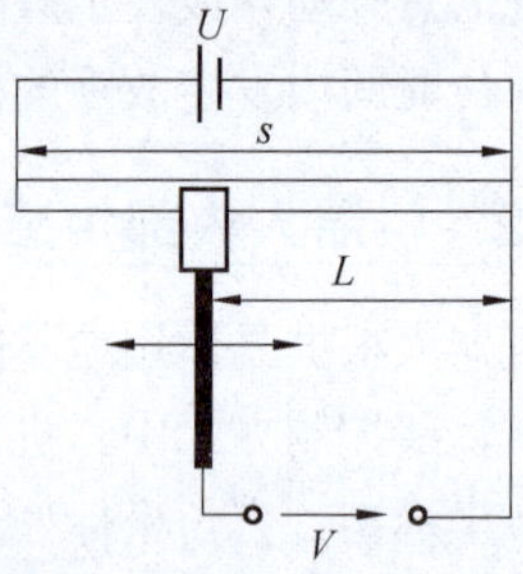

图 7.6　直线形电位器式位移传感器的测量原理

电位器式位移传感器结构简单、性能稳定可靠、精度高。只要改变可变电阻两端的基准电压，就可以在一定程度上比较方便地选择其输出信号范围，且测量过程中断电或发生故障时，输出信号能得到保持而不会自动丢失。其缺点是滑动触点容易磨损。

2)编码式位移传感器

编码式位移传感器是一种数字式位移传感器，其测量输出的信号为数字脉冲，可以测直线位移和角位移。其测量范围大、检测精度高，在机器人的位置检测及其他工业领域都得到了广泛的应用。一般把该传感器装在机器人各关节的转轴上，用来测量各关节转轴转过的角度。编码式位移传感器按照测出的信号是绝对信号还是增量信号，可分为绝对式编码器和增量式编码器；按照结构及信号转换方式不同，又可分为光电编码器、接触编码器及电磁编码器等。目前机器人中较为常用的是光电编码器，这里介绍绝对式和增量式光电编码器。

(1)绝对式光电编码器。

绝对式光电编码器是一种直接编码式的测量元件，它可以直接把被测转角或直线位移转化成相应的代码，指示的是绝对位置而无绝对误差，且在电源切断时不会失去位置信息。但其结构复杂，价格昂贵，且不易做到高精度和高分辨率。

绝对式光电编码器的编码盘以一定的编码形式(如二进制编码等)将圆盘分成若干等份，利用光电原理把代表被测位置的各等分上的数码转化成电信号输出以用于检测。图 7.7(a)所示为 4 位二进制编码盘，编码盘由多个同心的码道组成，这些码道沿径向顺序具有各自不同的二进制权值。每个码道上按其权值划分为遮光段和投射段，分别代表二进制数的 0 和 1，与码道个数相同的光电器件分别与各自对应的码道对准并沿编码盘的半径直线排列，通过这些光电器件的检测可以产生绝对位置的二进制码。其绝对式光电编码器对于转轴的每一个位置均产生唯一的二进制码，因此可用于确定绝对位置。绝对位置的分辨率取决于二进制码的位数和码道的个数。图 7.7(b)中的 4 个码道可产生 2^4 即 16 个位置，如有 10 个码道则可产生 1 024 个位置，此时角度的分辨率为 $\frac{360°}{1\,024}=21'6''$。目前绝对式光电编码器的单个编码盘可以做到 18 个码道。

使用二进制编码盘时，当编码盘在其两个相邻位置的边缘交替或来回摆动时，由于制造精度和安装质量误差或光电器件的排列误差，将产生编码数据的大幅跳动，导致位置显示和控制失常。例如，从位置 0011 到 0100，若位置失常，就可能会得到 0000、0001、0010、0101、0110、0111 等多个码值。所以，二进制编码盘现在已较少使用，而改为采用图 7.7(b)所示的循环码编码盘。循环码又称格雷码，真值与其格雷码及二进制码的对照如表 7.2 所示。格雷码是非加权码，其特点是相邻两个代码间只有一位数变化，即 0 变 1，或 1 变 0。如果在连续的两个数码中发现数码变化超过一位，就认为是非法的数码，因而格雷码具有一定的纠错能力。

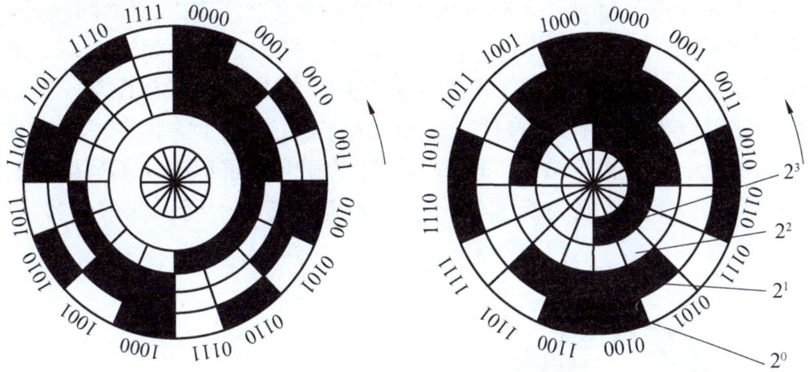

(a)　　　　(b)

图 7.7　绝对式光电编码器编码盘

(a)4 位二进制编码盘；(b)循环码编码盘

表 7.2　循环码与二进制码及真值的对照

真值	格雷码	二进制码	真值	格雷码	二进制码
0	0000	0000	8	1100	1000
1	0001	0001	9	1101	1001
2	0011	0010	10	1111	1010
3	0010	0011	11	1110	1011
4	0110	0100	12	1010	1100
5	0111	0101	13	1011	1101
6	0101	0110	14	1001	1110
7	0100	0111	15	1000	1111

格雷码实质上是二进制码的另一种数值形式，是对二进制码的一种加密处理。格雷码经过解密就可转化为二进制码，实际上也只有解密成二进制码才能得到真正的位置信息。格雷码的解密可以通过硬件解密器或软件解密来实现。

绝对式光电编码器的性能主要取决于编码盘中光电敏感元件的质量及光源的性能。一般要求光源具有较好的可靠性及环境的适应性，且光源的光谱与光电敏感元件(受光体)相匹配。如需提高信号的输出强度，输出端还可以接电压放大器。为了减少光噪声的污染，在光通路中还应加上透镜和狭缝装置。透镜使光源发出的光聚焦成平行光束，狭缝装置要保证所有轨道的光电敏感元件的敏感区均处于狭缝内。

(2)增量式光电编码器。

增量式光电编码器能够以数字形式测量出转轴相对于某一基准位置的瞬间角位置，另外还能测出转轴的转速和转向，其结构及工作原理如图 7.8 所示。

图 7.8(a)所示为增量式光电编码器的编码盘，编码器的编码盘有三个同心光栅，分别称为 A 相、B 相和 C 相光栅。A 相光栅与 B 相光栅上分别间隔有相等的透明和不透明区域，用于透光和遮光，两者在编码盘上互相错开半个区域。当编码盘以图示顺时针方向旋转时，A 相光栅先于 B 相光栅透光导通，A 相和 B 相光栅的光电元件接收时断时续的光。A 相光栅超前 B 相光栅 90°的相位角(1/4 周期)，产生了近似正弦的信号，如图 7.8(b)所示。这些信号经放大整形后成为图 7.8(c)所示的脉冲数字信号。根据 A、B 相任意一光栅输出脉冲数字信号的大小，就可以确定编码盘的相对转角；根据输出脉冲的频率可以确定编码盘的转速；采用适当的逻辑电路，根据 A、B 相输出脉冲的相序就可以确定编码盘的旋转方向。A、B 相光栅为工作信号，C 相光栅为标志信号，编码盘每旋转一周，标志信号发出一个脉冲，它用来作为同步信号。

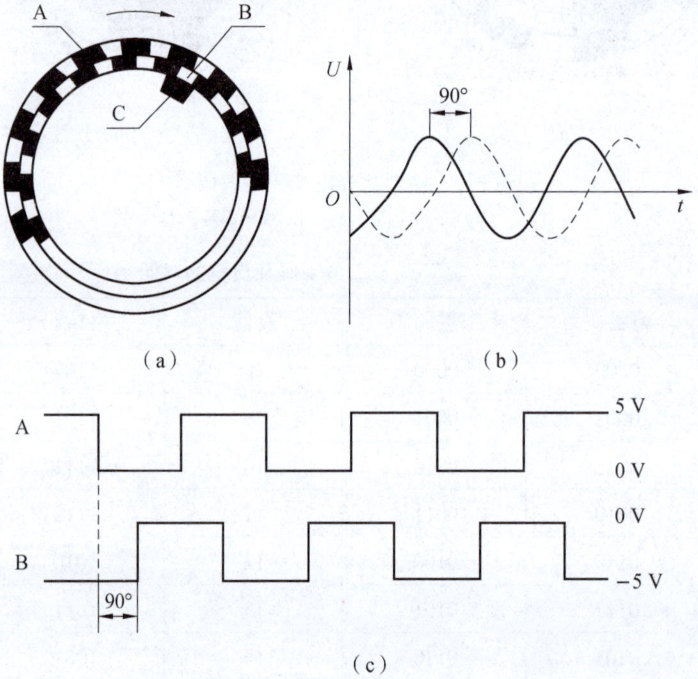

图 7.8　增量式光电编码器的结构及工作原理

(a)编码盘；(b)A、B 相光栅的正弦波；(c)A、B 相光栅的脉冲数字信号

增量式光电编码器没有接触磨损、允许高转速、精度高及可靠性好，但其结构复杂、安装困难。常用的增量式光电编码器的分辨率一般为 2 000 p/r(指像素每英寸)、2 500 p/r、3 000 p/r、20 000 p/r、25 000 p/r 及 30 000 p/r 等。

在机器人的关节转轴上装有增量式光电编码器，可测量出转轴的相对位置，但不能确定机器人转轴的绝对位置，所以这种编码器一般用于定位精度要求不高的机器人，如喷涂、搬运及码垛机器人等。

目前已出现包含绝对式和增量式两种类型的混合式编码器，其用绝对式编码器确定机器人的绝对位置，用增量式编码器确定由初始位置开始的变动角的精确位置。

2. 速度传感器

速度传感器是机器人中较重要的内部传感器之一。由于其在机器人中主要测量机器人关节的运行速度，这里仅介绍角速度传感器。目前广泛使用的角速度传感器有测速发电机和增量式光电编码器两种。测速发电机是应用最广泛，能直接得到代表转速的电压且具有良好实时性的一种角速度传感器。增量式光电编码器既可以测量增量角位移又可以测量瞬时角速度。速度的输出有模拟式和数字式两种。

1)测速发电机

测速发电机是一种模拟式角速度传感器。测速发电机实际上是一台小型永磁式直流发电机，其结构原理如图 7.9 所示。其工作原理基于法拉第电磁感应定律，当通过线圈的磁通量恒定时，位于磁场中的线圈旋转使线圈两端产生的电压(感应电动势)与线圈(转子)的转速成正比，即

$$u = kn \tag{7.13}$$

式中：u 为测速发电机的输出电压，V；n 为测速发电机的转速，r/min；k 为比例系数。

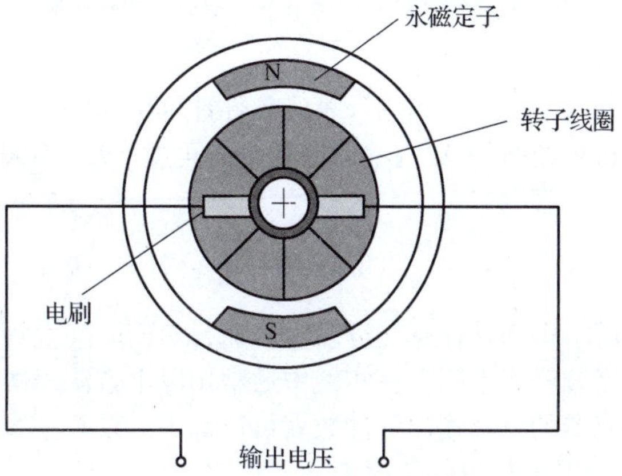

图 7.9 测速发电机的结构原理

从式(7.13)中可以看出，输出电压与测速发电机的转速呈线性关系。但当测速发电机带有负载时，电枢的线圈绕组便会产生电流而使输出电压下降，这样便破坏了输出电压与转速的线性度，使输出特性产生误差。为了减少测量误差，应使负载尽可能小且保持负载性质不变。

测速发电机的转子与机器人关节伺服驱动电动机相连就能测出机器人运动过程中的关节转动速度，并能在机器人速度闭环系统中作为速度反馈元件。所以测速发电机在机器人控制系统中得到了广泛的应用。机器人速度伺服控制系统的控制原理如图 7.10 所示。

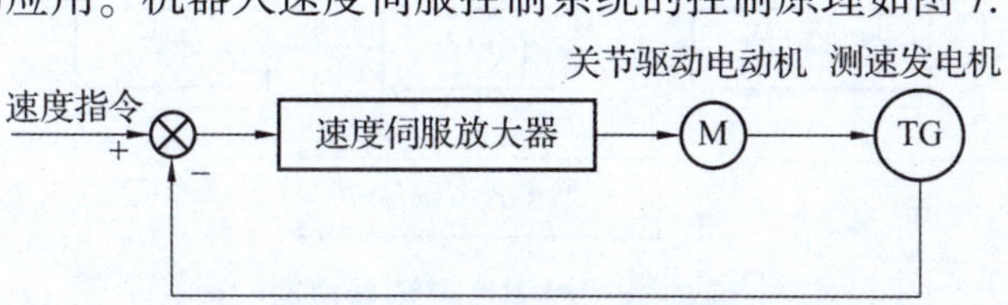

图 7.10 机器人速度伺服控制系统的控制原理

测速发电机线性度好、灵敏度高、输出信号强，目前检测范围一般为 20~40 r/min，精度为 0.2%~0.5%。

2)增量式光电编码器

如前文所述，增量式光电编码器在机器人中既可以作为位置传感器测量关节相对位置，又可以作为速度传感器测量关节速度。作为速度传感器时既可以在模拟方式下使用又可以在数字方式下使用。

(1)模拟方式。

在这种方式下，必须有一个频率-电压转换器，用来把编码器测得的脉冲频率转换成与速度成正比的模拟电压，其测速原理如图 7.11 所示。频率-电压转换器必须有良好的零输入、零输出特性和较小的温度漂移才能满足测试要求。

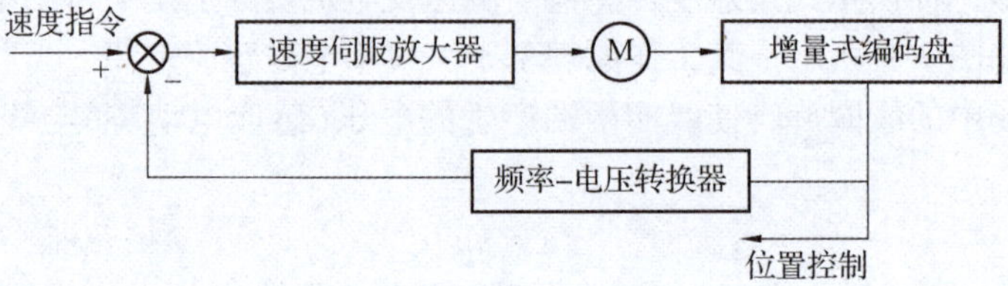

图 7.11　模拟方式的增量式编码盘的测速原理

(2)数字方式。

数字方式测速是基于数学公式，利用计算机软件计算出速度。由于角速度是转角对时间的一阶导数，如果能测得单位时间 Δt 内编码器转过的角度 $\Delta\theta$，则编码器在该时间内的平均转速为

$$\omega = \frac{\Delta\theta}{\Delta t} \tag{7.14}$$

单位时间越小，则所求得的转速越接近瞬时转速，然而时间太短，编码器通过的脉冲数太少，导致所得到的速度分辨率下降。在实践中通常用以下方法来解决这一问题。

编码器一定时，编码器的每转输出脉冲数就可以确定。设某一编码器分辨率为 2 000 p/r，则编码器连续输出两个脉冲转过的角度为

$$\Delta\theta = \frac{2}{1000} \times 2\pi$$

而转过该角度的时间增量用图 7.12 所示测量电路测得。测量时利用高频脉冲源发出连续不断的脉冲，设该脉冲源的周期为 0.1 ms，用一计数器测出编码器发出两个脉冲的时间内高频脉冲源发出的脉冲数。门电路在编码器发出第一个脉冲时开启，发出第二个脉冲时关闭。这样计数器的计数值就是时间增量内高频脉冲源发出的脉冲数。设该计数值为 100，则时间增量为

$$\Delta t = 0.1 \times 100\ \text{ms} = 10\ \text{ms}$$

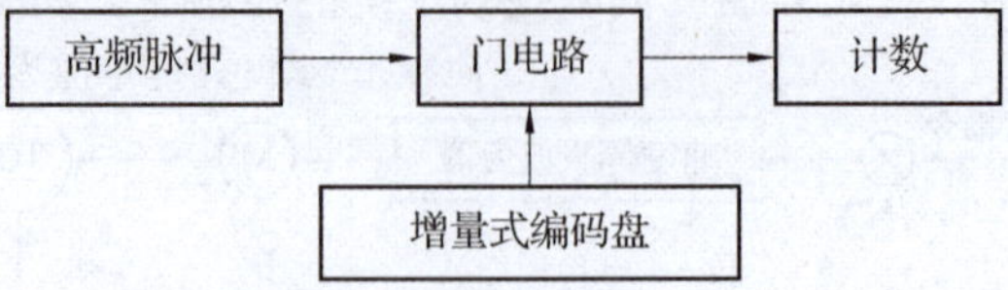

图 7.12　时间增量测量电路

所以平均转速为

$$\omega = \frac{\Delta\theta}{\Delta t} = \frac{2}{1\,000} \times 2\pi/(10 \times 10^{-3}) = 1.256\ \text{rad/s}$$

7.2.3　机器人外部传感器

1. 力和力矩(力觉)传感器

工业机器人在进行装配、搬运、研磨等作业时需要对工作力或力矩进行控制。例如，装配时需进行将轴类零件插入孔里、调准零件的位置、拧动螺钉等一系列步骤，在拧动螺钉的过程中，需要有确定的拧紧力；搬运时机器人手爪对工件需有合理的握力，握力太小不足以搬动工件，握力太大则会损坏工件；研磨时需要有合适的砂轮进给力以保证研磨质量。另外，机器人在自我保护时也需要检测关节和连杆之间的内力，防止机器人臂部因承载过大或与周围障碍物碰撞而引起的损坏。所以力和力矩传感器在机器人中的应用较广泛。力和力矩传感器种类很多，常用的有电阻应变片式、压电式、电容式、电感式以及各种外力传感器。力和力矩传感器都是通过弹性敏感元件将被测力或力矩转换成某种位移量或变形量，然后通过各自的敏感介质把位移量或变形量转换成能够输出的电量。

目前使用最广泛的是电阻应变片式力和力矩传感器。图 7.13 所示为 20 世纪 70 年代就研制成功的一种 6 维电阻应变片式力和力矩传感器，这种传感器的力和力矩的弹性敏感元件是应变片，装载在铝制筒体上，筒体有 8 个简支梁(弹性梁)支撑。

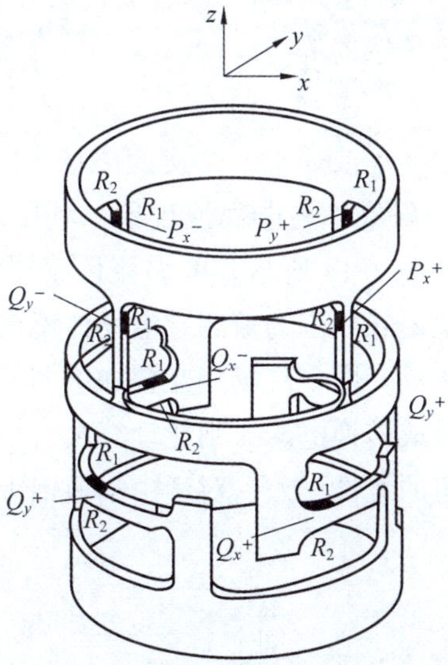

图 7.13　6 维电阻应变片式力和力矩传感器

由于机器人各个连杆通过关节连接在一起，运动时各连杆相互联动，所以单个连杆的受力状况非常复杂。但根据刚体力学可知，刚体上任何一点的力都可以表示为笛卡儿坐标系三个坐标轴的分力和绕三个轴的分力矩。只要测出这三个力和力矩，就能计算出该点的合成力。在图 7.13 所示的 6 维电阻应变片式力和力矩传感器上，8 个梁中有 4 个水平梁和 4 个垂直梁，每个梁发生的应变集中在梁的一端，把应变片贴在应变最大处就可以测出一个力。

设 8 个弹性梁测出的应变为

$$\boldsymbol{W} = [W_1 \quad W_2 \quad W_3 \quad W_4 \quad W_5 \quad W_6 \quad W_7 \quad W_8]^{\mathrm{T}} \tag{7.15}$$

机器人连杆某点的力与用力和力矩传感器测出的 8 个应变的关系为

$$\boldsymbol{F}=\begin{bmatrix}F_x\\F_y\\F_z\\M_x\\M_y\\M_z\end{bmatrix}=\begin{bmatrix}0&0&k_{13}&0&0&0&k_{17}&0\\k_{21}&0&0&0&k_{25}&0&0&0\\0&k_{32}&0&k_{34}&0&k_{36}&0&k_{38}\\0&0&0&k_{44}&0&0&0&k_{48}\\0&k_{52}&0&0&0&k_{56}&0&0\\k_{61}&0&k_{63}&0&k_{65}&0&k_{67}&0\end{bmatrix}\begin{bmatrix}W_1\\W_2\\W_3\\W_4\\W_5\\W_6\\W_7\\W_8\end{bmatrix} \tag{7.16}$$

式中：$\boldsymbol{F}$ 为被测点在笛卡儿坐标空间中的受力；k_{ij}为比例系数($i=1\sim6$, $j=1\sim8$)。

2. 接近觉传感器

接近觉传感器是机器人用来探测机器人自身与周围物体之间相对位置或距离的一种传感器，它探测的距离一般在几毫米到十几厘米。有时接近觉传感器与视觉、触觉等传感器没有明显的区别。接近觉传感器按结构不同可分为接触型和非接触型两种，其中非接触型接近觉传感器应用较广。目前按照转换原理的不同，接近觉传感器分为电涡流传感器、光纤传感器、超声波传感器及激光扫描型传感器等。

1) 电涡流传感器

导体在一个不均匀的磁场中运动或处于一个交变磁场中时，其内部就会产生感应电流。这种感应电流称为电涡流，这一现象称为电涡流现象，利用这一原理可以制作电涡流传感器。电涡流传感器的工作原理如图 7.14 所示。电涡流传感器通过通有交变电流的线圈向外发射高频变化的电磁场，处在电磁场周围的被测导电物体就产生了电涡流。由于传感器的电磁场方向与产生的电涡流方向相反，两个磁场相互叠加削弱了传感器的电感和阻抗。用电路把传感器电感和阻抗的变化转换成转换电压，则能计算出目标物与传感器之间的距离。该距离正比于转换电压，但存在一定的线性误差。对于由钢或铝等材料制成的目标物，线性误差为±0.5%。

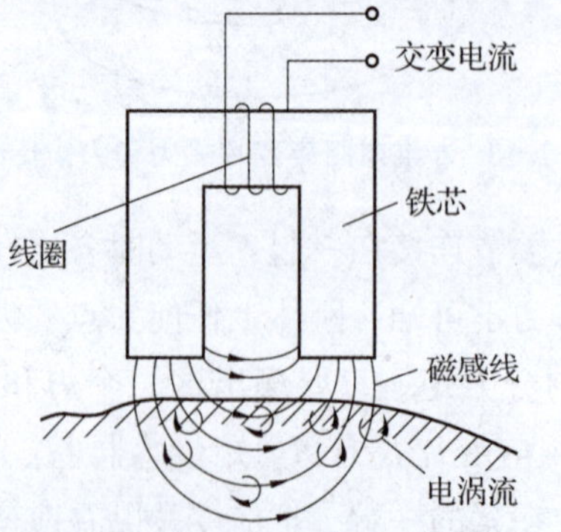

图 7.14　电涡流传感器的工作原理

电涡流传感器外形尺寸小、价格低廉、可靠性高、抗干扰能力强，而且检测精度也高，能够检测到0.02 mm的微量位移。但是该传感器检测距离短，一般只能测到13 mm以内的目标物，且只能对固态导体进行检测。

2)光纤传感器

光纤是一种新型的光电材料，在远距离通信和遥测方面应用广泛。用光纤制作接近觉传感器可以用来检测机器人与目标物间较远的距离。这种传感器具有抗电磁干扰能力强、灵敏度高、响应快的特点。光纤传感器有三种不同的形式。第一种为射束中断型，如图7.15(a)所示，这种光纤传感器如果发射器和接收器通路中的光被遮断，则说明通路中有物体存在，传感器便能检测出该物体。这种传感器只能检测出不透明物体，无法检测出透明或半透明的物体。第二种为回射型，如图7.15(b)所示。不透光物体进入Y型光纤束末端和回射靶之间时，到达接收器的反射光强度大为减弱，故可检测出光通路上是否有物体存在。与第一种类型相比，这一种类型的光纤传感器可以检测出用透光材料制成的物体。第三种为扩散型，如图7.15(c)所示。与第二种相比第三种少了回射靶。因为大部分材料都能反射一定量的光，故这种类型可检测出透光或半透光物体。

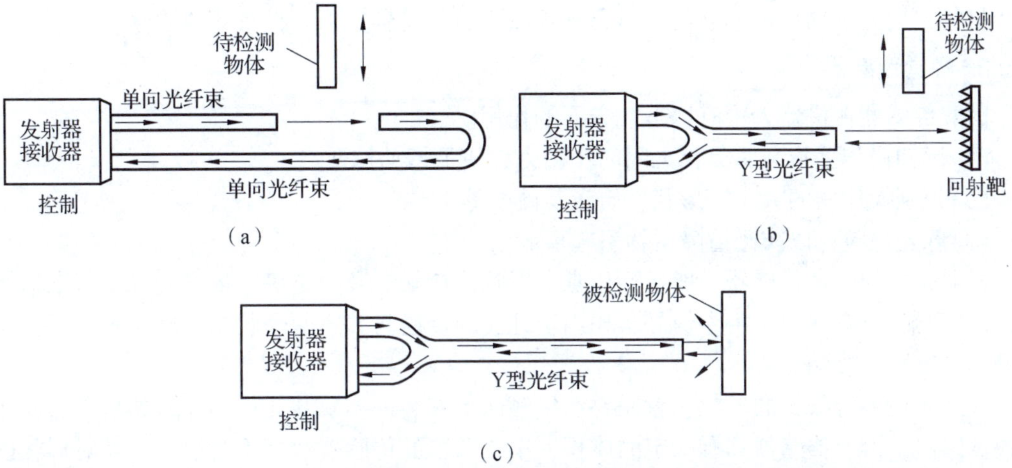

图7.15　光纤传感器

(a)射束中断型光纤传感器；(b)回射型光纤传感器；(c)扩散型光纤传感器

3)超声波传感器

超声波传感器利用超声波测量距离。声波传输需要一定的时间，其与超声波的传播距离成正比，故只要测出超声波到达物体的时间，就能得到距离值。

超声波传感器的测距原理如图7.16所示。传感器由一个超声波发射器、一个超声波接收器、定时电路及控制电路组成。待超声波发射器发出脉冲式超声波后将其关闭，同时打开超声波接收器。该脉冲波到达被测物体表面后返回到超声波接收器，定时电路测出从发射器发射超声波到接收器接收超声波的时间。设该时间为T，而超声波的传输速度为v，则被测距离L为

$$L = \frac{vT}{2} \tag{7.17}$$

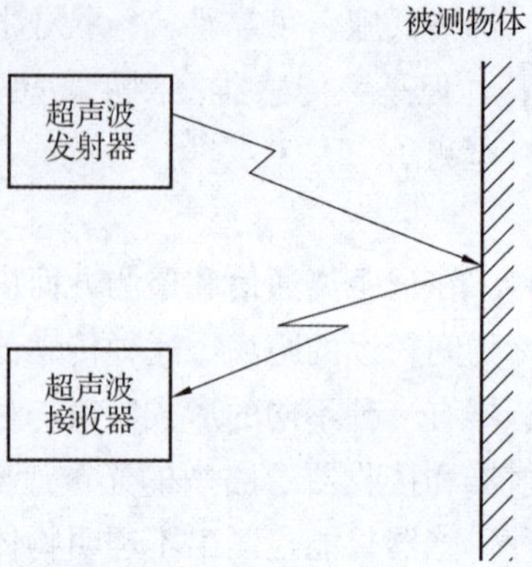

图 7.16　超声波传感器的测距原理

超声波的传输速度与其波长和频率成正比，只要这两者不变，速度就是常数，但随着环境温度的变化，波速会有一定的变化。

超声波传感器对于水下机器人的作业非常重要。水下机器人安装超声波传感器后能使其定位精度达到微米级。

另外，激光扫描型传感器的测量原理与超声波传感器类似，此处不再赘述。

3. 触觉传感器

触觉传感器在机器人中有以下几方面的作用。

(1)感知操作手指与对象物之间的作用力，使手指动作适当。

(2)识别操作物的大小、形状、质量及硬度等。

(3)躲避危险，以防碰撞障碍物引起事故。

机器人中的触觉传感器一般包括压觉、滑觉、接触觉及力觉等。最早的触觉传感器为开关式传感器，只有 0 和 1 两个信号，相当于开关的接通与关闭两个状态，用于表示手指与对象物的接触与不接触。

如果要检测对象物的形状，就需要在接触面上安装许多敏感元件。此时如果仍然使用开关式传感器，由于传感器具有一定的体积大小，布置的传感器数目不会很多，其对形状的识别会很粗糙。

一般用导电橡胶作为触觉传感器的敏感元件。这种橡胶压变时其体电阻的变化很小，但接触面积和反向接触电阻随外部压力的变化很大。这种敏感元件可以做得很小，一般 1 cm^2 面积内可有 256 个触觉敏感元件，敏感范围达 1~100 g。敏感元件在接触表面以一定形式排列成阵列传感器，排列的传感器越多，检测越精确。

压电材料是另一种有潜力的触觉敏感材料，其原理是利用晶体的压电效应，在晶体上施压时，一定范围内施加的压力与晶体的电阻成比例关系。但是一般晶体的脆性比较大，作为敏感材料时很难制作。目前已有一种聚合物材料具有良好的压电性，且柔性好，易制作，有望成为新的触觉敏感材料。

其他常用敏感材料有半导体应变计，其原理与应变片一样，即应变变形原理。

7.3　机器人的位置控制

7.3.1　位置控制的基本结构

1. 基本控制结构

许多机器人的作业是控制机器人手部的位姿，以实现点到点的控制(即 PTP 控制，如搬运、点焊机器人)或连续轨迹控制(即 CP 控制，如弧焊、喷漆机器人)，因此实现机器人的位置控制是机器人最基本的控制任务。

机器人位置控制的目的是使机器人的各关节或手部的位姿能够以理想的动态品质跟踪给定轨迹或稳定在指定的位姿上。设计控制系统的主要目标是系统的稳定性和动态品质的性能指标。

机器人的位置控制结构主要有两种形式：关节空间控制结构和直角坐标空间控制结构，分别如图 7.17(a)、(b)所示

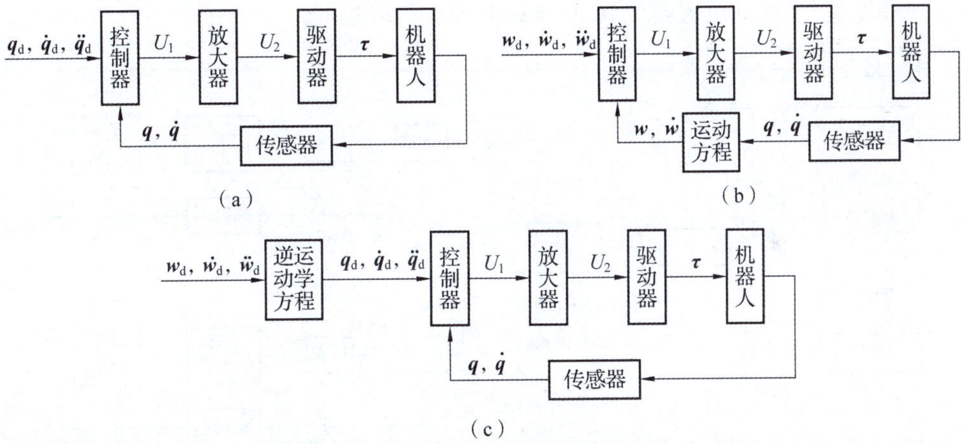

图 7.17　机器人位置控制基本结构

在图 7.17(a)中，$\boldsymbol{q}_d=[q_{d1}\quad q_{d2}\quad \cdots\quad q_{dn}]^T$ 是期望的关节位置矢量，$\dot{\boldsymbol{q}}_d$ 和 $\ddot{\boldsymbol{q}}_d$ 是期望的关节速度矢量和加速度矢量，$\boldsymbol{q}$ 和 $\dot{\boldsymbol{q}}$ 是实际的关节位置矢量和速度矢量，$\boldsymbol{\tau}=[\tau_1\quad \tau_2\quad \cdots\quad \tau_n]^T$ 是关节力矩矢量，$\boldsymbol{u}_1$ 和 $\boldsymbol{u}_2$ 是相应的控制矢量。

在图 7.17(b)中，$\boldsymbol{w}_d=[\boldsymbol{p}_d^T\quad \boldsymbol{\psi}_d^T]^T$ 是期望的工具位姿，其中 $\boldsymbol{p}_d=[x_d\quad y_d\quad z_d]$ 表示期望的工具位置，$\boldsymbol{\psi}_d$ 表示期望的工具姿态。$\dot{\boldsymbol{w}}_d=[\boldsymbol{v}_d^T\quad \boldsymbol{\omega}_d^T]^T$，其中 $\boldsymbol{v}_d=[v_{dx}\quad v_{dy}\quad v_{dz}]^T$ 是期望的工具线速度；$\boldsymbol{\omega}_d=[\omega_{dx}\quad \omega_{dy}\quad \omega_{dz}]$ 是期望的工具角速度。$\ddot{\boldsymbol{w}}_d$ 是期望的工具加速度；$\boldsymbol{w}$ 和 $\dot{\boldsymbol{w}}$ 表示实际工具的位姿和速度。运行中的工业机器人一般采用图 7.17(a)所示的控制结构，该控制结构的期望轨迹是关节的位置、速度和加速度，因而易于实现关节的伺服控制。但在实际应用中通常采用直角坐标系来规定作业路径、运动方向和速度，而不用关节坐标系。这时为了跟踪期望的直角坐标空间的轨迹、速度和加速度，需要先将机器人末端的期

望轨迹经过逆运动学计算变换为在关节空间表示的期望轨迹，再进行关节位置控制，如图7.17(c)所示。

机器人具有多个自由度，各关节的运动之间相互耦合，其控制系统是个多输入多输出系统。但实际上，多关节的机器人控制系统往往可以分解成若干个带有耦合的单关节机器人控制系统。如果耦合是弱耦合，那么每个关节的控制系统就可以近似为独立系统。如果耦合较强，则必须考虑各关节之间的耦合转动惯量。

2. PUMA 机器人的伺服控制结构

机器人控制器一般均由计算机来实现。计算机的控制结构有多种形式，常见的有集中控制、分散控制和递阶控制等。图 7.18 表示 PUMA 机器人两级递阶控制的结构，该系统的控制器由 1 台 DECLSI-11 主控计算机和 6 个 Rockwell 6503 微处理器组成。

1) DECLSI-11 主控计算机

DECLSI-11 主控计算机的功能如下。

(1)与用户进行在线人机对话，并根据用户的 VAL 指令进行子任务调度，包括向用户通报各种出错信息，对 VAL 指令进行分析、解释和解码。

(2)与 6 个 Rockwell 6503 微处理器进行子任务协调，执行用户指令。DECLSI-11 计算机每 28 ms 就发送一个新的位置指令到 Rockwell 6503 微处理器。

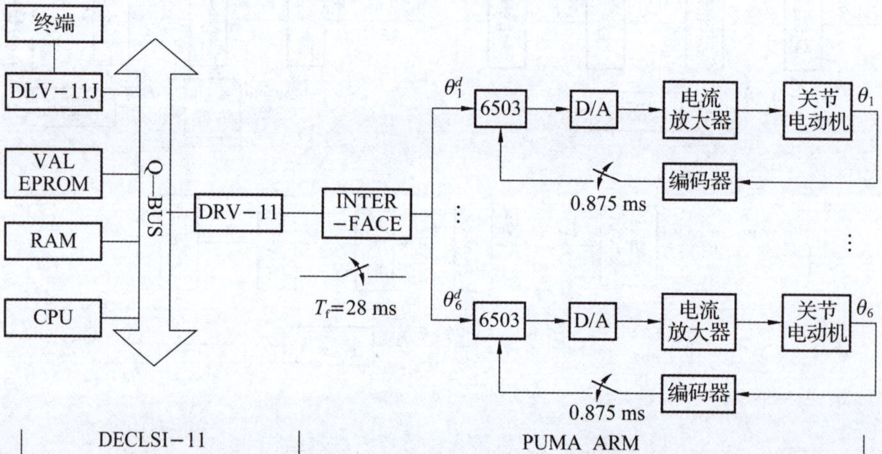

图 7.18　PUMA 机器人两级递阶控制的结构

2) 关节控制器

每个关节有一个关节控制器，它由数字伺服板、模拟伺服板和功率放大器组成，关节控制器的核心部分是数字伺服板上的 Rockwell 6503 微处理器，该微处理器的主要功能可概括如下。

(1)每 28 ms 接收一次来自 DECLSI-11 主控计算机的轨迹设定点，然后对关节位置起点和终点之间的路径段进行插补计算，该微处理器把 28 ms 内关节应该运动的角度分成 32 等份，于是路径段内每一步的时间为 0.875 ms。

(2)更新根据关节插补设定点和编码器所得到的误差驱动信号，用 D/A(Digital/Analog，数/模)转换把误差驱动信号转换成电流信号，再把电流传送到模拟伺服板，驱动关节运动。

7.3.2　单关节位置控制

1. 直流电动机模型

如图 7.19 所示，直流电动机由固定的定子和旋转的转子(也称为电枢)组成，如果定子产生一个径向磁通量 Φ (恒值)，则在转子上会产生一个输出转矩使其旋转，输出转矩与电枢电流的关系可表示为

$$\tau_m = k_m i_m \tag{7.18}$$

式中：τ_m 是电动机输出转矩，N · m；k_m 是转矩常数，N · m/A；i_m 是电枢电流，A。

电动机电枢绕组等效电路如图 7.20 所示，当电动机转动时，在电枢上产生一个电压，该电压与转子的转速成正比，即

$$e_b = k_b \omega_m = k_b \frac{d\theta_m}{dt} \tag{7.19}$$

式中：e_b 为反电动势，V；ω_m 是电动机(转子)的角速度，rad/s；θ_m 是电动机(转子)的角位移，rad；k_b 是反电动势常数。

直流永磁电动机电气部分模型由电枢绕组的电压平衡方程描述，根据图 7.20 可得

$$u_m = L\frac{di_m}{dt} + Ri_m + e_b \tag{7.20}$$

式中：u_m 是电枢电压；L 是电枢电感；R 是电枢电阻。

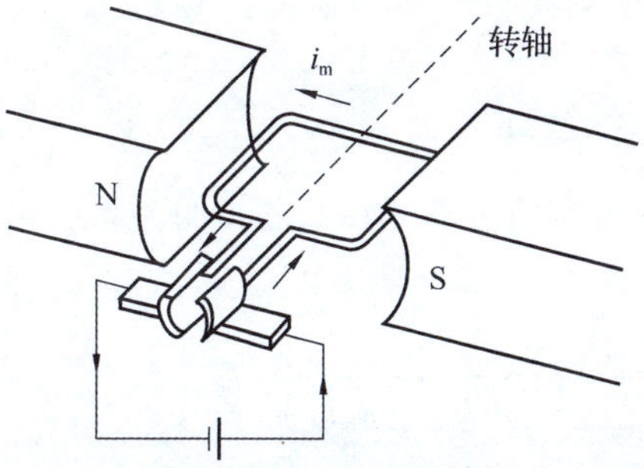

图 7.19　直流电动机

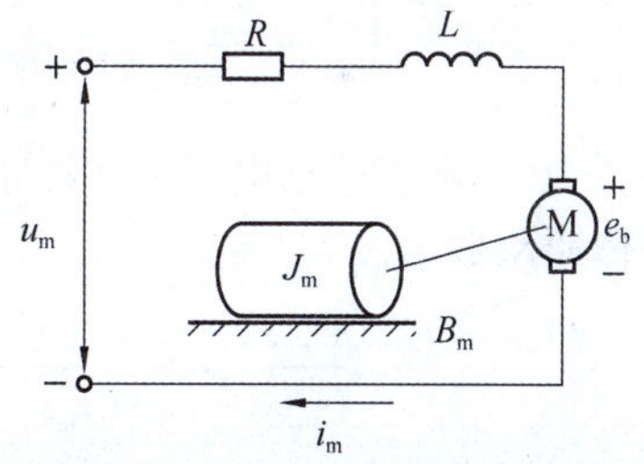

图 7.20　电动机电枢绕组等效电路

机器人单个关节的机械传动原理如图 7.21 所示，机器人单连杆通过齿轮减速器与电动机(驱动器)相连，图中 θ 是负载角位移，J_m 为折算到电动机轴上的等效转动惯量，B_m 为总黏性摩擦因数，J_m 和 B_m 分别表示为

$$\begin{cases} J_m = J_a + J_g + \eta^2 J_l \\ B_m = B_g + \eta^2 B_l \end{cases} \tag{7.21}$$

式中：J_a 为电动机转子转动惯量；J_g 为传动机构(齿轮)的转动惯量；J_l 为负载转动惯量；B_g 为传动机构的阻尼系数；B_l 为负载端的阻尼系数；η 为传动比，等于传动轴与负载轴上的齿轮数之比。

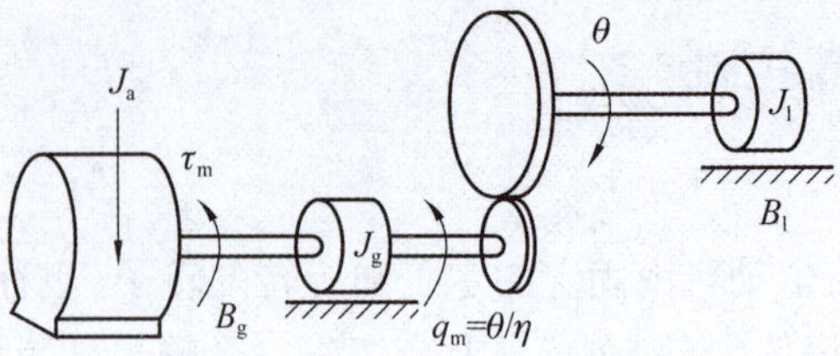

图 7.21　机器人单个关节的机械传动原理

直流永磁电动机机械部分的模型由电机轴上的力矩平衡方程描述，根据图 7.21 可得

$$\tau_m = J_m \frac{d^2\theta_m}{dt^2} + B_m \frac{d\theta_m}{dt} \tag{7.22}$$

式中：τ_m 是电动机输出转矩。

2. 单关节建模

在零初始条件下，将式(7.20)、式(7.21)和式(7.22)取拉普拉斯变换，可得

$$\begin{cases} T_m(s) = k_m I_m(s) \\ U_m(s) = LsI_m(s) + RI_m(s) + k_b s\Theta_m(s) \\ T_m(s) = J_m s^2 \Theta_m(s) + B_m s\Theta_m(s) \end{cases} \tag{7.23}$$

根据式(7.23)可得到系统的等效结构，如图 7.22 所示。

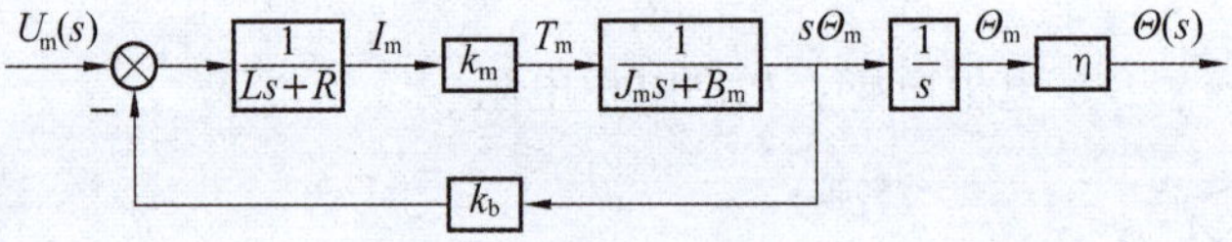

图 7.22　系统的等效结构

图 7.22 表示了电枢电压 $U_m(s)$ 和机器人关节实际角位移 $\Theta(s)$ 之间的关系，可得系统的闭环传递函数为

$$\frac{\Theta(s)}{U_m(s)} = \frac{\eta k_m}{s[LJ_m s^2 + (LB_m + RJ_m)s + (RB_m + k_m k_b)]} \tag{7.24}$$

3. 单关节位置控制的传递函数和参数

对机器人单关节控制的目的是使得关节实际角位移 $\Theta(s)$ 跟踪上期望角位移 $\Theta_d(s)$，根据关节位置伺服误差设计位置控制器，单关节位置控制系统结构如图 7.23 所示。

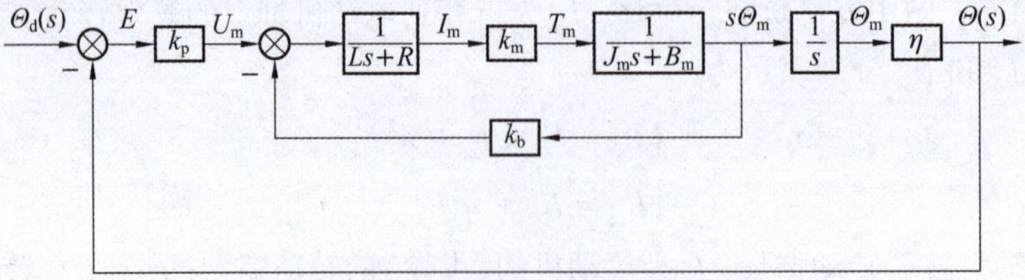

图 7.23　单关节位置控制系统结构

图 7.23 中，E 为伺服误差，k_p 为位置反馈增益，此时有

$$\begin{cases} E(s) = \Theta_d(s) - \Theta(s) \\ U_m = k_p[\Theta_d(s) - \Theta(s)] \end{cases} \tag{7.25}$$

可得系统的开环传递函数为

$$\frac{\Theta(s)}{E(s)}=\frac{\eta k_{\mathrm{m}}k_{\mathrm{p}}}{s[LJ_{\mathrm{m}}s^2+(LB_{\mathrm{m}}+RJ_{\mathrm{m}})s+(RB_{\mathrm{m}}+k_{\mathrm{m}}k_{\mathrm{b}})]} \tag{7.26}$$

在实际情况下，电枢电感 L 较小，通常可忽略不计，因此式(7.26)可简化为

$$\frac{\Theta(s)}{E(s)}=\frac{\eta k_{\mathrm{m}}k_{\mathrm{p}}}{s[RJ_{\mathrm{m}}s+RB_{\mathrm{m}}+k_{\mathrm{m}}k_{\mathrm{b}}]} \tag{7.27}$$

因此可得系统的闭环传递函数为

$$\frac{\Theta(s)}{\Theta_{\mathrm{d}}(s)}=\frac{\eta k_{\mathrm{m}}k_{\mathrm{p}}}{RJ_{\mathrm{m}}s^2+(RB_{\mathrm{m}}+k_{\mathrm{m}}k_{\mathrm{b}})s+\eta k_{\mathrm{m}}k_{\mathrm{p}}} \tag{7.28}$$

由式(7.28)可以看出，该单关节位置控制系统是一个二阶系统，为提高系统响应速度，可以增大控制器位置反馈增益 k_p，或者通过增加速度负反馈来改善系统性能，图 7.24 所示为具有速度负反馈的单关节位置控制系统的结构，通常可以由测速发电机测量传动轴角速度。

图 7.24 中，k_1 为测速发电机传递系数，k_{v} 为速度反馈增益，可得系统的开环传递函数为

$$\frac{\Theta(s)}{E(s)}=\frac{\eta k_{\mathrm{m}}k_{\mathrm{p}}}{RJ_{\mathrm{m}}s^2+(RB_{\mathrm{m}}+k_{\mathrm{m}}k_{\mathrm{b}}+k_{\mathrm{m}}k_{\mathrm{v}}k_1)s} \tag{7.29}$$

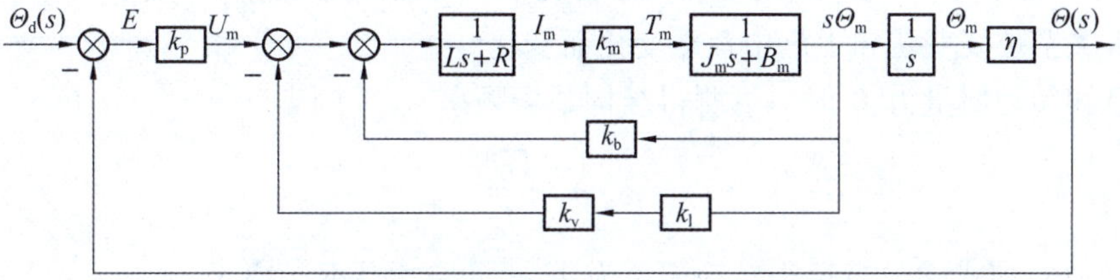

图 7.24　具有速度负反馈的单关节位置控制系统的结构

闭环传递函数为

$$\frac{\Theta(s)}{\Theta_{\mathrm{d}}(s)}=\frac{\eta k_{\mathrm{m}}k_{\mathrm{p}}}{RJ_{\mathrm{m}}s^2+(RB_{\mathrm{m}}+k_{\mathrm{m}}k_{\mathrm{b}}+k_{\mathrm{m}}k_{\mathrm{v}}k_1)s+\eta k_{\mathrm{m}}k_{\mathrm{p}}} \tag{7.30}$$

下面对图 7.24 表示的二阶系统进行分析，确定控制系统参数 k_{p} 和 k_{v}。

根据式(7.30)可得该系统的闭环特征方程为

$$s^2+\frac{(RB_{\mathrm{m}}+k_{\mathrm{m}}k_{\mathrm{b}}+k_{\mathrm{m}}k_{\mathrm{v}}k_1)}{RJ_{\mathrm{m}}}s+\frac{\eta k_{\mathrm{m}}k_{\mathrm{p}}}{RJ_{\mathrm{m}}}=0 \tag{7.31}$$

已知二阶系统闭环特征方程标准式为

$$s^2+2\xi\omega_{\mathrm{n}}s+\omega_{\mathrm{n}}^2=0 \tag{7.32}$$

式中：ξ 为系统的阻尼比；ω_{n} 为系统的无阻尼自然振荡频率。

将式(7.31)与式(7.32)进行对比，可得

$$\begin{cases}2\xi\omega_{\mathrm{n}}=\dfrac{(RB_{\mathrm{m}}+k_{\mathrm{m}}k_{\mathrm{b}}+k_{\mathrm{m}}k_{\mathrm{v}}k_1)}{RJ_{\mathrm{m}}}\\ \omega_{\mathrm{n}}=\sqrt{\dfrac{\eta k_{\mathrm{m}}k_{\mathrm{p}}}{RJ_{\mathrm{m}}}}\end{cases} \tag{7.33}$$

可求得

$$\xi = \frac{(RB_{\mathrm{m}} + k_{\mathrm{m}}k_{\mathrm{b}} + k_{\mathrm{m}}k_{\mathrm{v}}k_{1})}{2\sqrt{\eta k_{\mathrm{m}}k_{\mathrm{p}}RJ_{\mathrm{m}}}} \tag{7.34}$$

在单关节位置控制系统建模过程中假设减速器、轴、轴承及连杆均不可变形，实际上这些元件刚度有限。但是，如果在建模过程中将这些变形和刚性的影响都考虑进去，将得到高阶系统模型，即系统的结构柔性增加了系统的阶次，使问题复杂化。

建模时可不考虑系统的结构柔性，忽略其影响的理由是：如果系统刚度极大，未建模共振的固有频率将非常高，与已建模的二阶主极点的影响相比可以忽略不计，因此，可以建立较为简单的动力学模型。

因为在建模时没有考虑系统的结构柔性，所以不能激发起共振模态，解决该问题的经验方法为闭环系统无阻尼自然振荡频率必须限制在结构共振频率的一半之内，即

$$\omega_{\mathrm{n}} \leqslant \frac{1}{2}\omega_{\mathrm{res}} \tag{7.35}$$

系统的结构共振频率为

$$\omega_{\mathrm{res}} = \sqrt{\frac{k}{J_{\mathrm{m}}}} \tag{7.36}$$

式中：k 表示机器人关节的等效刚度，一般情况下，等效刚度 k 基本不变，等效转动惯量 J_{m} 将随机器人关节位姿变化和手爪中负载变化而变化。

若在已知转动惯量为 J_0 时，可测得结构共振频率 ω_0， 则有

$$\omega_0 = \sqrt{\frac{k}{J_0}} \tag{7.37}$$

由式(7.36)和式(7.37)可得转动惯量为 J_{m} 时的结构共振频率为

$$\omega_{\mathrm{res}} = \omega_0\sqrt{\frac{J_0}{J_{\mathrm{m}}}} \tag{7.38}$$

由式(7.33)、式(7.35)和式(7.38)可得位置反馈增益 k_{p} 的取值范围为

$$0 < k_{\mathrm{p}} \leqslant \frac{\omega_0^2 J_0 R}{4\eta k_{\mathrm{m}}} \tag{7.39}$$

下面讨论速度反馈增益 k_{v} 的取值范围。为保证机器人安全运行，要防止机器人处于欠阻尼的工作状态，希望机器人控制系统为临界阻尼或过阻尼系统，即系统的 $\xi \geqslant 1$， 由式(7.34)可得

$$RB_{\mathrm{m}} + k_{\mathrm{m}}k_{\mathrm{b}} + k_{\mathrm{m}}k_{\mathrm{v}}k_{1} \geqslant 2\sqrt{\eta k_{\mathrm{m}}k_{\mathrm{p}}RJ_{\mathrm{m}}} \tag{7.40}$$

将 $k_{\mathrm{p}} = \dfrac{\omega_0^2 J_0 R}{4\eta k_{\mathrm{m}}}$ 代入式(7.40)，可得

$$k_{\mathrm{v}} \geqslant \frac{\omega_0 R\sqrt{J_0 J_{\mathrm{m}}} - RB_{\mathrm{m}} - k_{\mathrm{m}}k_{\mathrm{b}}}{k_{\mathrm{m}}k_{1}} \tag{7.41}$$

由式(7.41)可以看出，速度反馈增益 k_{v} 的值随 J_{m} 的变化而变化，为简化控制器设计，并保证系统始终工作在临界阻尼或过阻尼状态，将最大的 J_{m} 值代入(7.41)中计算得出 k_{v}，这样可保证系统在任何负载下都不会出现欠阻尼的情况。

7.3.3　操作臂的多关节控制

锁住机器人的其他各关节而依次移动一个关节，这种工作方法显然是低效率的。这种工作过程使执行规定任务的时间变得过长，因而是不经济的。不过，如果要让一个以上的关节同时运动，那么各运动关节间的力和力矩会产生相互作用，而且不能对每个关节应用前述位置控制器。因此，要克服这种相互作用，就必须附加补偿作用。要确定这种补偿，就需要分析机器人的动态特征。

1. 动态方程的拉格朗日公式

动态方程式表示一个系统的动态特征。第 5 章中讨论过动态方程的一般形式和拉格朗日方程，具体如下：

$$T_i = \frac{\mathrm{d}}{\mathrm{d}t}\left(\frac{\partial L}{\partial \dot{q}_i}\right) - \frac{\partial L}{\partial q_i},\ i = 1,\ 2,\ \cdots,\ n$$

$$T_i = \sum_{i=1}^{n} D_{ij}\ddot{q}_j + J_{ai}\ddot{q}_i + \sum_{j=1}^{n}\sum_{k=1}^{n} D_{ijk}\dot{q}_j\dot{q}_k + D_i$$

上面两式中，取 $n=6$，而且 D_{ij}、D_{ijk} 和 D_i 分别表示如下：

$$D_{ij} = \sum_{p=\max\{i,\ j\}}^{6} \mathrm{tr}\left(\frac{\partial \boldsymbol{T}_p}{\partial q_j} I_p \frac{\partial \boldsymbol{T}_p^{\mathrm{T}}}{\partial q_i}\right)$$

$$D_{ijk} = \sum_{p=\max(i,\ j,\ k)}^{6} \mathrm{tr}\left(\frac{\partial^2 \boldsymbol{T}_p}{\partial q_j \partial q_k} I_i \frac{\partial \boldsymbol{T}_p^{\mathrm{T}}}{\partial q_i}\right)$$

$$D_i = \sum_{p=i}^{6} -m_p \boldsymbol{g}^{\mathrm{T}} \frac{\partial \boldsymbol{T}_p}{\partial q_j} {}^p\boldsymbol{r}_p$$

式中：$\boldsymbol{T}_p$ 为力矩；I_p、I_i 为转动惯量；$\boldsymbol{r}_p$ 为位置矢量。

以上的拉格朗日方程是计算机器人系统动态方程的一种重要方法。人们用它来讨论和计算与补偿有关的问题。

2. 各关节间的耦合与补偿

由拉格朗日方程可见，每个关节所需要的力或力矩 T_i，是由五项组成的。第一项表示所有关节转动惯量的作用。在单关节运动情况下，所有其他的关节均被锁住，而且各个关节的转动惯量被集中在一起。在多关节同时运动的情况下，存在有关节间耦合转动惯量的作用。这些力矩项 $\sum_{i=1}^{n} D_{ij}\ddot{q}_j$ 必须通过前馈输入至关节 i 的控制器输入端，以补偿关节间的互相作用，如图 7.25 所示。拉格朗日方程中的第二项表示传动轴上的等效转动惯量为 J 的关节 i 传动装置的惯性力矩，已在单关节控制器中讨论过它。拉格朗日方程中的最后一项是由重力加速度求得的，它也由前馈项 τ_{a} 来补偿。这是个估计的重力矩信号，并由下式计算：

$$\tau_{\mathrm{a}} = (R_{\mathrm{m}}/kk_{\mathrm{R}})\bar{\tau}_g \tag{7.42}$$

式中：$\bar{\tau}_g$ 为重力矩 τ_g 的估计值。采用 D_i 作为关节 i 控制器的最好估计值。据此能够设定关节 i 的 $\bar{\tau}_g$ 值。

拉格朗日方程中的第三项和第四项分别表示向心力和科氏力的作用。这些力矩项也必须

前馈输入至关节 i 的控制器，以补偿各关节间的实际互相作用，如图 7.25 所示。该图中画出了工业机器人的关节 $i(i=1, 2, \cdots, n)$ 控制器的完整框图。要实现这 n 个控制器，必须计算具体机器人的各前馈元件的 D_{ij}、D_{ijk} 和 D_i 的值。

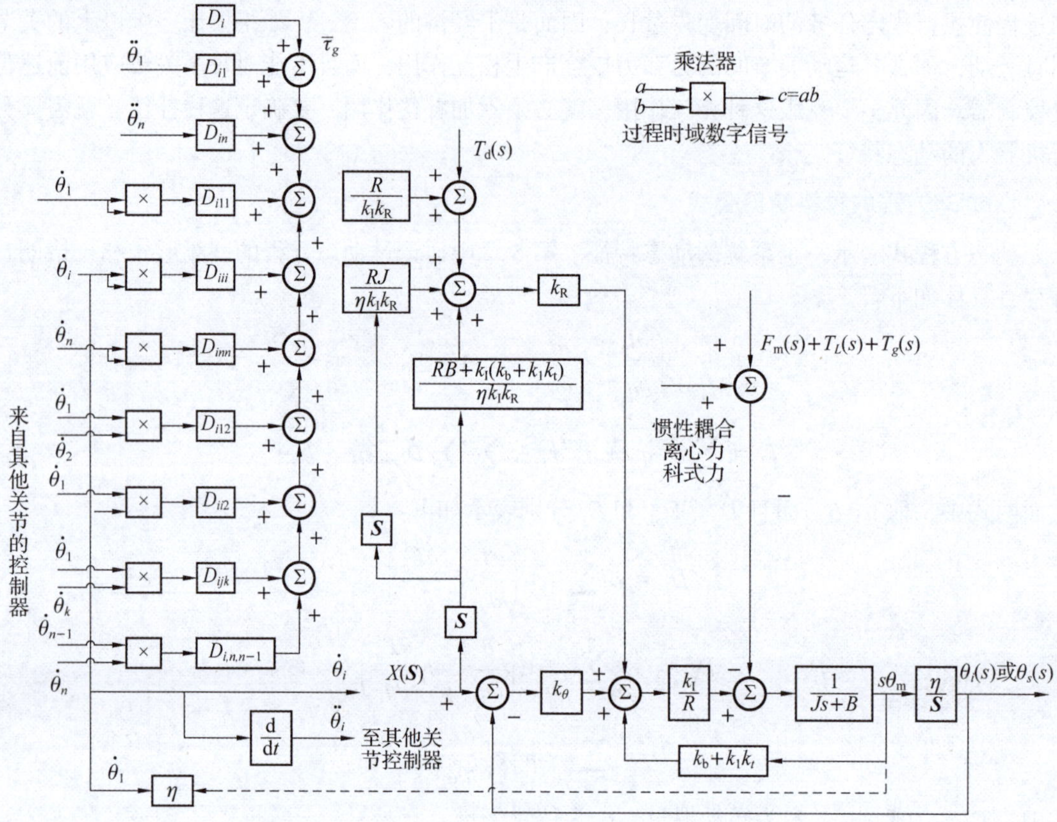

图 7.25　含有 n 个关节的第 i 个关节的完全控制器

3. 耦合转动惯量补偿额的计算

D_{ij} 的计算是十分烦琐的。为了说明这种计算上的困难，把拉格朗日方程扩展为

$$T_i = D_{i1}\ddot{q}_1 + D_{i2}\ddot{q}_2 + \cdots + D_{i6}\ddot{q}_6 + J_{ai}\ddot{q}_i + D_{i11}\dot{q}_1^2 + D_{i22}\dot{q}_2^2 + \cdots + D_{i66}\dot{q}_6^2 + D_i \tag{7.43}$$

对于 $i=1$，式(7.43)中 $D_{i1}=D_{11}$，令 $\theta_i=q_i$，$i=1, 2, \cdots, 6$，那么 D_{11} 的表达式如下：

$$\begin{aligned}
D_{11} &= m_1k_{122}^2 + \\
&m_2[k_{211}^2\mathrm{s}^2\theta_2 + k_{233}^2\mathrm{c}^2\theta_2 + r_2(2\bar{y}_2 + r_2)] + \\
&m_3[k_{322}^2\mathrm{s}^2\theta_2 + k_{333}^2\mathrm{c}^2\theta_2 + r_3(2\bar{z}_2 + r_3)\mathrm{s}^2\theta_2 + r_2^2] + \\
&m_4\left\{\frac{1}{2}k_{411}^2[\mathrm{s}^2\theta_2(2\mathrm{s}^2\theta_4 - 1) + \mathrm{s}^2\theta_4] + \frac{1}{2}k_{422}^2(1 + \mathrm{c}^2\theta_2 + \mathrm{s}^2\theta_4) + \right. \\
&\left.\frac{1}{2}k_{433}^2[\mathrm{s}^2\theta_2(1 - 2\mathrm{s}^2\theta_4) - \mathrm{s}^2\theta_4] + r_3^2\mathrm{s}^2\theta_2 + r_2^2 - 2\bar{y}_4r_3\mathrm{s}^2\theta_2 + 2\bar{z}_4(r_2\mathrm{s}\theta_4 + r_3\mathrm{s}\theta_2\mathrm{c}\theta_2\mathrm{c}\theta_4)\right\} + \\
&m_5\left\{\frac{1}{2}(-k_{511}^2 + k_{522}^2 + k_{533}^2)[(\mathrm{s}\theta_2\mathrm{s}\theta_5 - \mathrm{c}\theta_2\mathrm{s}\theta_4\mathrm{c}\theta_5)^2 + \mathrm{c}^2\theta_4\mathrm{c}^2\theta_5] + \right. \\
&\frac{1}{2}(k_{511}^2 - k_{522}^2 - k_{533}^2)(\mathrm{s}^2\theta_4 + \mathrm{c}^2\theta_2\mathrm{c}^2\theta_4) +
\end{aligned}$$

$$\frac{1}{2}(k_{511}^2+k_{522}^2-k_{533}^2)[(s\theta_2 c\theta_5+c\theta_2 s\theta_4 s\theta_5)^2+c^2\theta_4 c^2\theta_5]+r_3^2 s^2\theta_2+r_2^2+$$

$$2\bar{z}_5[r_3(s^2\theta_2 c\theta_5+s\theta_2 s\theta_4 c\theta_4 s\theta_5)-r_2 c\theta_4 s\theta_5]\Big\}+$$

$$m_6\Big\{\frac{1}{2}(-k_{611}^2+k_{622}^2+k_{633}^2)[(s\theta_2 s\theta_5 c\theta_6-c\theta_2 s\theta_4 c\theta_5 c\theta_6-c\theta_2 c\theta_4 s\theta_6)^2+$$

$$(c\theta_4 c\theta_5 c\theta_6-s\theta_4 s\theta_6)^2]+$$

$$\frac{1}{2}(k_{611}^2+k_{622}^2-k_{633}^2)[(c\theta_2 s\theta_4 s\theta_5+s\theta_2 c\theta_5)^2+c^2\theta_4 s^2\theta_5]+$$

$$[r_6 c\theta_2 s\theta_4 s\theta_5+(r_6 c\theta_5+r_3)s\theta_2]2+(r_6 c\theta_4 s\theta_5-r_2)^2+$$

$$2\bar{z}_6[r_6(s^2\theta_2 c^2\theta_5+c^2\theta_4 s^2\theta_5+c^2\theta_2 s^2\theta_4 s^2\theta_5+2s\theta_2 c\theta_2 s\theta_4 s\theta_5 c\theta_5)+$$

$$r_3(s\theta_2 c\theta_2 s\theta_4 s\theta_5+s^2\theta_2 c\theta_5)-r_2 c\theta_4 s\theta_5]\Big\}$$

式中：$s^2\theta$ 表示 $\sin^2\theta$；$c^2\theta$ 表示 $\cos^2\theta$。

不难看出，对 D_{i1} 的计算并非一项简单的任务。特别是当机器人运动时，如果它的位置和姿态参数都发生变化，那么计算任务就更为艰巨。因此，应力图寻找简化这种计算的新方法。目前已有三种简化方法，即几何/数字法、混合法以及微分变换法。

7.4 机器人的力和位置混合控制

目前用于喷漆、搬运、点焊等操作的工业机器人只具有简单的轨迹控制。轨迹控制适用于机器人的手部在空间沿某一规定的路径运动，在运动过程中手部不与任何外界物体接触。对于执行擦玻璃、转动曲柄、拧螺丝、研磨、打毛刺、装配零件等任务的机器人，其手部与环境之间存在力的作用，且环境中的各种因素不确定，此时仅使用轨迹控制就不能满足要求。执行这些任务时必须让机器人手部沿着预定的轨迹运动，同时提供必要的力使它能克服环境中的阻力或符合工作环境的要求。为了在位置控制系统中能对力进行控制，需要设计一套十分精密的控制装置，同时必须掌握确切的位置参数和环境刚度参数。要制造出这样高精度的机器人，只有放弃对机器人的尺寸、质量方面的追求，并且要付出很高的造价。而对机器人手部上的接触力直接采用控制的方法可以容易地解决此类问题。

以擦玻璃为例，如果机器人手爪抓着一块很大很软的海绵，并且知道玻璃的精确位置，那么通过控制手爪相对于玻璃的位置就可以完成擦玻璃作业；但如果任务是用刮刀刮去玻璃表面上的油漆，而且玻璃表面空间位置不准确，或者手爪的位置误差比较大，由于存在沿垂直于玻璃表面方向的误差，任务执行的结果不是刮刀接触不到玻璃就是刮刀把玻璃打碎。因此，根据玻璃位置来控制擦玻璃的办法是行不通的。比较好的方法是控制工具与玻璃之间的接触力，这样即便是工作环境(如玻璃)位置不准确，也能保持工具与玻璃正确接触。相应地，机器人不但要有轨迹控制的功能，而且要有力控制的功能。

机器人具备了力控制功能后，能胜任更复杂的操作任务，如完成零件装配等复杂任务。如果在手爪上安装力传感器，机器人控制器就能够检测出手爪与环境的接触状态，可以进行使机器人在不确定的环境下与该环境相适应的控制，这种控制称为柔顺控制，是机器人智能化的特征。

机器人具备了力控制功能后，可以在一定程度上放宽它的精度指标，降低对整个机器人体积、质量以及制造精度方面的要求。由于采用了测量力的方法，机器人和作业对象之间的绝对位置误差不像单纯位置控制系统那么重要。由于机器人与物体接触后，即便是中等硬度的物体，相对位置的微小变化都会产生很大的接触力，利用这些力进行控制能提高位置控制的精度。

7.4.1 力控制的基本概念

1. 作业约束

机器人运动学和动力学并没有讨论机器人与环境接触时的关系，但由于力只有在两个物体接触时才产生，机器人的力控制是将环境考虑在内的控制问题，也是在环境约束条件下的控制问题。

机器人在执行任务时一般受到两种约束：一种是自然约束，它是指机器人手部与环境接触时，环境的几何特性构成对作业的约束；另一种是人为约束，它是人为给定的约束，用来描述机器人预期的运动或施加的力。

自然约束是在某种特定的接触情况下自然发生的约束，与机器人的运动轨迹无关。例如，当机器人手部与固定刚性表面接触时，不能自由穿过这个表面，称为自然位置约束；若这个表面是光滑的，则不能对手部施加沿表面切线方向的力，称为自然力约束。一般可将接触表面定义为一个广义曲面，沿曲面法线方向定义自然位置约束，沿曲面切线方向定义自然力约束。

人为约束与自然约束一起规定出希望的运动或作用力，每当指定一个需要的位置轨迹或力时，就要定义一组人为约束条件。人为约束也定义在广义曲面的法线和切线方向上，但人为力约束在法线方向上，人为位置约束在切线方向上，以保证与自然约束相容。

图 7.26 表示出了旋转曲柄和拧螺钉两种任务的自然约束和人为约束。在图 7.26(a)中，约束坐标系建立在曲柄上，随曲柄一起运动，规定 x_C 轴方向总是指向曲柄的轴心。当机器人手部紧握曲柄的手把使曲柄转动时，手把可以绕自身的轴心转动。在图 7.26(b)中，约束坐标系建在螺丝刀顶端，在工作时随螺丝刀一起转动。为了不让螺丝刀从螺钉槽中滑出，以在 y_C 轴方向的力为零作为约束条件之一。在约束坐标系中某个自由度若有自然位置约束，则在该自由度上就应规定人为约束，反之亦然。为适应位置和力的约束，在约束坐标系中的任何给定自由度都要受控制。机器人的位置约束用手部在约束坐标系中的速度分量 $[v_x \quad v_y \quad v_z \quad \omega_x \quad \omega_y \quad \omega_z]^{\mathrm{T}}$ 表示，力的约束用约束坐标系中的力(矩)分量 $[f_x \quad f_y \quad f_z \quad \tau_x \quad \tau_y \quad \tau_z]^{\mathrm{T}}$ 表示。

在图 7.26(a)中，自然约束：$v_x = 0$，$v_z = 0$，$\omega_x = 0$，$\omega_y = 0$，$f_y = 0$，$\tau_z = 0$。

人为约束：$v_y = 0$，$\omega_z = \alpha_1$，$f_x = 0$，$f_z = 0$，$\tau_x = 0$，$\tau_y = 0$。

在图 7.26(b)中，自然约束：$v_x = 0$，$\omega_x = 0$，$\omega_y = 0$，$v_z = 0$，$f_y = 0$，$\tau_z = 0$。

人为约束：$v_y = 0$，$\omega_x = \alpha_2$，$f_x = 0$，$\tau_x = 0$，$\tau_y = 0$，$f_z = \alpha_3$。

可见，自然约束和人为约束把机器人的运动分成两组正交的集合，在控制时必须根据不同的规则对这两组集合进行控制。

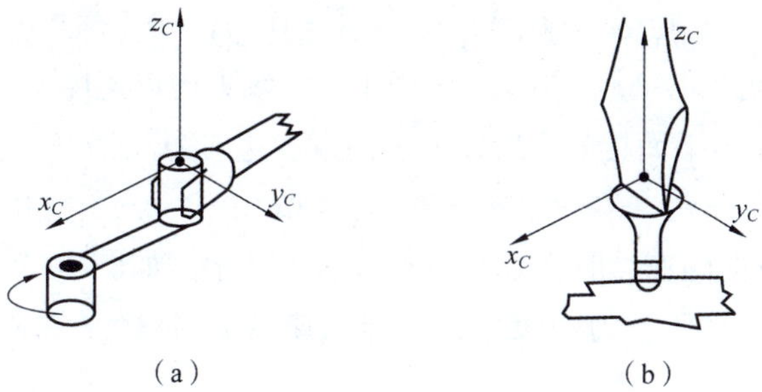

图 7.26　两种任务的自然约束和人为约束

(a)旋转曲柄；(b)拧螺钉

2. 控制策略

对于机器人旋转曲柄和拧螺钉这样的任务，在整个工作过程中自然约束和人为约束保持不变，但在比较复杂的情况下，如机器人执行装配任务时，需要把一个复杂的任务分成若干个子任务，对每个子任务规定约束坐标系和相应的人为约束，各子任务的人为约束组成一个约束序列，按照这个序列实现预期的任务。在执行任务的过程中，必须能够检测出机器人与环境接触状态的变化，以便为机器人跟踪环境(用自然约束描述)提供信息。根据自然约束的变化，调用人为约束条件，实施与自然约束和人为约束相适应的控制。

图 7.27 表示插销入孔的装配过程：首先把销子放在孔的左侧平面上，然后在平面上平移滑动，直到掉入孔中，再将销子向下插入孔底，最后完成销子的装配[图 7.27(d)]。上述每个动作定义为一个子任务，然后分别给出自然约束和人为约束，根据检测出的自然约束条件变化的信息，调用人为约束条件。

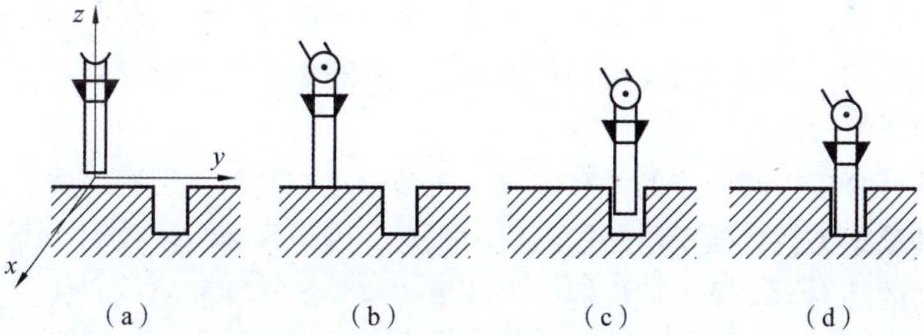

图 7.27　插销入孔的装配过程

如图 7.27(a)所示，将约束坐标系建在销子上，在销子从空中向下落的过程中，销子与环境不接触，其运动不受任何约束，因此自然约束为

$$F = 0$$

根据任务要求，规定任务约束条件是销子沿 z 轴方向以速度 v_z 趋近平面，所以人为约束为

$$\boldsymbol{v} = [0 \quad 0 \quad v_z \quad 0 \quad 0 \quad 0]^{\mathrm{T}}$$

当销子下降到与平面接触时，如图 7.27(b)所示，可以通过力传感器检测到接触的发生，生成一组新的自然约束：销子不能再沿 z 轴方向运动，也不能在 x 和 y 轴方向自由转动，同时在其他 3 个自由度上不能自由地作用力，其自然约束表达式为

$$v_z = 0,\ \omega_x = 0,\ \omega_y = 0,\ f_x = 0,\ f_y = 0,\ \tau_z = 0$$

在此条件下，人为约束应满足销子在平面上沿 y 轴方向以速度 v_h 滑动，并在 z 轴方向施加较小的力 f_i 保持销子与平面接触，所以人为约束表达式为

$$f_z = f_i,\ \tau_x = 0,\ \tau_y = 0,\ v_x = 0,\ v_y = v_h,\ \omega_z = 0$$

当检测到沿 z 轴方向的速度时，表明销子进入了孔中，如图 7.27(c)所示，说明自然约束又发生了变化，必须改变人为约束条件，即以速度 v_{in} 把销子插入孔中。这时，自然约束为

$$v_x = 0,\ v_y = 0,\ \omega_x = 0,\ \omega_y = 0,\ f_z = 0,\ \tau_z = 0$$

相应的人为约束为

$$f_x = 0,\ f_y = 0,\ \tau_x = 0,\ \tau_y = 0,\ v_z = v_{in},\ \omega_x = 0$$

从以上过程可以看出：自然约束的变化是依据检测到的信息来确认的，而这些被检测的信息多数是不受控制的位置或力的变化量。例如，销子从接近到接触，被控制量是位置，而用来确定是否达到接触状态的被检测量是不受控制的力；手部的位置控制是沿着有自然力约束的方向，而手部的力控制则是沿着有自然位置约束的方向。

3. 柔顺控制

所谓柔顺是指机器人对外界环境变化适应的能力。机器人与外界环境接触时，即使外界环境发生了变化(如零件位置或尺寸的变化)，机器人也能够与环境保持预定的接触力，这就是机器人的柔顺能力。为了使机器人具有一定的柔顺能力，需要对机器人进行柔顺控制。柔顺控制的本质是力和位置的混合控制。

实现柔顺控制的方法有两类：一类是力和位置混合控制，另一类是阻抗控制。

所谓力和位置混合控制，是指机器人手部在某个方向受到约束时，同时进行不受约束方向的位置控制和受约束方向的力控制的控制方法。其特点是力和位置是独立控制的以及控制规律是以关节坐标给出的。

阻抗控制不是直接控制期望的力和位置，而是通过控制力和位置之间的动态关系来实现柔顺控制。这种动态关系类似于电路中阻抗的概念，因而称为阻抗控制，顾名思义，就是控制力和位移之间的动力学关系，使机器人手部呈现需要的刚性和阻尼。任一自由度上的机械阻抗是该自由度上的动态力增量与由它引起的动态位移增量之比，机械阻抗是个非线性动态系数，表征了机械动力学系统在任一自由度上的动刚度。

7.4.2 力和位置混合控制

1981 年，雷伯特(Raibert)与克雷格(Craig)提出了经典的力和位置混合控制方法。通过设定力控制空间与位置控制空间为互补子空间，在子空间内，分别实现相应的位置控制与力控制，然后综合实现对操作臂手部的力与位置的混合控制。操作臂力和位置混合控制根据接触力与位置的正交原理来对操作臂手部的力和位置进行控制。在笛卡儿坐标系中对操作臂手部的运动进行分解，在存在自然力约束的方向上进行操作臂的位置控制；在存在自然位置约束的方向上进行操作臂的力控制。利用力反馈控制，根据期望力与接触力的偏差进行闭环控制，使得操作臂手部的作用力达到期望的值。

1. 直角坐标机器人力和位置混合控制

针对三自由度直角坐标机器人在 $Oxyz$ 空间内进行力和位置混合控制研究。假设关节运动方向与约束坐标系 $\{C\}$ 的轴线方向完全一致，即两个关节的轴线分别沿 x、y 和 z 轴方向。为简单起见，设每一个连杆质量为 m，滑动摩擦力为 0，手部与刚性为 k_e 的表面接触。显然，在 y_C 方向需要力控制，而在 x_C、z_C 方向进行位置控制，如图 7.28 所示。力和位置混合控制的第一步是通过设置矩阵 $\boldsymbol{S}$ 来选择力控制环和位置控制环；第二步是根据传感器反馈的力信息和位置信息来完成力回路和位置回路上的闭环控制；最后在约束情况下进行力和轨迹的同时控制，将最终的控制输入分配到各个关节。

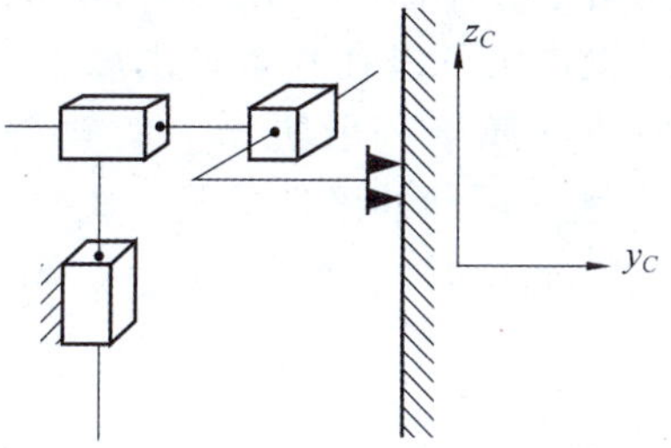

图 7.28　三自由度直角坐标机器人

图 7.29 所示为笛卡儿直角坐标机器人力和位置混合控制系统框图，该混合控制系统由位置控制律和力控制律来实现力和位置的反馈跟踪。采用变换矩阵 $\boldsymbol{S}$ 和 $\boldsymbol{S}'$ 来决定采用哪种控制模式，从而实现对每个自由度的位置控制或力控制。$\boldsymbol{S}$ 为对角矩阵，对角线上的元素非 0 即 1。对于位置控制，矩阵 $\boldsymbol{S}$ 中元素为 1 的位置在矩阵 $\boldsymbol{S}'$ 中对应元素为 0；对于力控制，矩阵 $\boldsymbol{S}$ 中元素为 0 的位置在 $\boldsymbol{S}'$ 中对应元素为 1。这样，矩阵 $\boldsymbol{S}$ 和 $\boldsymbol{S}'$ 就形成了一个互锁开关，用来确定约束空间下每一个自由度的控制方式。

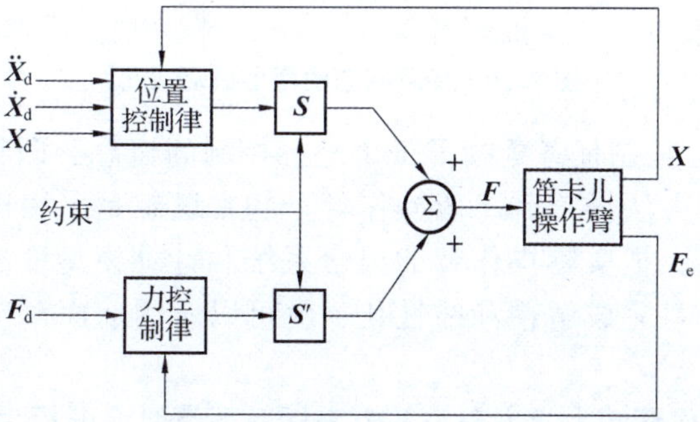

图 7.29　笛卡儿直角坐标机器人力和位置混合控制系统框图

对于三自由度关节机器人，其矩阵 $\boldsymbol{S}$ 应该有 3 个分量受到限定。根据其任务描述，在 x_C、z_C 轴方向实施位置伺服控制，所以矩阵 $\boldsymbol{S}$ 中对应元素为 1，实现该方向上的轨迹控制；在 y_C 轴方向实施力伺服控制，位置轨迹将被忽略，则 $\boldsymbol{S}'$ 对角线方向上的 0 和 1 元素与矩阵 $\boldsymbol{S}$ 的相反。因此

$$\boldsymbol{S}=\begin{bmatrix}1&0&0\\0&0&0\\0&0&1\end{bmatrix},\ \boldsymbol{S}'=\begin{bmatrix}0&0&0\\0&1&0\\0&0&0\end{bmatrix} \tag{7.44}$$

对于机器人操作臂的力和位置混合控制系统，位置反馈主要是利用操作臂安装的编码器来检测关节角位移并求解出操作臂终端位移，完成位置反馈；力反馈通常是利用安装在操作臂末端关节与执行器之间的力(矩)传感器(腕力传感器)来检测手部6个方向的力(矩)，并且与期望值比较，完成力反馈控制，从而实现对机器人操作臂相互正交的位置和力同时控制。

力检测有多种方法。如关节电动机电流检测、关节扭矩传感器检测、腕力传感器检测等。

2. 一般机器人力和位置混合控制

图7.30所示为接触状态的两个极端情况。在图7.30(a)中，操作臂在自由空间移动，所有约束力为0，6个自由度的操作臂可以在6个自由度方向上实现任意位姿，但是在任何方向上均无法施加力，这种情况属于一般机器人的轨迹跟踪或者位置控制问题。图7.30(b)所示为操作臂手部紧贴墙面运动的极端情况。此时，操作臂无法沿垂直墙面方向施加位置控制，但可以施加力控制。同样，操作臂无法沿墙面方向施加力控制，但可以施加位置控制。

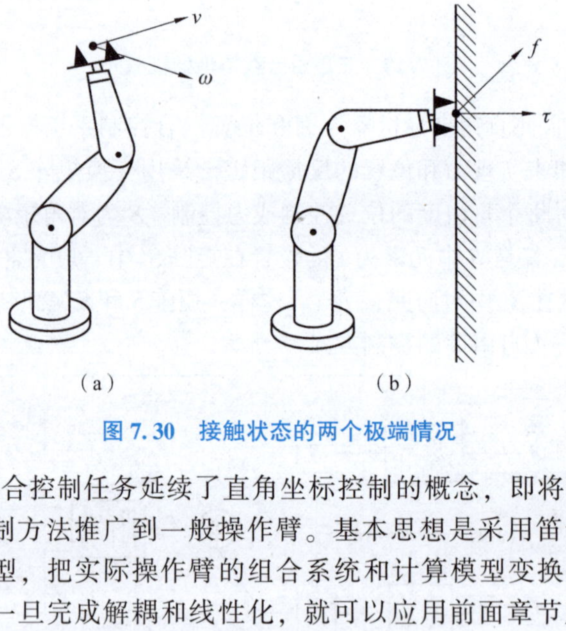

图7.30 接触状态的两个极端情况

图7.30所示的混合控制任务延续了直角坐标控制的概念，即将笛卡儿直角坐标操作臂的力和位置混合控制方法推广到一般操作臂。基本思想是采用笛卡儿直角坐标操作臂的工作空间动力学模型，把实际操作臂的组合系统和计算模型变换成一系列独立的、解耦的单位质量系统，一旦完成解耦和线性化，就可以应用前面章节所介绍的方法来进行控制。

笛卡儿坐标系下操作臂动力学方程与关节坐标系下类似，可写为

$$\boldsymbol{F}=\boldsymbol{M}_x(\theta)\ddot{\boldsymbol{X}}+\boldsymbol{V}_x(\theta,\ \dot{\theta})+\boldsymbol{G}_x(\theta) \tag{7.45}$$

式中：$\boldsymbol{F}$ 为末端的力矢量；$\boldsymbol{X}$ 为末端的位姿；$\boldsymbol{M}_x$ 为惯性矩阵；$\boldsymbol{V}_x$ 为速度项矢量；$\boldsymbol{G}_x$ 为重力项矢量。上述所有量均为操作空间下的量。

图7.31所示为笛卡儿直角坐标操作臂的解耦形式。显然，通过这种解耦计算，操作臂将呈现为一系列解耦的单位质量系统。对于这种混合控制策略，笛卡儿坐标系的工作空间动力学方程和雅可比矩阵都应在约束坐标系{C}中描述。

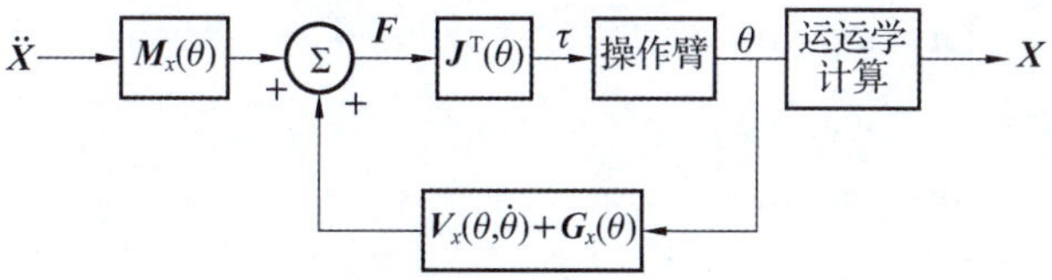

图 7.31　笛卡儿直角坐标操作臂的解耦形式

对操作臂控制系统来说，根据任务描述所建立的约束坐标系与混合控制器解耦方法所采用的笛卡儿坐标系是一致的，因此只需要将这二者结合就可以推广到一般的力和位置混合控制器。图 7.32 所示为一般操作臂的力和位置混合解耦控制系统框图。需要注意的是，这里的动力学方程为工作空间动力学方程，而非关节空间。这就要求运动学方程中包含工作空间坐标系的坐标变换，所检测到的力也要变换到工作空间。

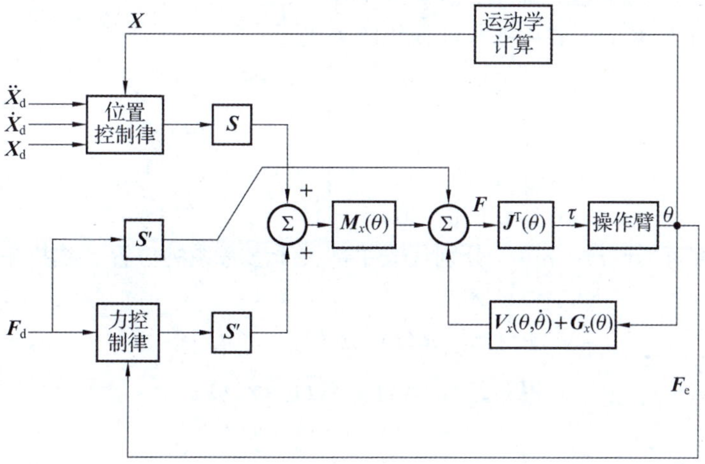

图 7.32　一般操作臂的力和位置混合解耦控制系统框图

7.5　分解运动控制

在机器人的运动学中，已知机器人手部欲到达的位姿，通过运动学方程的求解可求出各关节需转过的角度。所以运动过程中各个关节的运动并不是相互独立的，而是各轴相互关联、协调地运动。机器人运动的控制实际上是通过各轴伺服系统分别控制来实现的。所以机器人手部的运动，必须分解到各个轴的分运动，即手部运动的速度、加速度和力(矩)必须分解为各个轴的速度、加速度和力(矩)，由各轴伺服系统的独立控制来完成。然而，各轴伺服系统的控制往往在关节坐标系下进行，而用户通常采用笛卡儿坐标系来表示手部的位姿，所以有必要进行各种运动参数包括速度、加速度和力(矩)的分解运动控制。分解运动控制能很大程度上化简为完成某个任务而对运动顺序提出的要求。本节将讨论分解运动的求解问题。

7.5.1　关节坐标与直角坐标间的运动关系

对于手爪的姿态，可以用欧拉角来表示：

$$\boldsymbol{R}=\begin{bmatrix} n_x & o_x & a_x \\ n_y & o_y & a_y \\ n_z & o_z & a_z \end{bmatrix}$$

$$=\begin{bmatrix} c\alpha & -s\alpha & 0 \\ s\alpha & c\alpha & 0 \\ 0 & 0 & 1 \end{bmatrix}\begin{bmatrix} c\beta & 0 & s\beta \\ 0 & 1 & 0 \\ -s\beta & 0 & c\beta \end{bmatrix}\begin{bmatrix} c\alpha & -s\alpha & 0 \\ s\alpha & c\alpha & 0 \\ 0 & 0 & 1 \end{bmatrix} \tag{7.46}$$

$$=\begin{bmatrix} c\gamma c\beta & -s\gamma c\alpha + c\gamma s\beta s\alpha & s\gamma s\alpha + c\gamma s\beta c\alpha \\ s\gamma c\beta & c\gamma c\alpha + s\gamma s\beta s\alpha & -c\gamma s\alpha + s\gamma s\beta c\alpha \\ -s\beta & c\beta s\alpha & c\beta c\alpha \end{bmatrix}$$

式中：α、β、γ，分别为横滚、俯仰、偏转三个欧拉角；$s\alpha$、$s\beta$、$s\gamma$ 分别表示 $\sin\alpha$、$\sin\beta$、$\sin\gamma$；$c\alpha$、$c\beta$、$c\gamma$ 分别表示 $\cos\alpha$、$\cos\beta$、$\cos\gamma$。

手部在直角坐标系的位姿用齐次变换矩阵来表示：

$$\boldsymbol{T}_6=\begin{bmatrix} n_x & o_x & a_x & p_x \\ n_y & o_y & a_y & p_y \\ n_z & o_z & a_z & p_z \\ 0 & 0 & 0 & 1 \end{bmatrix}=\begin{bmatrix} \boldsymbol{n} & \boldsymbol{o} & \boldsymbol{a} & \boldsymbol{p} \\ 0 & 0 & 0 & 1 \end{bmatrix} \tag{7.47}$$

令 $\boldsymbol{P}(t)$、$\boldsymbol{\Phi}(t)$、$\boldsymbol{v}(t)$、$\boldsymbol{\omega}(t)$ 分别代表手部关于参考系的位置、欧拉角、线速度和角速度矢量。

$$\boldsymbol{P}(t)=[p_x(t) \quad p_y(t) \quad p_z(t)]^{\mathrm{T}}$$
$$\boldsymbol{\Phi}(t)=[\alpha(t) \quad \beta(t) \quad \gamma(t)]^{\mathrm{T}}$$
$$\boldsymbol{v}(t)=[v_x(t) \quad v_y(t) \quad v_z(t)]^{\mathrm{T}}$$
$$\boldsymbol{\omega}(t)=[\omega_x(t) \quad \omega_y(t) \quad \omega_z(t)]^{\mathrm{T}}$$

式中：$\boldsymbol{v}(t)=\dfrac{\mathrm{d}\boldsymbol{P}(t)}{\mathrm{d}t}=\dot{\boldsymbol{P}}(t)$。

根据旋转矩阵的正交性，有

$$\boldsymbol{R}^{-1}=\boldsymbol{R}^{\mathrm{T}}=\boldsymbol{R}\boldsymbol{R}^{\mathrm{T}}=\boldsymbol{I}\Rightarrow\frac{\mathrm{d}\boldsymbol{R}}{\mathrm{d}t}\boldsymbol{R}^{\mathrm{T}}+\boldsymbol{R}\frac{\mathrm{d}\boldsymbol{R}^{\mathrm{T}}}{\mathrm{d}t}=0\Rightarrow\boldsymbol{R}\frac{\mathrm{d}\boldsymbol{R}^{\mathrm{T}}}{\mathrm{d}t}=-\frac{\mathrm{d}\boldsymbol{R}}{\mathrm{d}t}\boldsymbol{R}^{\mathrm{T}}=-\begin{bmatrix} 0 & -\omega_z & \omega_y \\ \omega_z & 0 & -\omega_x \\ -\omega_y & \omega_x & 0 \end{bmatrix} \tag{7.48}$$

由上式可以得出 $[\omega_x(t) \quad \omega_y(t) \quad \omega_z(t)]^{T}$ 与 $[\dot{\alpha}(t) \quad \dot{\beta}(t) \quad \dot{\gamma}(t)]^{\mathrm{T}}$ 之间的关系为

$$\begin{bmatrix} \omega_x(t) \\ \omega_y(t) \\ \omega_z(t) \end{bmatrix}=\begin{bmatrix} c\gamma c\beta & -s\gamma & 0 \\ s\gamma c\beta & c\gamma & 0 \\ -s\beta & 0 & 1 \end{bmatrix}\begin{bmatrix} \dot{\alpha}(t) \\ \dot{\beta}(t) \\ \dot{\gamma}(t) \end{bmatrix} \tag{7.49}$$

或

$$\begin{bmatrix}\dot{\alpha}(t)\\ \dot{\beta}(t)\\ \dot{\gamma}(t)\end{bmatrix}=\begin{bmatrix}c\gamma & s\gamma & 0\\ -s\gamma c\beta & c\gamma c\beta & 0\\ c\gamma s\beta & s\gamma s\beta & c\beta\end{bmatrix}\begin{bmatrix}\omega_x(t)\\ \omega_y(t)\\ \omega_z(t)\end{bmatrix} \tag{7.50}$$

写成矩阵形式为

$$\dot{\boldsymbol{\Phi}}(t)=\boldsymbol{E}(\varphi)\boldsymbol{\omega}(t) \tag{7.51}$$

利用手部与关节之间的运动关系，已知关节速度可以求出手部的速度和角速度为

$$\begin{bmatrix}\boldsymbol{v}(t)\\ \boldsymbol{\omega}(t)\end{bmatrix}=\boldsymbol{J}(q)\dot{\boldsymbol{q}}(t)=[\boldsymbol{J}_1(q)\quad \boldsymbol{J}_2(q)\quad \cdots \quad \boldsymbol{J}_6(q)]\,\dot{\boldsymbol{q}}(t) \tag{7.52}$$

式中：$\dot{\boldsymbol{q}}(t)=[\dot{q}_1 \quad \cdots \quad \dot{q}_6]^{\mathrm{T}}$ 为关节速度矢量，$\boldsymbol{J}(q)$ 为 6×6 雅可比矩阵，其第 i 列矢量 $\boldsymbol{J}_i(q)$ 由下式给出

$$\boldsymbol{J}_i(q)=\begin{cases}\begin{bmatrix}\boldsymbol{Z}_i\times(\boldsymbol{P}-\boldsymbol{P}_i)\\ \boldsymbol{Z}_i\end{bmatrix} & (\text{转动关节 } i)\\ \begin{bmatrix}\boldsymbol{Z}_i\\ 0\end{bmatrix} & (\text{移动关节 } i)\end{cases} \tag{7.53}$$

式中：$\boldsymbol{P}_i$ 是坐标系$\{i\}$的原点相对于参考系的位置矢量；$\boldsymbol{Z}_i$ 代表坐标系 $\{i\}$ 的 z 轴单位矢量；$\boldsymbol{P}$ 为手部相对参考系的位置矢量。

可以求出关节速度为

$$\dot{\boldsymbol{q}}(t)=\boldsymbol{J}^{-1}(q)\begin{bmatrix}\boldsymbol{v}(t)\\ \boldsymbol{\omega}(t)\end{bmatrix} \tag{7.54}$$

对上式求导得到（对时间求导）手爪加速度为

$$\begin{bmatrix}\dot{\boldsymbol{v}}(t)\\ \dot{\boldsymbol{\omega}}(t)\end{bmatrix}=\dot{\boldsymbol{J}}(q)\dot{\boldsymbol{q}}(t)+\boldsymbol{J}(q)\ddot{\boldsymbol{q}}(t)=\dot{\boldsymbol{J}}(q)\boldsymbol{J}^{-1}(q)\begin{bmatrix}\boldsymbol{v}(t)\\ \boldsymbol{\omega}(t)\end{bmatrix}+\boldsymbol{J}(q)\ddot{\boldsymbol{q}}(t) \tag{7.55}$$

可以求出关节加速度为

$$\ddot{\boldsymbol{q}}(t)=\boldsymbol{J}^{-1}(q)\begin{bmatrix}\dot{\boldsymbol{v}}(t)\\ \dot{\boldsymbol{\omega}}(t)\end{bmatrix}-\boldsymbol{J}^{-1}(q)\dot{\boldsymbol{J}}(q)\boldsymbol{J}^{-1}(q)\begin{bmatrix}\boldsymbol{v}(t)\\ \boldsymbol{\omega}(t)\end{bmatrix} \tag{7.56}$$

根据上面推导的关节坐标和直角坐标之间的运动关系，便可得到各种分解运动的控制算法。

7.5.2 分解运动速度控制

机器人在直角坐标系中手部速度和关节速度之间的关系为

$$\dot{\boldsymbol{X}}(t)=\boldsymbol{J}(q)\dot{\boldsymbol{q}}(t) \tag{7.57}$$

式中：$\boldsymbol{J}(q)$ 是雅可比矩阵。

分解运动速度控制通过各关节电动机联合运行，以保证手爪沿笛卡儿坐标稳定运动。先把手爪运动分解为各关节的期望速度，然后对各关节实行速度伺服控制。图 7.33 所示为分解运动速度控制框图。

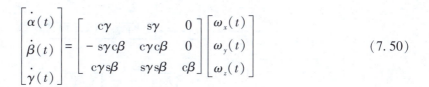

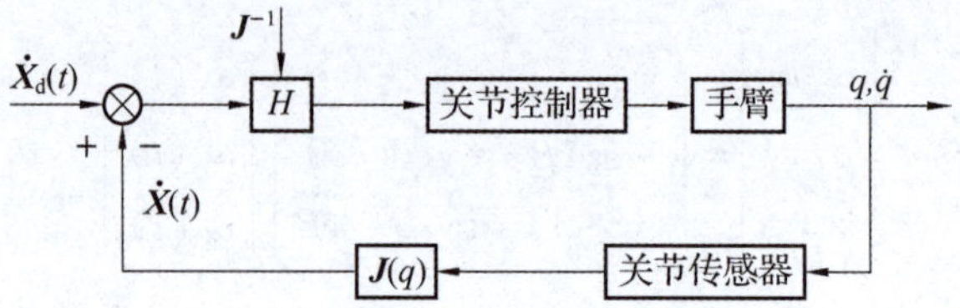

图 7.33　分解运动速度控制框图

(1)对于无冗余的机器人(6 个自由度)，有

$$\dot{\boldsymbol{q}}(t)=\boldsymbol{J}^{-1}(q)\dot{\boldsymbol{X}}(t) \tag{7.58}$$

(2)对于有冗余的机器人(大于 6 个自由度)，其雅可比矩阵不存在。根据矩阵理论中广义逆矩阵的知识可得式(7.59)，其为式(7.55)的最小二乘解。

$$\dot{\boldsymbol{q}}(t)=\boldsymbol{J}^{+}(q)\dot{\boldsymbol{X}}(t) \tag{7.59}$$

式中：$\boldsymbol{J}^{+}(q)$ 为矩阵 $\boldsymbol{J}(q)$ 的广义逆矩阵。

当 $\boldsymbol{J}(q)$ 满秩时，存在如下关系

$$\boldsymbol{J}^{+}(q)=\boldsymbol{J}(q)^{\mathrm{T}}[\boldsymbol{J}(q)\boldsymbol{J}(q)^{\mathrm{T}}]^{-1} \tag{7.60}$$

通过式(7.58)可简化广义逆矩阵的求解。式(7.58)可简写为

$$\boldsymbol{J}^{+}=\boldsymbol{J}^{\mathrm{T}}(\boldsymbol{J}\boldsymbol{J}^{\mathrm{T}})^{-1} \tag{7.61}$$

冗余自由度机器人目前在机器人领域有广泛的应用，这种机器人具有自运动特性，通过这种特性可改善机器人的灵活性和可操作性，例如可使机器人完成诸如避障、避开关节角度极限位置、避开运动学奇异形位、实现最小运动能耗、改善机器人关节力矩分配等功能。

式(7.58)和式(7.59)为两种不同情况下机器人关节速度的方程，通过方程可构造机器人运动控制方案，将机器人手部的运动分解为各关节的运动，因此这种控制方法称为分解运动速度控制。

7.5.3　分解运动加速度控制

机器人分解运动的加速度控制是分解运动速度控制概念的扩展，其方法是把机器人手部在笛卡儿坐标系下的加速度值分解为关节坐标系下相应各关节的加速度，这样根据相应的系统动力学模型就可以计算出所需施加到各关节电动机上的控制力矩。

手部的实际位姿和指定位姿的齐次变换矩阵为

$$\boldsymbol{H}(t)=\begin{bmatrix}\boldsymbol{n}(t) & \boldsymbol{o}(t) & \boldsymbol{a}(t) & \boldsymbol{p}(t)\\ 0 & 0 & 0 & 1\end{bmatrix} \tag{7.62}$$

$$\boldsymbol{H}_{\mathrm{d}}(t)=\begin{bmatrix}\boldsymbol{n}_{\mathrm{d}}(t) & \boldsymbol{o}_{\mathrm{d}}(t) & \boldsymbol{a}_{\mathrm{d}}(t) & \boldsymbol{p}_{\mathrm{d}}(t)\\ 0 & 0 & 0 & 1\end{bmatrix} \tag{7.63}$$

手部的位置误差为实际位置与指定位置之差，即

$$\boldsymbol{e}_{\mathrm{p}}(t)=\boldsymbol{p}_{\mathrm{d}}(t)-\boldsymbol{p}(t)=\begin{bmatrix}\boldsymbol{p}_{\mathrm{d}x}(t)-\boldsymbol{p}_{x}(t)\\ \boldsymbol{p}_{\mathrm{d}y}(t)-\boldsymbol{p}_{y}(t)\\ \boldsymbol{p}_{\mathrm{d}z}(t)-\boldsymbol{p}_{z}(t)\end{bmatrix} \tag{7.64}$$

手部的方向误差定义为实际方向与指定方向的偏差，即

$$e_\theta(t)=\frac{1}{2}[\boldsymbol{n}(t)\times\boldsymbol{n}_d(t)+\boldsymbol{o}(t)\times\boldsymbol{o}_d(t)+\boldsymbol{a}(t)\times\boldsymbol{a}_d(t)] \tag{7.65}$$

操作臂的控制在于使这些误差减少至0。

对于6杆操作臂，可以把线速度 $\boldsymbol{v}(t)$ 和角速度 $\boldsymbol{\omega}(t)$ 合并成6维矢量 $\dot{\boldsymbol{X}}(t)$，即

$$\dot{\boldsymbol{X}}(t)=\begin{bmatrix}\boldsymbol{v}(t)\\ \boldsymbol{\omega}(t)\end{bmatrix}=\boldsymbol{J}(q)\dot{\boldsymbol{q}} \tag{7.66}$$

两边对 t 再求导得

$$\ddot{\boldsymbol{X}}(t)=\boldsymbol{J}(q)\ddot{\boldsymbol{q}}+\dot{\boldsymbol{J}}(q\cdot\dot{q})\dot{\boldsymbol{q}} \tag{7.67}$$

分解运动加速度的闭环控制是将手部位姿误差减小至0。事先规划出操作臂的直角轨迹，手部相对于基础坐标系的预期位置、速度、加速度以后，可对操作臂的每个关节驱动器施加力矩或力，使实际线加速度满足

$$\dot{\boldsymbol{v}}(t)=\dot{\boldsymbol{v}}_d(t)+k_v(\boldsymbol{v}_d(t)-\boldsymbol{v}(t))+k_p(\boldsymbol{p}_d(t)-\boldsymbol{p}(t)) \tag{7.68}$$

实际角加速度应满足

$$\dot{\boldsymbol{\omega}}(t)=\dot{\boldsymbol{\omega}}_d(t)+k_v(\boldsymbol{\omega}_d(t)-\boldsymbol{\omega}(t))+k_p\boldsymbol{e}_0 \tag{7.69}$$

将以上两式合并得

$$\ddot{\boldsymbol{X}}(t)=\ddot{\boldsymbol{X}}_d(t)+k_v(\dot{\boldsymbol{X}}_d(t)-\dot{\boldsymbol{X}}(t))+k_p\boldsymbol{e}(t) \tag{7.70}$$

求出关节加速度为

$$\begin{aligned}\ddot{\boldsymbol{q}}(t)&=\boldsymbol{J}^{-1}(q)[\ddot{\boldsymbol{X}}_d(t)+k_v(\dot{\boldsymbol{X}}_d(t)-\dot{\boldsymbol{X}}(t))+k_p\boldsymbol{e}(t)-\dot{\boldsymbol{J}}(q,\dot{q})\dot{\boldsymbol{q}}(t)]\\&=-k_v\dot{\boldsymbol{q}}(t)+\boldsymbol{J}^{-1}(q)[\ddot{\boldsymbol{X}}_d(t)+k_v\dot{\boldsymbol{X}}_d(t)+k_p\boldsymbol{e}(t)-\dot{\boldsymbol{J}}(q,\dot{q})\dot{\boldsymbol{q}}(t)]\end{aligned} \tag{7.71}$$

式中：$\dot{\boldsymbol{X}}_d(t)=\begin{bmatrix}\boldsymbol{v}_d(t)\\ \boldsymbol{\omega}_d(t)\end{bmatrix}$；$\boldsymbol{e}(t)=\begin{bmatrix}\boldsymbol{e}_p(t)\\ \boldsymbol{e}_\theta(t)\end{bmatrix}=\begin{bmatrix}\boldsymbol{p}_d(t)-\boldsymbol{p}(t)\\ \boldsymbol{\varphi}_d(t)-\boldsymbol{\varphi}(t)\end{bmatrix}$。期望值为给定的，误差值通过测量得到。

7.5.4 分解运动力控制

分解运动力控制是指确定加于机械手各关节驱动器的控制力矩，使机械手的手部执行期望的笛卡儿位置控制。该控制方法的优点在于：它不以机械手复杂的动力学方程为基础，但仍然具有补偿臂部结构变化、连杆重力和内摩擦的能力。

分解运动力控制是建立在分解力矢量 $\boldsymbol{F}$（由腕力传感器获得）和关节驱动器的关节力矩 $\boldsymbol{\tau}$ 之间关系的基础上的。该控制技术由笛卡儿位置控制和力收敛控制构成。位置控制计算出加于手部的期望力和力矩，以便跟踪某个期望的笛卡儿轨迹。力收敛控制确定每个驱动器需要的关节力矩，使手部能够维持由位置控制得到的期望力和力矩。图7.34给出了分解运动力控制框图。

图7.34中，分解力矢量 $\boldsymbol{F}=[f_x\ \ f_y\ \ f_z\ \ m_x\ \ m_y\ \ m_z]^T$，关节力矩 $\boldsymbol{\tau}=[\tau_1\ \ \tau_2\ \ \cdots\ \ \tau_n]^T$，它们作用于每个关节的驱动器，以抵消工具受到的负载力。其中，$[f_x\ \ f_y\ \ f_z]^T$ 和 $[m_x\ \ m_y\ \ m_z]^T$ 分别为手部在坐标系内的笛卡儿力和力矩。$\boldsymbol{F}$ 和 $\boldsymbol{\tau}$ 的关系可由下式表示：

$$\boldsymbol{\tau}(t)=\boldsymbol{J}^T(q)\boldsymbol{F}(t) \tag{7.72}$$

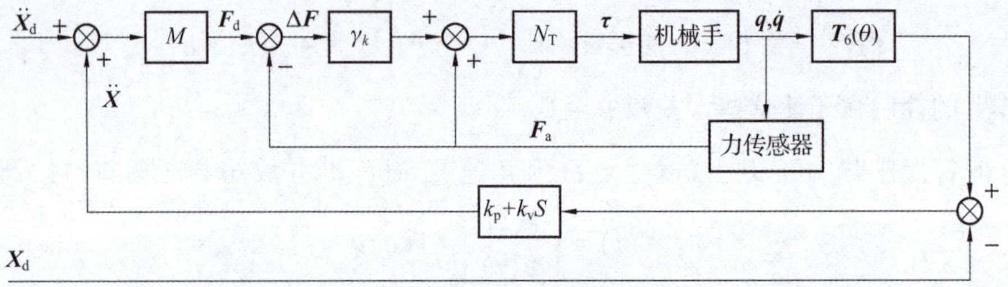

图 7.34 分解运动力控制框图

因为分解运动加速度控制的目标在于跟踪手部的笛卡儿位置，所以，必须指定一个合适的位置-时间轨迹作为臂部变换矩阵 $\boldsymbol{T}_6(\theta)$，它是关于臂部坐标系的速度 $[v_x(t)\quad v_y(t)\quad v_z(t)]^{\mathrm{T}}$ 和角速度 $[\omega_x(t)\quad \omega_y(t)\quad \omega_z(t)]^{\mathrm{T}}$ 的函数。也就是说，期望时变臂部变换矩阵 $\boldsymbol{T}_6(\theta+\Delta t)$ 可表示为

$$\boldsymbol{T}_6(\theta+\Delta t)=\boldsymbol{T}_6(t)\begin{bmatrix}1 & -\omega_z(t) & \omega_y(t) & v_x(t)\\ \omega_z(t) & 1 & -\omega_x(t) & v_y(t)\\ -\omega_y(t) & \omega_x(t) & 1 & v_z(t)\\ 0 & 0 & 0 & 1\end{bmatrix}\Delta t \tag{7.73}$$

然后，期望的笛卡儿速度 $\dot{\boldsymbol{X}}_{\mathrm{d}}(t)=[v_x,\ v_y,\ v_z,\ \omega_x,\ \omega_y,\ \omega_z]^{\mathrm{T}}$ 可从下列矩阵的元素得到：

$$\begin{bmatrix}1 & -\omega_z(t) & \omega_y(t) & v_x(t)\\ \omega_z(t) & 1 & -\omega_x(t) & v_y(t)\\ -\omega_y(t) & \omega_x(t) & 1 & v_z(t)\\ 0 & 0 & 0 & 1\end{bmatrix}=\frac{1}{\Delta t}\boldsymbol{T}_6^{-1}(t)\boldsymbol{T}_6(\theta+\Delta t) \tag{7.74}$$

据上式即可得笛卡儿速度误差 $\dot{\boldsymbol{X}}_{\mathrm{d}}-\dot{\boldsymbol{X}}$，此误差与式(7.66)中的速度误差不同：因为式(7.74)采用齐次变换矩阵方法，而在式(7.68)中速度误差只要对 $\boldsymbol{p}_{\mathrm{d}}(t)-\boldsymbol{p}(t)$ 求导即可得到。

类似地，可得期望笛卡儿加速度 $\ddot{\boldsymbol{X}}_{\mathrm{d}}(t)$ 为

$$\ddot{\boldsymbol{X}}_{\mathrm{d}}(t)=\frac{\dot{\boldsymbol{X}}_{\mathrm{d}}(\theta+\Delta t)-\dot{\boldsymbol{X}}_{\mathrm{d}}(t)}{\Delta t} \tag{7.75}$$

基于比例微分控制方法，如果不存在臂部的位置和速度误差，就可使实际笛卡儿加速度尽可能接近地跟踪期望笛卡儿加速度。这可从设置下列实际笛卡儿加速度来实现：

$$\ddot{\boldsymbol{X}}=\ddot{\boldsymbol{X}}_{\mathrm{d}}(t)+k_{\mathrm{v}}[\dot{\boldsymbol{X}}_{\mathrm{d}}(t)-\dot{\boldsymbol{X}}(t)]+k_{\mathrm{p}}[\boldsymbol{X}_{\mathrm{d}}(t)-\boldsymbol{X}(t)] \tag{7.76}$$

或者

$$\ddot{\boldsymbol{e}}_x(t)+k_{\mathrm{v}}\dot{\boldsymbol{e}}_x(t)+k_{\mathrm{p}}\boldsymbol{e}_x(t)=0 \tag{7.77}$$

选择 k_{v} 和 k_{p} 值，使得式(7.75)的特征根的实部为负，那么，$\boldsymbol{X}(t)$ 将渐近收敛至 $\boldsymbol{X}_{\mathrm{d}}(t)$。

以上述控制技术为基础，应用牛顿第二定律，得

$$\boldsymbol{F}_{\mathrm{d}}(t)=\boldsymbol{M}\ddot{\boldsymbol{X}}(t) \tag{7.78}$$

可得校正位置误差所需要的期望笛卡儿力和力矩。在上式中，$\boldsymbol{M}$ 为质量矩阵，其对角元素为负载的总质量和负载主轴的惯性矩 I_{xx}、I_{yy}、I_{zz}。因此，据式(7.72)，可把期望笛卡儿力 $\boldsymbol{F}_{\mathrm{d}}$ 分解为关节力矩：

$$\boldsymbol{\tau}(t)=\boldsymbol{J}^{\mathrm{T}}(q)\boldsymbol{F}_{\mathrm{d}}(t)=\boldsymbol{J}^{\mathrm{T}}(q)\boldsymbol{M}\ddot{\boldsymbol{X}}(t) \tag{7.79}$$

一般情况下，与机械手的质量相比，负载质量是可以忽略不计的。这时，分解运动力控制系统工作良好。不过，若负载质量接近机械手质量，则臂部位置通常不收敛于期望位置。这是因为有些关节力矩被用于连杆加速。为了补偿这些负载和加速度的作用，把力收敛控制引入分解运动力控制，作为它的第二部分。

力收敛控制方法是以罗宾斯-门罗(Robbins-Monro)随机近似方法为基础的，它确定实际笛卡儿力 $\boldsymbol{F}_{\mathrm{a}}$，使得受观测的臂部笛卡儿力(由腕力传感器测量)收敛于(由上述位置控制技术得到的)期望笛卡儿力 $\boldsymbol{F}_{\mathrm{d}}$。如果被测力矢量 $\boldsymbol{F}_{\mathrm{o}}$ 和期望笛卡儿力 $\boldsymbol{F}_{\mathrm{d}}$ 之间的误差大于用户设计的阈值 $\Delta\boldsymbol{F}(k)=\boldsymbol{F}_{\mathrm{d}}(k)-\boldsymbol{F}_{\mathrm{o}}(k)$，那么，实际笛卡儿力由下式加以校正：

$$\boldsymbol{F}_{\mathrm{a}}(k+1)=\boldsymbol{F}_{\mathrm{a}}(k)+\gamma_k\Delta\boldsymbol{F}(k) \tag{7.80}$$

式中：$\gamma_k=1/(k+1)$，$k=1$，2，…，N。理论上，N 值必须是大的；然而在实际上，N 值的选择是以力收敛为基础的。根据计算机仿真研究表明，N 取1或2能够提供相当好的力矢量收敛。

总之，具有力收敛控制的分解运动力控制具有下列优点：能够推广至各种不同的负载条件和任何自由度数的机械手，而不增加计算的复杂性。

7.6 本章小结

本章首先讨论机器人控制的特点以及控制方式，在简述机器人控制方式的分类之后，着重分析各控制变量之间的关系和主要控制层次。把机器人的控制层次建立在智能机器人控制的基础上，把它分为三级，即人工智能级、控制模式级和伺服系统级，并建立起变量矢量之间的4种模型。

在机器人控制中，离不开传感器的检测，对位置或者速度进行检测的传感器称为机器人的内部传感器，对力、距离等进行检测的传感器称为外部传感器。内部传感器重点介绍了位置传感器中的光电编码器，对于外部传感器，对力传感器、接近觉传感器等分别进行了介绍。

本章重点对机器人控制中的位置控制、力和位置控制、分解运动控制进行介绍。位置控制是机器人最基本的控制，主要讨论了机器人位置控制的两种结构——关节空间控制结构和直角坐标空间控制结构，并以PUMA机器人为例，介绍了伺服控制结构。在此基础上，分别讨论了单关节位置控制器和多关节位置控制器，涉及这些控制器的结构、数学模型及耦合与补偿。对于机器人的位置和力控制，阐述了柔顺控制以及自然约束、人为约束和力/位置混合控制等的基本概念。在这一章节，着重分析力和位置混合控制的方案与控制规律。对于机器人的分解运动控制，在阐明分解运动控制原理的基础上，探讨了机器人的分解运动速度控制、分解运动加速度控制和分解运动力控制，并分别研究了它们的控制框图和动力学关系。分解运动把机器人的运动分解为沿各笛卡儿坐标轴的独立运动，各运动间以不同速度协调运行。它们之间的位姿关系，由4×4齐次矩阵表示，并进一步推导机械手手部和关节的线速度矢量、角速度矢量以及加速度矢量的运动方程。

习 题

1. 机器人的控制特点是什么？

2. 机器人常用的控制方式是什么？

3. 机器人的控制层次如何划分？各层次相互之间有什么关系？

4. 传感器的主要性能参数有哪几个？

5. 简述位移传感器中的绝对式光电编码器和增量式光电编码器的工作原理。

6. 检测角度精度为0.1时，增量式光电编码器的透光缝隙数应不少于多少？

7. 检测角度精度为0.4时，绝对式光电编码器的码道个数应不少于多少？

8. 分析外部传感器中力矩传感器的测量原理。

9. 图7.35所示为机器人位置控制系统框图，试分析该控制系统的工作过程以及关节位置和关节速度的作用。

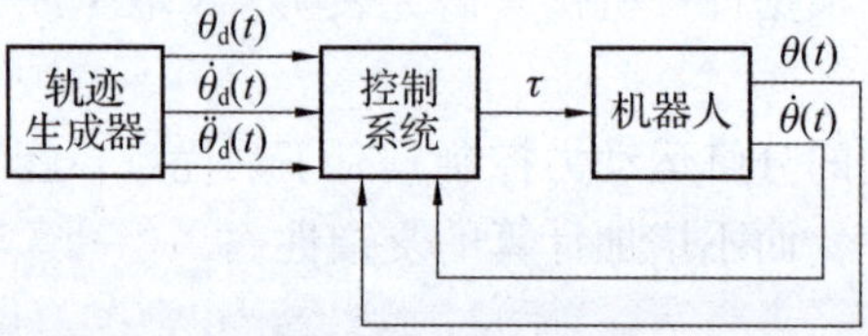

图7.35 9题图

10. 图7.36所示为一个带有速度反馈的单关节位置闭环系统框图，设机器人空载时转动惯量为J_0，结构的共振频率为ω_0；负载工作时转动惯量是J。试分析其框图，表达出无阻尼自然频率ω_n和阻尼比ξ，使得系统稳定工作时的位置反馈增益k_p和速度反馈增益k_v的范围。

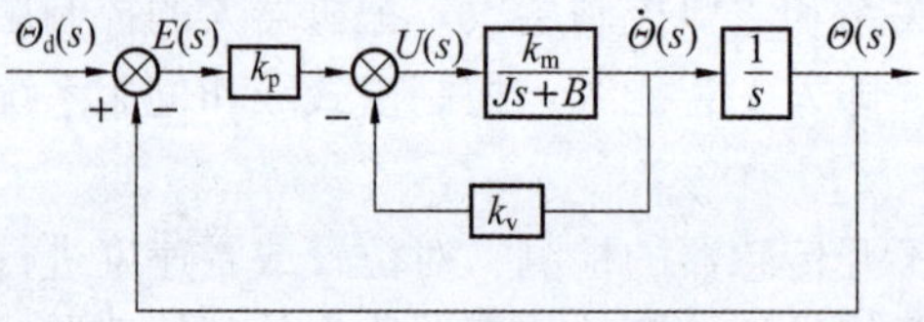

图7.36 10题图

11. 什么是自然约束与人为约束？

12. 请给出用操作臂拔掉香槟塞这一任务的自然约束和人为约束。可以做出必要的合理假设。用简图表示坐标系{C}的定义。

13. 分解运动控制的思路及实现方法是什么？

14. 分解运动加速度控制的目的是什么？怎样实现？

第 8 章 工业机器人

机器人的工业应用可分为四个方面，即材料加工、零件制造、产品检验和装配。其中，材料加工往往是最简单的；零件制造包括锻造、焊接、捣碎和铸造等；产品检验包括显式检验(在加工过程中或加工后检验产品表面质量和几何形状、零件和尺寸的完整性)和隐式检验(在加工过程中检验零件质量或表面的完整性)两种；装配是最复杂的应用领域，因为它可能包含在线检验、零件供给、配套、挤压和紧固等工序。

从 20 世纪下半叶起，世界机器人产业一直保持着稳步增长的良好势头。进入 20 世纪 90 年代，机器人产品发展速度加快，年增长率平均在 10%左右。2004 年增长率达到创记录的 20%。其中，亚洲机器人增长幅度最为突出，高达 43%。

下面介绍工业机器人在制造工业部门较为广泛的典型应用，主要有焊接机器人、搬运码垛机器人、喷涂机器人和装配机器人。

8.1 工业机器人的应用准则与工作站设计

工业机器人自动化生产线已经成为自动化装备的主流和未来的发展方向。本节围绕工业机器人的应用准则及工作站的一般设计原则进行阐述，以帮助建立机器人工作站设计的基本思路。

8.1.1 工业机器人的应用准则

在设计和应用工业机器人时，应全面和均衡地考虑机器人的通用性、耐久性、可靠性、经济性和对环境的适应性等因素，具体遵循的准则如下。

(1)在恶劣的环境中应用机器人。机器人可以在有毒、噪声、高温等危险或有害的环境中长期稳定地工作。

(2)在生产率和生产质量落后的部门应用机器人。用机器人高效地完成一些简单、重复性的工作，可提高生产效率和生产质量。

(3)机器人的使用寿命。如果经常对机械设备进行保养和维修，有可能使机械设备的寿命超过人类。

(4)机器人的使用成本。若使用机器人能够带来更大的效益，则可优先选用机器人。

(5)应用机器人时需要操作人员。要考虑机器人的实际工作情况，机器人只能在操作人员的控制下完成一些特定的工作。

8.1.2 机器人工作站的一般设计原则

机器人工作站是指使用一台或多台机器人，配以相应的周边设备，用于完成某一特定工序作业的独立生产系统，也可称为机器人工作单元。机器人工作站主要由机器人操作机、控制系统、辅助设备及其他周边设备组成。手部等辅助设备及其他周边设备随应用场合和工件特点的不同存在着较大差异，因此这里只阐述一般机器人工作站的设计原则。

机器人工作站的设计是一项较为灵活多变、关联因素甚多的技术工作，若将共同因素抽象出来，可得出下列一般设计原则：

(1)设计前必须充分分析作业对象，拟订最合理的作业工艺；

(2)必须满足作业的功能要求和环境条件；

(3)必须满足生产节拍要求；

(4)整体及各组成部分必须全部满足安全规范及标准；

(5)各设备及控制系统应具有故障显示及报警装置；

(6)便于维护修理；

(7)操作系统便于联网控制；

(8)工作站便于组线；

(9)操作系统应简单明了，便于操作和人工干预；

(10)经济实惠，快速投产。

8.2 焊接机器人

焊接机器人代替人工焊接，不仅可以降低焊接工人的劳动强度，同时，也能保证焊接质量、提高生产效率。在焊接生产过程中，采用机器人焊接是自动化技术现代化的主要标志。

8.2.1 焊接机器人概述

机器人仅是一个控制运动和姿态的操作机，机器人要完成焊接作业，必须依赖控制系统与辅助设备的支持和配合，一起组成一个焊接机器人系统。完整的焊接机器人系统一般由以下几个部分组成：机器人操作机、变位机、控制器、焊接电源及相关装置控制(专用焊接电源、焊枪或焊钳等)、焊接传感器、中央控制计算机和相应的安全设备等，如图8.1所示。

机器人操作机是焊接机器人系统的执行机构，其任务是精确地保证手部(焊枪)所要求的位姿并实现其运动。一般情况下，工业机器人操作机从结构上应具有3个及以上的可自由编程运动关节。由于具有6个旋转关节的铰接开链式机器人操作机从运动学上已被证明能以最小的结构尺寸获取最大的工作空间，并且能以较高的位置精度和最优的路径到达指定位置，这种类型的机器人操作机已在焊接领域得到了广泛的应用。

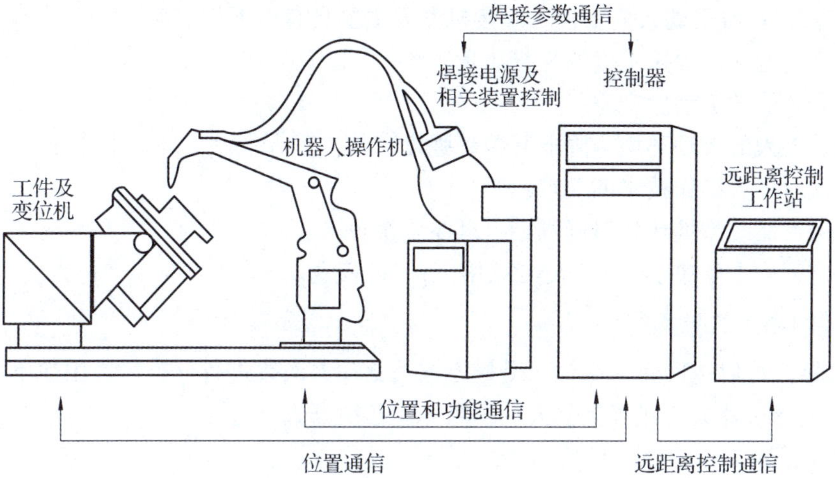

图 8.1 焊接机器人系统的组成

变位机作为机器人焊接生产线及焊接柔性加工单元的重要组成部分，其作用是将被焊工件旋转(平移)到最佳的焊接位置。在焊接作业前和焊接过程中，变位机通过夹具装卡和定位被焊工件，对工件的不同要求决定了变位机的负载能力及其运动方式。通常，焊接机器人系统采用两台变位机，一台进行焊接作业，另一台则完成工件装卸，从而提高系统的运行效率。

控制器是整个机器人系统的神经中枢。控制器负责处理焊接机器人工作过程中的全部信息和控制其全部动作。

焊接系统是焊接机器人得以完成作业的必需装备，其主要由焊钳或焊枪、焊接控制器以及水、电、气等辅助部分组成。焊接控制器是焊接系统的控制装置，它根据预定的焊接监控程序，完成焊接参数输入、焊接程序控制及焊接系统故障自诊断，并实现与上位机的通信联系。用于弧焊机器人的焊接电源及送丝设备由于参数选择的需要，必须由机器人控制系统直接控制，电源的功率和接通时间必须与自动过程相符。

焊接传感器的任务是实现工件坡口的定位、跟踪以及焊缝熔透信息的获取。在焊接过程中，尽管机器人操作机、变位机、装卡设备和工具能达到很高的精度，但由于存在被焊工件几何尺寸和位置误差以及焊接过程中的热变形，焊接传感器仍是焊接过程中不可缺少的设备。

中央控制计算机在工业机器人向系统化和网络化的发展过程中发挥着重要的作用。通过相应接口与机器人控制器相连接，中央控制计算机主要用于在同一层次或不同层次的计算机间形成通信网络，同时与传感系统相配合，实现焊接路径和参数的离线编程、焊接专家系统的应用及生产数据的管理。

安全设备是焊接机器人系统安全运行的重要保障，主要包括驱动系统过热自断电保护、动作超限位自断电保护、超速自断电保护、机器人系统工作空间干涉自断电保护及人工急停断电保护等，它们起到防止机器人伤人或周边设备的作用。在机器人的工作部还装有各类触觉或接近觉传感器，可以使机器人在过分接近工件或发生碰撞时停止工作。

8.2.2 焊接机器人的特点、分类及结构形式

1. 焊接机器人的特点

目前，焊接机器人作为一种自动化设备，具有通用性强、工作稳定等优点，且操作简

单、功能丰富，日益受到人们重视。焊接机器人主要具有以下优点：

(1)可稳定地提高焊接工件的焊接质量；

(2)提升企业的劳动生产率；

(3)改善工人的劳动环境，降低其劳动强度，替代工人在恶劣环境下作业；

(4)降低对工人操作技术的要求；

(5)缩短产品改型换代的时间周期，减少资金投入；

(6)一定程度上解决了“请工人难”“用工荒”的问题。

2. 焊接机器人的分类

焊接机器人可以按用途、结构、受控方式及驱动方法等进行分类。按用途不同，焊接机器人可分为点焊机器人、弧焊机器人以及激光焊接机器人。

1)点焊机器人

点焊机器人是指进行点焊自动作业的工业机器人，手部持握的作业工具是焊钳。最初，点焊机器人只被用于增强焊接作业，后来逐渐被用于定位焊接作业。点焊机器人系统典型的应用领域是汽车工业。汽车车体装配时，约60%的焊点是由点焊机器人来完成的。

2)弧焊机器人

弧焊机器人是指进行电弧焊自动作业的工业机器人，其手部持握的工具是焊枪。弧焊机器人在许多行业中得到广泛应用，是工业机器人最大的应用领域。弧焊机器人不只是一台以规划的速度和姿态携带焊枪移动的单机，还包括各种电弧焊附属装置在内的柔性焊接系统。在弧焊作业中，焊枪应跟踪工件焊道运动，并不断填充金属形成焊缝，因此运动过程中速度稳定性和轨迹精度是两项重要指标。同时，由于焊枪姿态对焊缝质量也有一定影响，因此希望焊枪姿态的可调范围尽量大。由于弧焊过程比点焊过程要复杂一些，工具中心点，也就是焊丝端头的运动路径、焊枪的姿态、焊接的参数都要求精确掌控。所以弧焊机器人还必须具备一些适应弧焊要求的功能。

3)激光焊接机器人

激光焊接机器人是指进行激光焊自动作业的工业机器人，通过高精度工业机器人实现更加柔性的激光加工作业，其手部持握的工具是激光加工头。激光焊接机器人以半导体激光器为焊接热源，广泛应用于手机、笔记本电脑等电子设备摄像头零件的焊接。

3. 焊接机器人的主要结构形式

焊接机器人主要有两种结构形式：串联式结构形式和平行四边形结构形式。

1)串联式结构形式

串联式结构形式的主要优点是：上、下臂活动范围大，机器人工作空间几乎可达一个球体。因此，采用这种结构形式的机器人可倒挂在机架上工作，节省占地面积，方便地面物件流动。

2)平行四边形结构形式

采用平行四边形结构形式的机器人的上臂通过一根拉杆驱动，拉杆与下臂组成一个平行四边形的两条边。早期开发的采用该结构形式的机器人难以倒挂工作。轻型和重型机器人都可采用该结构形式。

近年来，点焊机器人大多选用平行四边形结构形式的机器人。

8.2.3　点焊机器人工作站系统

点焊机器人工作站系统由本体控制部分及焊接控制部分组成。本体控制部分主要是实现示教再现、焊点位置及精度控制，焊接控制部分主要控制焊机焊接等。

点焊控制器、供电系统、供气系统、供水系统以及焊钳等组成了点焊机器人的焊机部分。

8.2.4　弧焊机器人工作站系统

典型的弧焊机器人工作站系统主要包括：机器人系统、焊接电源系统、焊枪防碰撞传感器、变位机、焊接工装系统、清枪器、控制系统、安全系统和排烟除尘系统等。

弧焊机器人工作站按照功能和复杂程度不同，可分为无变位机的普通弧焊机器人工作站、不同变位机与弧焊机器人组合的工作站以及焊接机器与周边设备作协调运动的工作站，以下着重介绍前两种工作站。

1. 无变位机的普通弧焊机器人工作站

凡是焊接时工件可以不用变位，而机器人的活动范围又能达到所有焊缝或焊点位置的情况，都可以采用无变位机的普通弧焊机器人工作站(以下简称普通弧焊机器人工作站)，它是一种能用于焊接生产且具有最小组成设备的一套弧焊机器人系统。这种工作站的投资比较低，特别适合初次应用焊接机器人的工厂选用。由于此设备操作简单、容易掌握、故障率低，所以能较快地在生产中发挥作用，取得较好的经济效益。

普通弧焊机器人工作站可使用不同的焊接方法，如熔化极气体保护焊、非熔化极气体保护焊、等离子弧焊与切割、激光焊接与切割、火焰切割及喷涂等。

普通弧焊机器人工作站一般由弧焊机器人(包括机器人本体、机器人控制柜、示教盒、弧焊电源和接口、送丝机、焊丝盘支架、送丝软管、焊枪、防撞传感器、操作控制盘及各设备间相连接的电缆、气管和冷却水管等)、机器人底座、工作台、工件夹具、围栏、安全保护设施和排烟罩等部分组成，必要时可再加一套焊枪喷嘴清理及剪丝装置。普通弧焊机器人工作站的一个特点是焊接时工件只被夹紧固定而不作变位。因此，除夹具需根据工件情况单独设计外，其他都是标准的通用设备或简单的结构件。

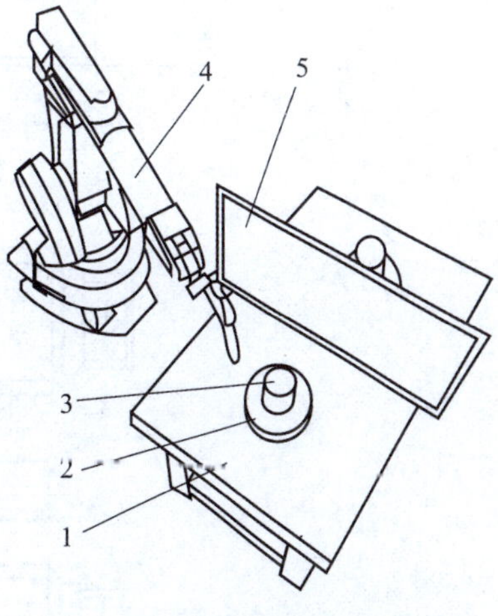

1—工作台；2—夹具；3—工件；
4—弧焊机器人；5—挡光板。

图 8.2　普通弧焊机器人工作站

图 8.2 所示为一种普通弧焊机器人工作站，其用于焊接圆罐与碟形顶盖的水平封闭圆形角焊缝。由于焊缝处于水平位置，工件不必变位；而且弧焊机器人的焊枪可由机器人带动作圆周运动完成圆形焊缝的焊接，不必使工件自转，从而节省两套工件自转的驱动系统，可简化结构，降低成本。这种简易工作站采用两个工位，在工作台上装两个或更多夹具，可以同时固定两个或两个以上的工件，一个工位上的工件在焊接，其他工位上的工件在装卸或等待。工位之间用挡光板隔开，避免弧光及飞溅物对操作人员的伤害。这种工作站一般都采用

手动夹具。当操作人员将工件装夹固定好之后，按下操作盘上的准备完毕按钮。这样一旦机器人完成当前工件的焊接工作，就会自动转到已经装好的待焊工件的工位上接着焊接。机器人就这样轮流在各个工位间进行焊接，有效地提高了其使用率，而操作人员轮流在各工位装卸工件。

2. 不同变位机与弧焊机器人组合的工作站

这里所说的不同变位机与弧焊机器人组合的工作站是指在焊接时工件需要变动位置，但不需要变位机与机器人协调运动的机器人工作站。这种工作站比普通弧焊机器人工作站要复杂一些。根据工件结构和工艺要求的不同，所配套的变位机与弧焊机器人也有不同的组合形式。在焊接自动化生产中，此类工作站应用范围最广，应用数量也最多。下面按不同类型的典型例子来介绍它们的组合形式、特点和应用情况。

1) 单轴变位机与弧焊机器人组合的工作站

图 8.3 是一种塞拉门框架机器人焊接工作站简图，其用于焊接塞拉门框架。该工作站由两套伺服控制头、尾架单轴变位机、2 套焊接可翻转夹具、1 套机器人本体、焊接控制系统及移动滑台等组成，该工作站具有如下特点。

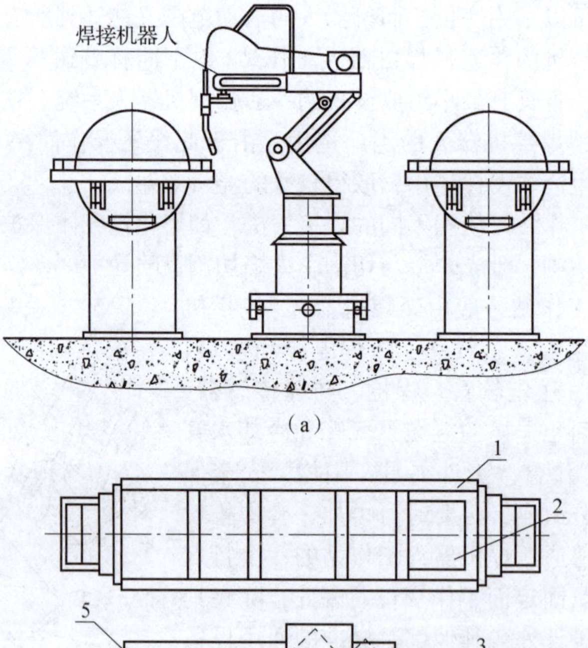

(a)

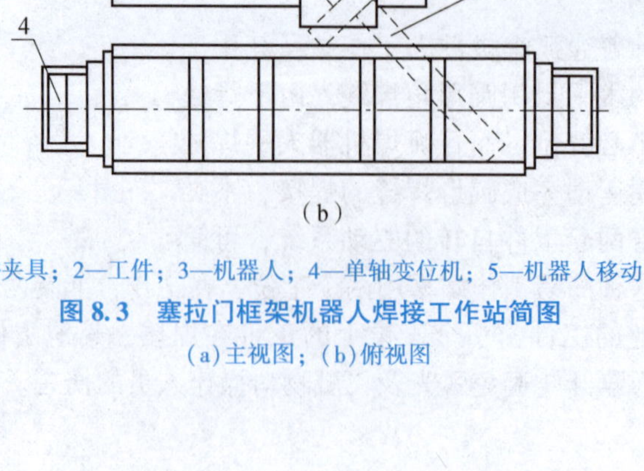

(b)

1—工件夹具；2—工件；3—机器人；4—单轴变位机；5—机器人移动导轨。

图 8.3　塞拉门框架机器人焊接工作站简图

(a) 主视图；(b) 俯视图

(1)系统节拍的紧凑性。该工作站具有两个装夹工作台，操作人员在机器人对其中一个工作台上的工件进行焊接时，可完成另一个工作台上工件的装夹，体现了系统节拍的紧凑性。

(2)系统的柔性。系统的柔性关键是焊接夹具的柔性，即装夹工作台可适应一定范围内的变化。塞拉门型号、规格改变时，控制系统只需对该工作站的作业文件进行修改即可。

(3)防护的可靠性。系统采用整体防护，安全可靠。机器人焊接时，电弧与操作人员之间有可升降的遮光板，避免电弧伤害操作者的眼睛。

2)旋转-倾斜变位机与弧焊机器人组合的工作站

图8.4和图8.5所示分别为2台两轴变位机和1台五轴双L型变位机与弧焊机器人组成的工作站。这两种方案都可以形成两个工位。但对2台两轴变位机与弧焊机器人组成的工作站来说，操作者装卸工件时，需在两个变位机之间来回走动，每天要走许多路；而1台五轴双L型变位机与弧焊机器人组成的工作站就没有这个缺点，但其设备投资较多。无论哪一种组合方案，工件焊接时都既能作倾斜变位，又能作旋转(自转)变位，有利于保证焊接质量。

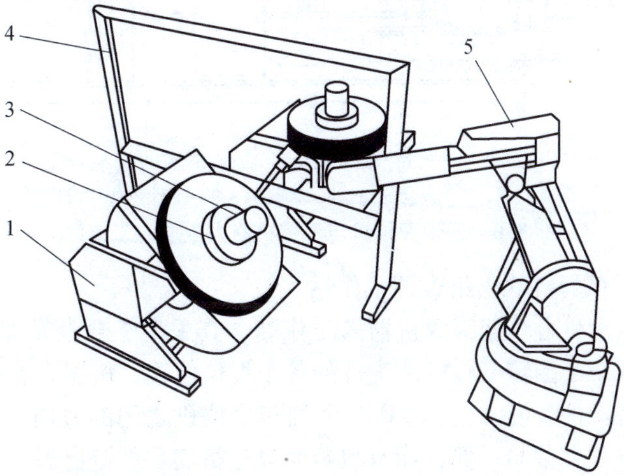

1—两轴变位机；2—夹具；3—工件；4—挡光板；5—弧焊机器人。

图8.4 2台两轴变位机与弧焊机器人组成的工作站

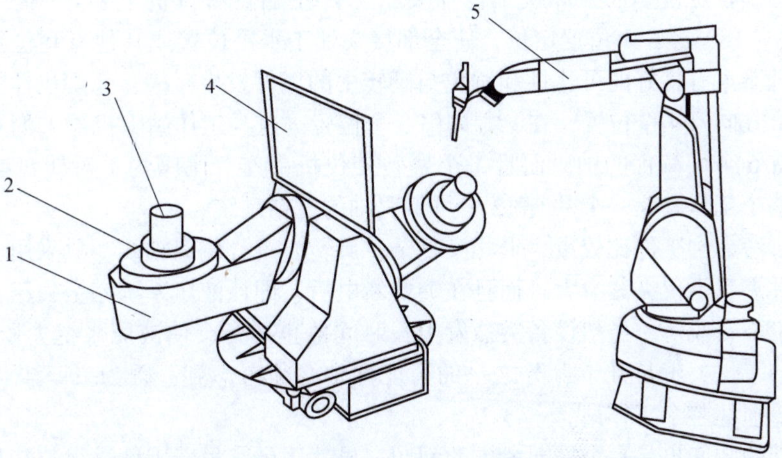

1—五轴双L型变位机；2—夹具；3—工件；4—挡光板；5—弧焊机器人。

图8.5 1台五轴双L型变位机与弧焊机器人组成的工作站

但生产中有时并不需要工件做这么多的运动，为了减少投资可选用三轴变位机，图 8.6 所示为三轴变位机与弧焊机器人组成的工作站。该工作站与上面介绍的两种变位机与弧焊机器人组合的工作站的区别在于多了 2 个分度机构。分度机构的水平轴带动工件每次转 90°(4 分度)，使接缝处于水平位置进行焊接。

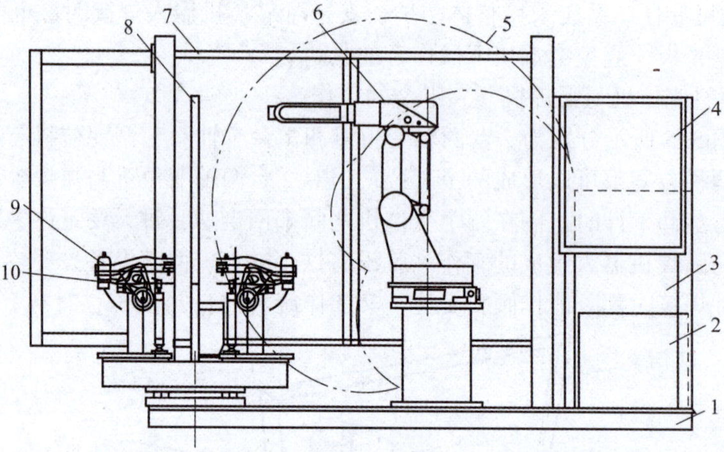

1—底板；2—焊接电源；3—机器人控制柜；4—工作站控制柜；5—机器人工作范围；6—弧焊机器人；7—安全围栏；8—挡光板；9—工件；10—分度机构。

图 8.6　三轴变位机与弧焊机器人组成的工作站

3) 翻转变位机与弧焊机器人组合的工作站

图 8.7 所示为推土机台车架弧焊机器人工作站，其采用 2 台翻转变位机形成 2 个工位。为了使机器人能达到 2 个翻转变位机上工件的各个焊接位置，机器人安放在 2 个组成十字形的滑轨上，使之能沿工件长度方向(x)和 2 个翻转变位机之间的方向(y)移动。因工件既重(1 t)又长(4 m)，重心又偏向一侧，而且组装时只进行简单的定位焊，为了避免工件翻转时受力过大使定位焊点开裂，选用头座和尾座双主动的翻转变位机，使工件在转动时不传递力矩。翻转变位机的转盘和机器人的十字滑轨都由交流伺服电动机驱动，编码器反馈位置信息，可以任意编程定位。根据焊接工艺需要，工件在翻转变位机上要在-90°、-45°、0°、+45°、+90°、+180°等 6 个位置定位，使全部接头处于水平位置或其他有利位置由机器人焊接。为了使机器人有良好的可达性和避免与翻转中的工件发生碰撞，弧焊机器人在焊接每一工件时需在 x 方向停 4 个位置，在 y 方向停 3 个位置。这类工作站除机器人的 6 个轴外，其外围设备还有 6 个可编程的轴，而且每个翻转变位机头座、尾座的 1 对转盘必须作同步转动。因此，整个工作站是一个共有 12 个可编程轴的复杂系统。

在设计时考虑到工件比较重，形状又复杂，旋转时重心偏离轴线，故采用了带自锁的液压夹具。这种夹具不仅夹紧力大，而且在突然断电后，即使液压系统完全失压，工件无论处于何种位置也不会脱落。虽然设备突然发生长时间停止运行会使液压系统失压的概率很低，但对于较重的工件，就是几十万分之一的可能性也必须考虑到，因为一旦工件从夹具中脱落，将会严重损坏整个工作站。

较重工件的装卸也是一个需要考虑的问题。虽然用吊车吊着工件进行装卸是可能的，但在此种方式下工件摇晃不定，装卸很不方便还有碰坏夹具或机器人的危险。推土机台车架弧焊机器人工作站采用了液压升降支承台和液压可移动尾座的方案。装工件时，先将尾座向后移，松开夹具，支承台升起；吊车将工件放在支承台上，由操作人员调节支承台的高度，尾座向前移，使工件进入夹具内；夹具夹紧，支承台下降，开始焊接。卸工件时先用吊车吊住工件，防止松开夹具时工件翻倒，再升起支承台，松开夹具，尾座后退，吊车将工件吊走。由于支承台上有辊轮，操作人员可方便地推动工件。

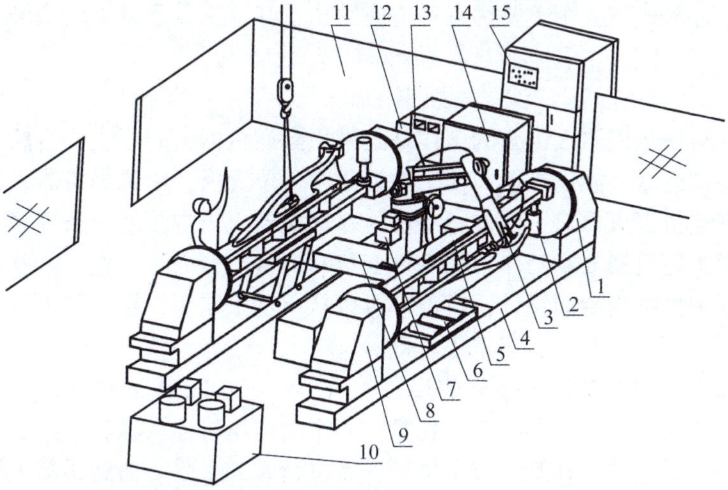

1—头座；2—压夹具；3—弧焊机器人；4—底座；5—工件；6—液压支承架；
7—焊枪喷嘴清理器；8—机器人十字滑轨；9—尾座；10—液压站；11—安全围栏；
12—电弧跟踪控制器；13—焊接电源；14—机器人控制柜；15—主控制柜。

图 8.7　推土机台车架弧焊机器人工作站

另外，为了适应不同长度的工件，翻转变位机的尾座可以在底座的滑轨上由电动机通过丝杠拖动调节头座和尾座之间的距离，调节后用螺钉紧固。

4) 龙门机架与弧焊机器人组合的工作站

图 8.8 所示为龙门机架与弧焊机器人组合的工作站的一种较常用的组成形式。采用这种倒挂焊接机器人的形式主要是为了增加机器人的活动空间，可根据需要配备 1 个轴(x)、2 个轴(x、y)或 3 个轴(x、y、z)的龙门机架，图 8.8 所示的工作站配备了 3 个轴。

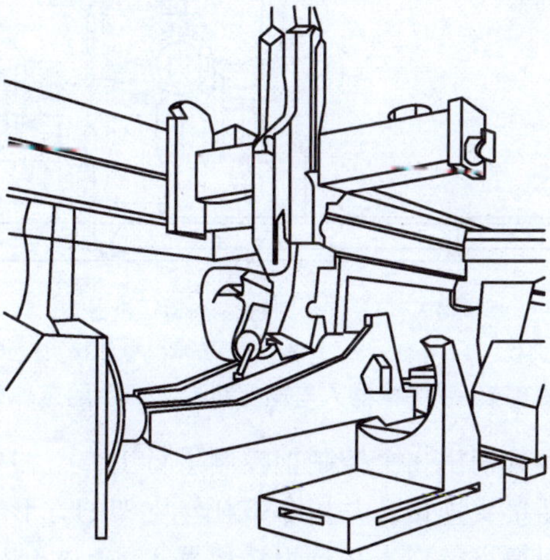

图 8.8　龙门机架与弧焊机器人组合的工作站

龙门机架的结构要有足够的刚度，各轴都由伺服电动机驱动，由编码器反馈闭环控制。其重复定位精度要求达到与机器人相当的水平，目前一般在 0.2 mm 左右。龙门机架配备的变位机可以是多种多样的，必须根据所焊工件的情况来决定。可以在龙门机架下放 2 台翻转变位机，如图 8.8 所示。但有时也只放 1 台翻转变位机，或放 1 台翻转变位机和 1 台两轴变位机。后一种组合形式的一个主要优点是适应性比较好，长重型或短轻型等不同类型的工件都能焊接。

5)弧焊机器人与搬运机器人组合的工作站

弧焊机器人与搬运机器人组合的工作站是采用搬运机器人充当变位机的一种形式，但机器人之间不作协调运动。搬运机器人使工件处于合适位置后，由弧焊机器人进行焊接。焊完一条焊缝后，搬运机器人再对工件进行变位，弧焊机器人再焊接另一条焊缝。也就是说，弧焊机器人焊接时搬运机器人不工作，而工件变位时焊接机器人不工作。这种工作站只有工件的夹具需要根据工件结构专门设计，其他都可以从市场上购买，组合起来很方便，而且改型时只需更换夹具，不仅耗时少，成本也较低。

图 8.9 所示为一种由 2 台 6 kg 弧焊机器人及 1 台 120 kg 搬运机器人组成的工作站。工件用气动夹具装夹在托盘上。共有 2 个托盘，一个由搬运机器人抓起递给 2 台弧焊机器人同时焊接，而另一个托盘放在托盘支架上由操作者进行装卸工件。搬运机器人轮流抓取 2 个托盘中的一个。工件托盘装有圆形和方形气电活接头，焊接时机器人的控制柜可以控制托盘上气动夹具的开合，改善弧焊机器人焊枪的可达性；而装卸工件时操作者也能手工控制气动夹具的开合。

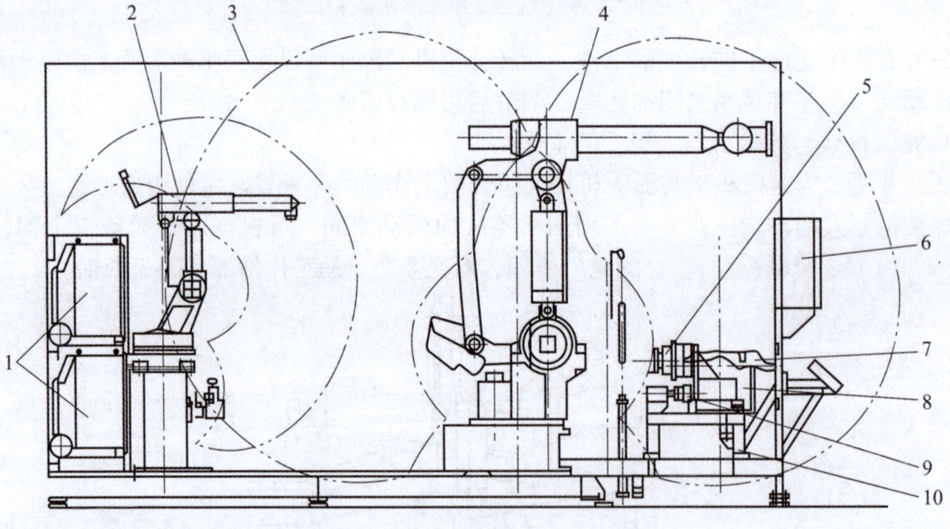

1—焊接电源；2—弧焊机器人；3—安全围栏；4—搬运机器人；5—圆形气电活接头；
6—控制面板；7—工件；8—托盘；9—方形气电活接头；10—支架。

图 8.9　弧焊机器人与搬运机器人组合的工作站

此工作站的 3 台机器人分别由 3 个控制柜控制进行工作，编程时比较复杂。首先使搬运机器人与托盘的圆形气电活接头连接，并指令该托盘支架的方形气电活接头松开，然后把托盘连同工件一起提起，并以要求的姿态送到焊接机器人前。2 台弧焊机器人在搬运机器人定位后同时对工件进行焊接，焊后通过指令使搬运机器人变位，再进行焊接。焊接过程中有时需通过指令使搬运机器人将托盘上的夹具打开使焊枪能达到每个焊接区。工件全部焊完后搬运机器人将托盘放回到托盘支架上，并与托盘脱开，同时使支架的气动方形气电活接头与托盘连接，使操作人员能手工操作托盘上的气动夹具，进行装卸工件。搬运机器人再与另一个托盘连接，如此连续重复进行。编程时需十分注意避免 2 台弧焊机器人发生碰撞或干涉。

随着机器人售价的降低，这种组合的弧焊机器人工作站的应用日益增多。这是因为搬运机器人除了能用作变位机，还能承担输送工件的工作。

8.3　搬运及码垛机器人工作站

8.3.1　搬运机器人工作站的分类与特点

搬运机器人是可以进行自动搬运作业的工业机器人，搬运时其手部夹持工件，将工件从一个加工位置移动至另一个加工位置。搬运机器人可安装不同的手部以完成各种不同形状和状态的工件的搬运工作，可大大减轻人类繁重的体力劳动。

1. 搬运机器人的优点

(1)能部分代替工人操作，可进行长期重载作业，效率高。

(2)定位准确，保证批量一致性。

(3)能够在有毒、辐射等危险环境下工作，改善劳动条件。

(4)动作稳定，搬运准确性较高。

(5)生产柔性高、适应性强，可实现多形状不规则物料搬运。

(6)降低制造成本，提高生产效益，实现工业自动化生产。

2. 搬运机器人分类

1)龙门式搬运机器人

龙门式搬运机器人坐标系主要由 x 轴、y 轴和 z 轴组成，可实现大物料、重吨位搬运，采用直角坐标系，编程方便快捷，广泛应用于生产线转运及机床上下料等大批量生产过程。

2)悬臂式搬运机器人

悬臂式搬运机器人悬挂在某一固定的地方，坐标系主要由 x 轴、y 轴和 z 轴组成，也可随不同的应用采取相应的结构形式，其广泛应用于卧式机床、立式机床及特定机床内部和冲压机热处理机床自动上下料。

3)侧壁式搬运机器人

侧壁式搬运机器人坐标系主要由 x 轴、y 轴和 z 轴组成，也可随不同的应用采取相应的结构形式。主要应用于立体库类，如档案自动存取、全自动银行保管箱存取系统等。

4)摆臂式搬运机器人

摆臂式搬运机器人坐标系主要由 x 轴、y 轴和 z 轴组成。z 轴也称为主轴，其上的运动主要是升降。y 轴的移动主要通过外加滑轨。x 轴末端连接控制器，手部绕 x 轴转动，实现 4 轴联动。摆臂式搬运机器人广泛应用于国内外生产厂家，是关节式搬运机器人的理想替代品，但其负载程度相对于关节式机器人小。

5)关节式搬运机器人

关节式搬运机器人是当今工业中常见的机型之一，其拥有 5~6 个轴，具有结构紧凑、占地空间小、相对工作空间大、自由度高等特点，几乎适合于任何轨迹或角度的工作。

8.3.2 搬运机器人工作站系统

搬运机器人工作站系统的组成如图 8.10 所示。其中实现搬运任务的为搬运作业系统。搬运作业系统主要包括真空发生装置、气体发生装置等。

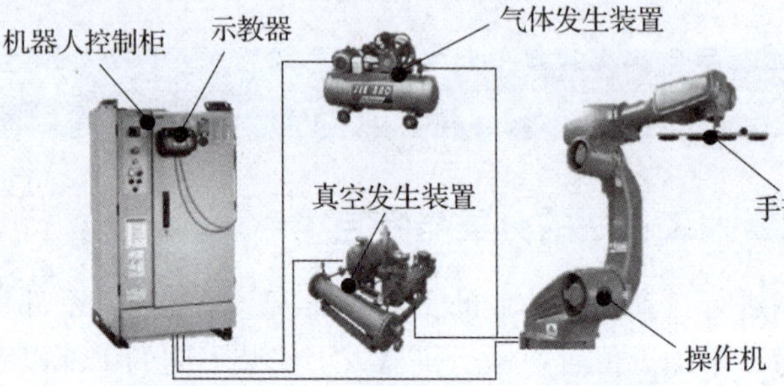

图 8.10 搬运机器人工作站系统的组成

下面对搬运机器人工作站的应用进行介绍。

1. 纸浆成品搬运机器人工作站

图 8.11 所示为某纸浆生产线最后一道工序中的纸浆成品搬运机器人工作站。此机器人的任务是将捆好的纸浆成品包从装运小车上搬下来，放到传送带上去。捆好的纸浆成品包的尺寸为 600 mm×80 mm×500 mm，质量为 250 kg，过去这项工作要由两个工人来完成。

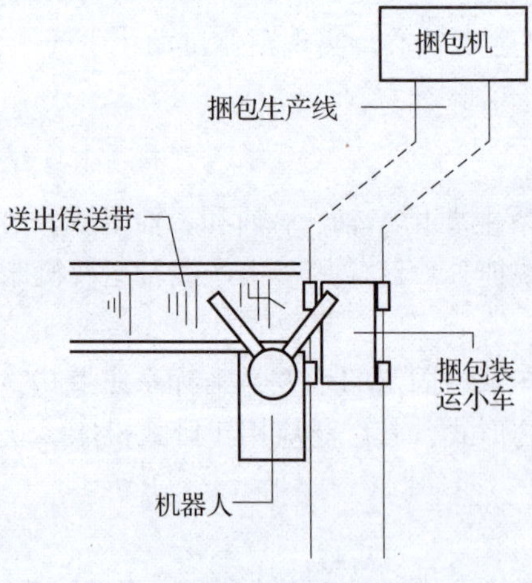

图 8.11 纸浆成品搬运机器人工作站

2. 汽车搬运机器人工作站

近年来，伴随着城市的发展，各地汽车拥有量不断上升，停车难的问题日益严重。为了解决城市停车空间紧张的问题，各种各样的立体停车库和相应的控制系统应运而生。其中比较具有代表性的就是采用汽车搬运机器人的智能化立体停车库。

智能化立体停车库能够快速、可靠地完成汽车的存取以及相关信息的管理，如停车位、停车时间的记录及停车费的收取等。立体停车库可以建在地上，也可以建在地下。此类立体停车库的核心部件就是汽车搬运机器人。

立体停车库的机械搬运系统一般由运输平台，汽车搬运机器人，出、入口回转定位平台和快速卷帘门等部分组成。一般在立体停车库的汽车出、入口都设有回转定位平台，运输平台运行于立体停车库的巷道中，在运输平台上配备汽车搬运机器人，形成了一套完整的回转、运行、升降、交接工作装置。卷帘门分别设在回转定位平台正面及出、入口的内侧，将回转定位平台与车库和出、入口隔离。立体停车库的布置示意如图 8. 12 所示。

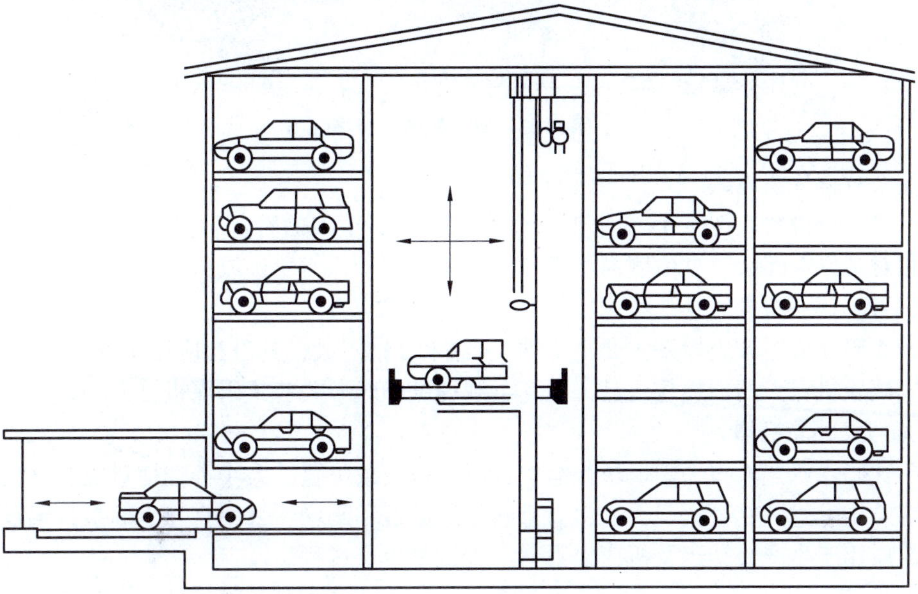

图 8. 12　立体停车库的布置示意

8. 3. 3　码垛机器人工作站的分类与特点

码垛机器人是继人工和码垛机后出现的智能化码垛作业设备，可使运输工业提高码垛效率，提升物流速度，获得整齐统一的码垛，减少物料破损和浪费。

1. 码垛机器人的特点

码垛机器人作为一种新型智能码垛设备，具有作业高效、码垛稳定等优点，可以解放工人繁重的体力劳动，已经在各行业包装物流产线中发挥了重要作用。

码垛机器人的具体特点如下：

(1)占地面积小、工作范围大，减少资源浪费；

(2)能耗低，能够降低运行成本；

(3)提高生产效率，避免工人繁重的体力劳动；

(4)改善工人劳动条件，使其避免有毒有害的环境；

(5)柔性高、适应性强，可对不同物料码垛；

(6)定位准确，稳定性好。

2. 码垛机器人的分类

在实际生产中，码垛机器人多数不能进行横向或纵向移动，通常安装在物流线末端，常见码垛机器人的结构为关节式、摆臂式和龙门式，如图 8.13 所示。

关节式码垛机器人　　摆臂式码垛机器人　　龙门式码垛机器人

图 8.13　码垛机器人分类

1)关节式码垛机器人

关节式码垛机器人拥有 4~6 个轴，行为动作类似于人的臂部，具有结构紧凑、占地空间小、相对工作空间大、自由度高等特点，几乎适用于任何轨迹或角度的工作。

2)摆臂式码垛机器人

摆臂式码垛机器人坐标系主要由 x 轴、y 轴和 z 轴组成，其广泛应用于国内外生产厂家，是关节式码垛机器人的理想替代品，但其负载程度相对于关节式码垛机器人小。

3)龙门式码垛机器人

龙门式码垛机器人多采用模块化结构，可依据负载位置、大小等选择对应的直线运动单元及组合结构形式。其可实现大物料、重吨位的搬运和码垛，采用直角坐标系，编程方便快捷，广泛应用于生产线转运及机床上下料等大批量生产过程。

8.3.4　码垛机器人工作站系统及应用

1. 码垛机器人工作站系统

码垛机器人工作站系统主要包括：机器人和码垛系统。常见的码垛机器人由操作机、控制系统、码垛系统和安全保护装置等组成，操作人员通过示教器的操作面板进行码垛机器人运动位置和动作程序示教，设定速度、码垛参数等。图 8.14 所示是码垛机器人工作站系统的组成。

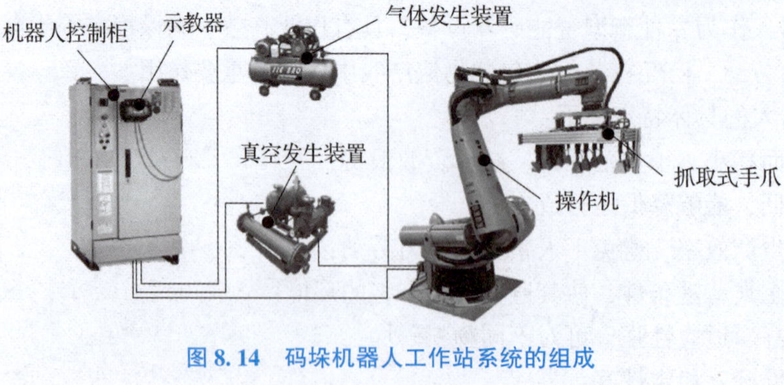

图 8.14　码垛机器人工作站系统的组成

2. 码垛机器人工作站的应用

码垛机器人工作站是一种集成化系统，可以和生产系统相连接形成一个完整的集成化包装码垛生产线。码垛机器人工作站包括：码垛机器人、控制器、编程器、机器人手爪、自动拆/叠盘机、托盘输送及定位设备和码垛模式软件。码垛机器人生产线示意如图 8.15 所示。

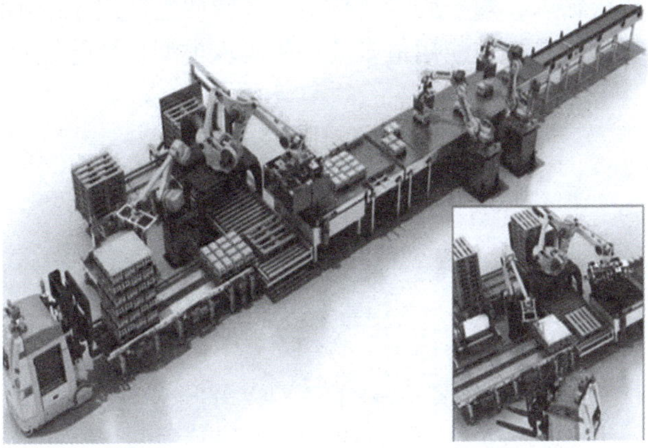

图 8.15 码垛机器人生产线示意

1)码垛机器人工作站的布局

码垛机器人工作站的布局以提高生产、节约场地、实现最佳物流码垛为目的，其常见的布局主要有全面式码垛和集中式码垛两种。全面式码垛中，码垛机器人安装在生产线末端，可针对一条或两条生产线，具有较小的输送线成本与占地面积、较大的灵活性和增加生产量等优点。集中式码垛是将码垛机器人集中安装在某一区域，可将所有生产线集中在一起，具有较高的输送线成本，节省生产区域资源，节约人员维护，一人便可完成全部操纵。

2)码垛进出规划

按码垛进出情况分类，常见的码垛进出规划有一进一出、一进两出、两进两出和四进四出等类型。

(1)一进一出。

一进一出类型常用于厂源相对较小、码垛线生产比较繁忙的情况，此类型码垛速度较快，托盘分布在机器人左侧或右侧，缺点是需人工换托盘，浪费时间，如图 8.16(a)所示。

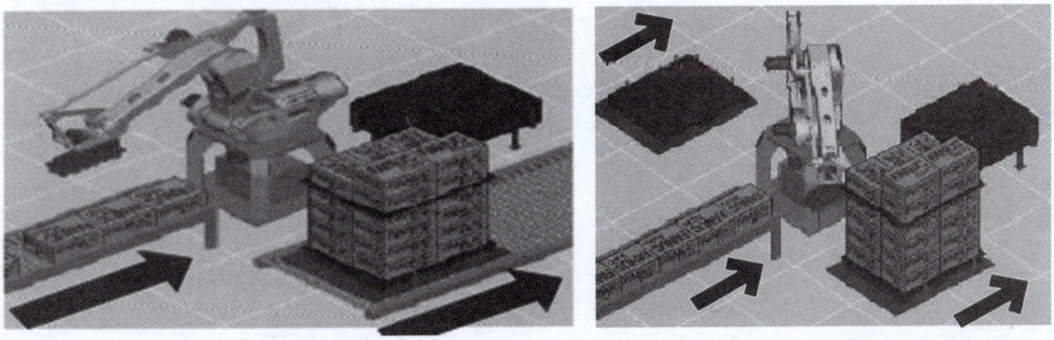

(a) (b)

图 8.16 一进类型

(a)一进一出；(b)一进两出

(2)一进两出。

在一进一出的基础上添加输出托盘，一侧满盘信号输入，机器人不会停止等待直接码垛另一侧，码垛效率明显提高，如图 8.16(b)所示。

(3)两进两出。

该类型是两条输送链输入，两条码垛链输出，多数两进两出系统不需要人工干预，码垛机器人自动定位摆放托盘，是目前应用最多的一种码垛类型，也是性价比最高的一种规划形式，如图 8.17 所示。

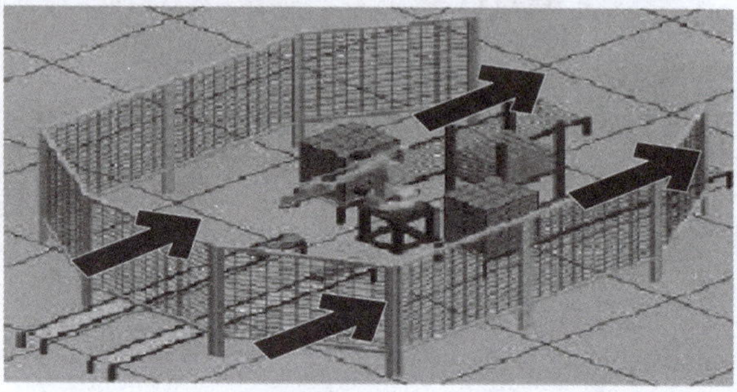

图 8.17　两进两出

(4)四进四出。

该类型的码垛系统多配有自动更换托盘功能，主要应对于多条生产线的中等产量或低等产量的码垛，如图 8.18 所示。

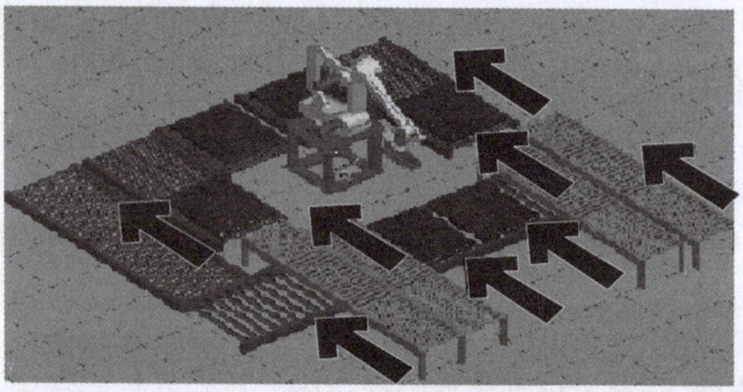

图 8.18　四进四出

8.4　喷涂机器人

8.4.1　喷涂机器人工作站系统

喷涂机器人又称为喷漆机器人，是一种自动喷漆或喷涂其他涂料的工业机器人。1969 年挪威 Trallfa 公司(后并入 ABB 集团)制造了第一个喷涂机器人。在喷涂技术高度发展的今天，企业进入一个新的竞争格局，即更环保、更高效、更低成本及更有竞争力。

1. 喷涂机器人工作站系统的组成

典型的喷涂机器人工作站系统主要由操作机、机器人控制系统(示教器、机器人控制柜)、供漆系统、自动喷枪/旋杯、操作机、防爆吹扫系统等组成，如图 8.19 所示。

喷涂机器人与普通机器人相比，操作机在结构方面的差别除球型腕部有非球型腕部外，主要是防爆、油漆以及空气管路和喷枪布置导致的差异，归纳起来有以下几个特点：

(1)臂部工作范围大，喷涂作业可灵活避障；

(2)腕部一般有 2~3 个自由度，轻巧快速，适合内部狭窄空间及复杂工作喷涂；

(3)较先进的喷涂机器人采用中空臂部和柔性中空腕部；

(4)一般工艺水平臂部搭载喷涂工艺系统，缩短清洗、换色时间，提高生产效率。

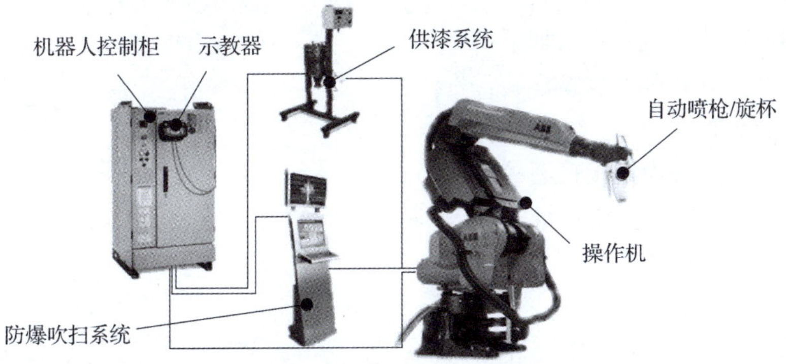

图 8.19　喷涂机器人工作站系统的组成

2. 喷涂机器人的分类

(1)按腕部结构不同，喷涂机器人中较为普遍应用的主要有两种：球型腕部喷涂机器人和非球型腕部喷涂机器人。

①球型腕部喷涂机器人。

该机器人的腕部结构能够保证机器人运动学逆解具有解析解，便于离线编程控制，但由于其腕部第二关节不能实现 360°旋转，故工作空间相对较小，工作半径多为 0.7~1.2 mm，多用于小型工件的喷涂。

②非球型腕部喷涂机器人。

非球型腕部喷涂机器人，其腕部的 3 个轴线并非如球型腕部机器人一样相交于一点，而是相交于两点。非球型腕部机器人相对球型腕部机器人来说更适合喷涂作业。其每个腕关节转动角度都能达到 360° 以上，腕部灵活性更强；并且该类型的机器人工作空间较大，特别适用复杂曲面及狭小空间内的喷涂作业；该机器人的运动学逆解无解析解，增大了其控制难度，难于实现离线编程。

(2)按喷涂方式不同，喷涂机器人可分为有气喷涂机器人、无气喷涂机器人。

①有气喷涂机器人。

有气喷涂机器人也称低压有气喷涂机器人，其依靠低压空气使油漆在喷出枪口后形成雾化气流作用于物体表面，有气喷涂相对手刷而言无刷痕，而且平面相对均匀，单位工作时间短。

②无气喷涂机器人。

无气喷涂机器人可用于高黏度油漆施工，而且边缘清晰，甚至可用于一些有边界要求的喷涂项目。

(3)按结构不同，喷涂机器人可分为仿形喷涂机器人、移动式喷涂机器人

8.4.2 EP-500S 小型电动喷涂机器人

1. EP-500S 小型电动喷涂机器人的性能及技术参数

EP-500S 小型电动喷涂机器人(简称 EP-500S 机器人)的研制基于开发一种经济型喷涂机器人的思想，在满足生产实际需要的前提下，充分利用机电一体化的高度结合，尽量合理简化操作机和控制系统，减少制造成本和开发费用。EP-500S 机器人是一款适合我国国情的经济型机器人。

EP-500S 机器人的技术参数如下。

臂结构形式：空间多关节式。

伺服轴数：5 个。

示教方式：人工集中连续轨迹示教。

驱动方式：混合式步进电动机驱动。

控制方式：两级微机控制。

存储容量：640 KB。

用户可编程开关量口：2 个。

工作范围：如图 8.20 所示。

最大速度：单轴 1 m/s，合成 1.7 m/s。

腕部最大持重：3 kg。

操作机外形尺寸：1460 mm×1266 mm×625 mm(H×D×W)。

操作机质量：300 kg。

电源：3 相 380 V/50 Hz，2 kW。

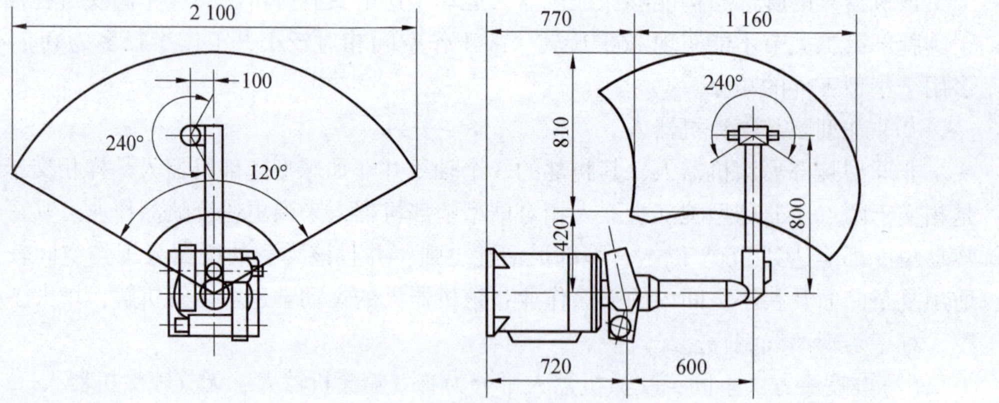

图 8.20 EP-500S 机器人的工作范围

2. EP-500S 机器人的设计

这里仅以操作机设计为例进行介绍。

EP-500S 机器人操作机设计以喷涂中、小型电动机及电视机壳和电风扇等中、小喷涂对象为依据，工作范围必须包络 1.4 m×1.0 m×0.5 m 大小的立体空间，最大喷涂速度为 1 m/s，位置重复精度为±5 mm。

1)传动机构

图8.21所示为EP-500S机器人的传动机构，操作机的臂结构形式选用空间关节式结构，在相同臂长度的条件下，它的工作范围比其他结构形式的操作机大。对于只有较小负载而移动速度较大的喷涂作业，选用空间关节式操作机是合适的。

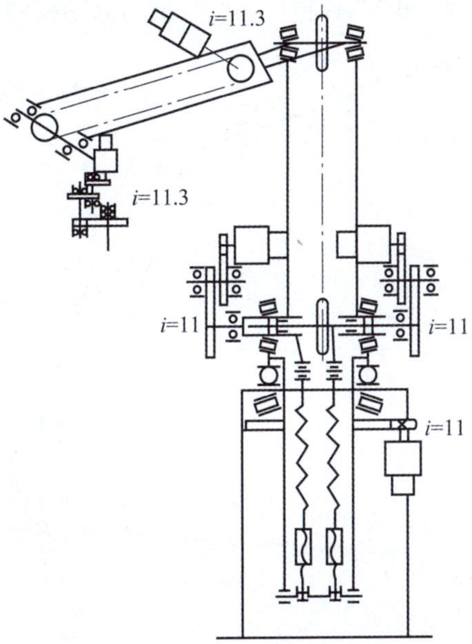

图8.21 EP-500S机器人的传动机构

实现复杂形面喷涂动作的位姿需要6个自由度，但对一般形面的喷涂只需5个自由度。EP-500S机器人喷涂中、小型零件，不考虑内部喷涂，操作机选用5个自由度。3个自由度实现位置移动，2个自由度实现姿态变化。操作机腕部布置2个相互垂直的伺服轴，能很方便地产生喷枪的姿态变化动作。位置轴采用了3个独立、无耦合的伺服轴。上臂与减速机之间用链条、链轮传动。这种机构既把上、下臂之间的运动分开，使它们互不影响，又可实现上臂平衡机构的力矩传递。该机构结构紧凑，传动简单。操作机各自由度均采用直齿轮减速传动机构，位置轴采用轴距调隙机构。EP-500S机器人操作机具有结构简单、紧凑，制造容易，工作范围大等特点。

2)示教轻动化问题

EP-500S机器人采用手把手集中示教方式，这种示教方式编程简单、直观，示教效率高，示教质量好(对喷涂作业而言)，同时也大大简化了控制系统的功能和硬件、软件的构成。手把手集中示教是一种很受用户欢迎的示教方法。为了实现手把手集中示教功能，在操作机上采用以下技术措施。

(1)合理选择各自由度传动机构的减速比。考虑逆传动条件和各自由度示教施力臂大小，选择减速比$i\approx 11$能承受示教时机构逆传动过程中的惯性负载和摩擦负载，满足人工手把手集中示教的动力要求。

(2)布置、安排机构时考虑示教顺应性。3个位置轴的基本运动与直角坐标系x、y、z轴近似，姿态轴又与其垂直，在这样的机构布置下，示教操作方便，施力容易。同时考虑各轴逆传动负载的大小互相接近，进而减小示教操作的相互影响。

(3)减小各种传动负载。合理设计机械机构，可减小摩擦负载；各构件质量尽量向回转中心方向布置，运动部件采用轻合金材料，可减小惯性矩和重力矩。

(4)采用弹簧平衡机构平衡关节臂重力矩。图 8.22 所示为 EP-500S 机器人的弹簧平衡机构，经优化设计后，该机构可以平衡 90%以上的臂重力矩，使示教合力小于 30N。这样不仅大大减小了手把手示教负载，也减小了大、小臂驱动电动机的工作负载。

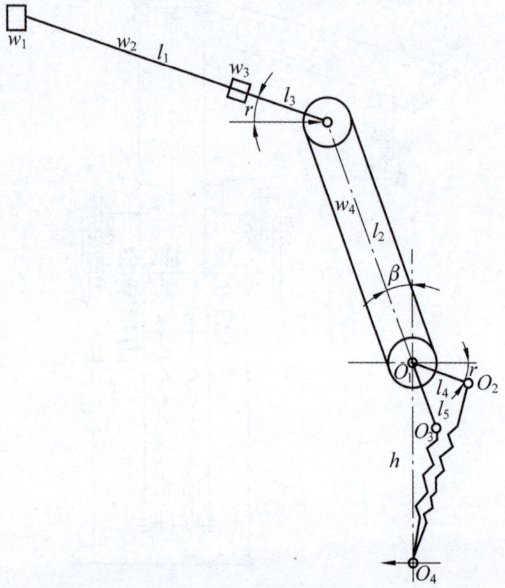

图 8.22　EP-500S 机器人的弹簧平衡机构

3. EP-500S 机器人控制系统的构成与原理

EP-500S 机器人控制系统采用两级微机控制，控制系统框图如图 8.23 所示。

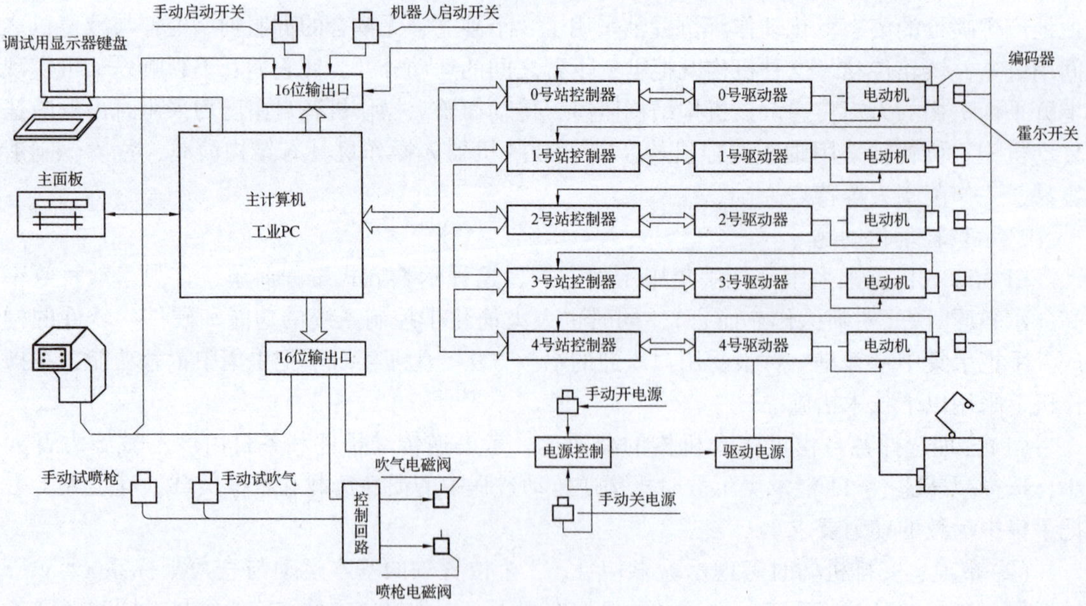

图 8.23　EP-500S 机器人控制系统框图

1)控制系统构成

(1)上位机与下位机控制。

控制系统的上位机是系统的核心，EP-500S 机器人控制系统的上位机采用工业控制 286 微型计算机。这种工控机抗干扰能力强，性价比高，适合经济型机器人的控制要求。上位机完成以下控制功能：人机界面信息处理，与各下位机进行各种信息交换，示教时把各伺服轴和可编程开关量状态数据转换成文件形式存储在虚拟盘中，对示教数据进行运算，变换成再现位置数据后发送给各下位机；处理机器人各种输入开关量信号，如启动信号、各轴的限位开关信号以及可编程开关量(喷枪开/关等)信号；处理各种输出开关量信号，如功率电源控制、喷枪电磁阀控制以及各种指示灯的显示控制信号。

下位机(从计算机)采用 8031 微处理器作为它的主控制器。下位机完成以下控制：示教时，对各轴的运动位置数据进行采样、暂存；再现时，把上位机发来的再现数据进行运算处理，变换成驱动器能接收的驱动脉冲，并定时发送给步进电动机驱动器；示教再现时，与上位机进行数据，以及各种命令码信息的交换。

(2)伺服系统与电源。

EP-500S 机器人的伺服系统由控制器、驱动器、步进电动机和光栅编码器组成。控制器就是下位机控制系统，每一个伺服轴由一个控制器分别进行控制。驱动器采用 Parker 公司生产的 CD80M 驱动器。该驱动器采用脉宽调制、输出恒流控制，其细分范围大，可在 1~20 细分范围内改变参数；使用电压范围宽，性能比较优良。步进电动机采用混合式，它具有输出机械特性好、在低速区无振荡、驱动能力强等优点，适合喷涂机器人速度变化范围大的驱动要求。另外，这种电动机的低速大转矩性能较好地满足示教轻动化、小减速比的要求。步进电动机一般比其他类型的伺服电动机价格便宜。光栅编码器与步进电动机同轴连接，把示教的角位移转换成正交方波信号，送给各轴控制器的采样电路。伺服系统采用增量光栅编码器进行位置检测，再现运行时，步进电动机实行开环控制。示教和再现运行时，伺服系统必须进行自动零位归复。图 8.24 所示为 EP-500S 机器人步进电动机驱动电源框图。

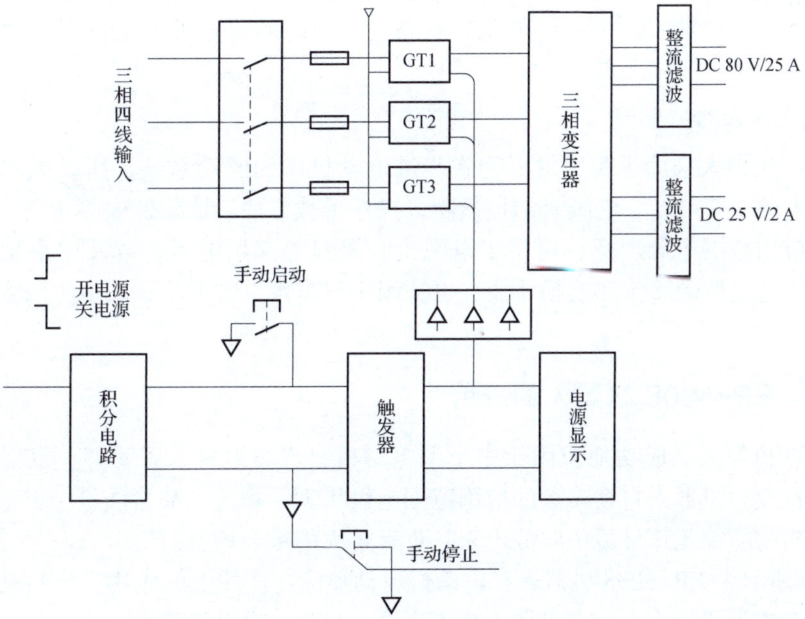

图 8.24 EP-500S 机器人步进电机驱动电源框图

(3)机器人主、从计算机之间的通信。

控制系统中主计算机与5个从计算机之间的通信采用并行通信方式，如图8.25所示。由于主计算机和从计算机都具有双向主动发言的特性，用8255芯片A口与C口组成带双向握手的双向并行口。采用双向握手的并行通信方式传送数据，传送速度快，传送一个字节的数据仅需要几微秒，比一般的串行通信方式速度高2~3个数量级，准确性很高，因而提高了控制系统的可靠性。

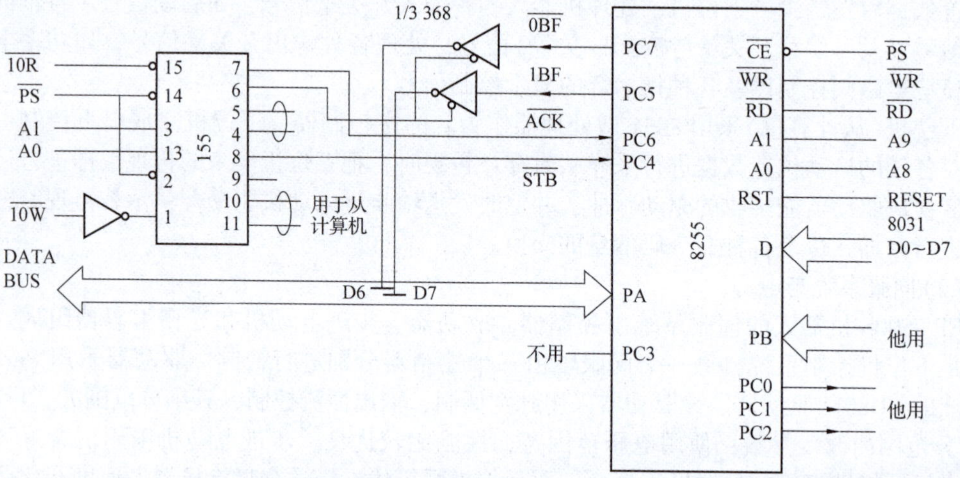

图8.25　EP-500S机器人主、从计算机之间的通信

2)示教与再现

EP-500S机器人采用手把手集中示教编辑方式，喷涂程序在示教的同时产生。当人工拖动机器人腕部和喷枪示教(进行喷涂作业)时，各伺服轴上的步进电动机与光栅编码器由于逆传动而旋转，各轴控制器分别对编码器产生的角位移脉冲量进行采样，存储可编程开关量(控制喷枪开关和辅助装置运行)的工作状态。再现时的程序可由工件识别装置确定或人工设定。

4. 应用范围及推广前景

EP-500S机器人采用了新型的混合式步进电动机作为驱动系统，所以成本仅为交流伺服驱动机器人的1/3~1/2。它具有结构紧凑、操作示教方便、造价低廉等特点，适合我国目前的国情，应用范围十分广泛，可用于电视机、风扇等家用电器，以及中小型电动机、仪器、仪表等工业电器的喷漆和喷粉作业，也适用于汽车零部件的涂覆和卫生陶瓷、搪瓷制品的喷釉工作。

8.4.3　EP-500S机器人的应用

EP-500S机器人已成功地应用于中小型电动机、汽车后桥、照明灯、卫生陶瓷和电器开关的喷涂作业。机器人自动喷涂的应用范围不仅扩大、稳定了喷涂质量，更重要的是把涂装工人从恶劣的喷涂工作环境中解放出来，具有重大的社会效益。

图8.26所示为EP-500S机器人在电动机自动喷涂生产线上的应用。该自动喷涂生产线上应用了两台喷涂机器人，一台机器人喷涂底漆，另外一台喷涂面漆。

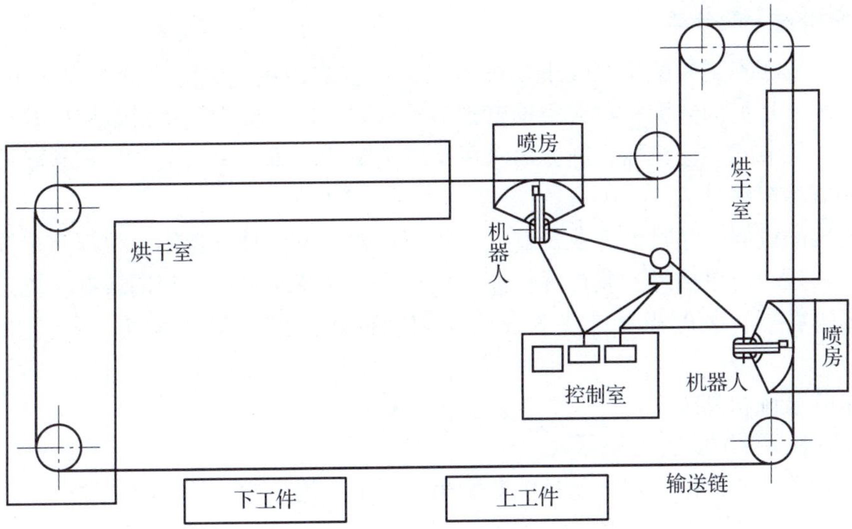

图 8.26　EP-500S 机器人在电动机自动喷涂生产线上的应用

自动喷涂生产线的技术参数如下。

被喷涂对象：Y 系列中、小型电动机。

被喷涂电动机品种：18 种。

上下电动机方式：平衡吊。

工件输送方式：悬挂式输送链。

链速度：0.8 m/min。

挂具节距：0.8 m。

工件输送姿态变化方式：齿轮与齿条传动 360°自动旋转变化方式。

生产节拍：每分钟 1 台。

喷涂方式：自动空气喷枪喷涂。

喷枪型号：DEVILBISS AGG-501。

喷涂时间：40 s。

涂料品种：双组分氨基油漆。

喷涂覆盖要求：100%。

8.5　装配机器人

8.5.1　装配机器人的分类及特点

装配机器人是柔性自动化装配系统的核心设备，由操作机、控制系统、装配系统（手爪、气体发生装置、真空发生装置或电动装置）、传感系统和安全保护装置等组成。装配机器人是为完成装配作业而设计的工业机器人，是工业机器人应用种类中适用范围较广的产品之一。

1. 装配机器人的分类

装配机器人在不同装配生产线上发挥着强大的装配作用，装配机器人大多由4~6轴组成，目前市场上常见的装配机器人根据臂部运动形式不同，分为直角式装配机器人和关节式装配机器人，关节式装配机器人亦分为水平串联关节式、垂直串联关节式和并联关节式。

1)直角式装配机器人

直角式装配机器人是目前工业机器人中最简单的一类，具有操作、编程简单等优点，可用于零部件移送、简单插入、旋拧等作业，机构上多装备球形螺钉和伺服电动机，具有速度快、精度高等特点，装配机器人多为龙门式和悬臂式，图8.27所示为一种直角式装配机器人。

2)关节式装配机器人

(1)水平串联关节式装配机器人。

水平串联关节式装配机器人是目前装配生产线上应用最广泛的一类机器人，具有结构紧凑、占地空间小、相对工作空间大、自由度高、适合几乎任何轨迹或角度的工作、编程自由、动作灵活、易实现自动化生产等特点。

(2)垂直串联关节式装配机器人。

垂直串联关节式装配机器人大多都有6个自由度，可在空间任意位置确定任意位姿，面向对象多为3维空间的任意位置和姿态的作业。

(3)并联关节式装配机器人。

并联关节式装配机器人如图8.28所示，它是一款轻型、结构紧凑的高速装配机器人，可安装在任意倾斜的角度上，具有方便、精准、灵敏等优点，广泛运用于IT、电子装配等领域。

图8.27　直角式装配机器人

图8.28　并联关节式装配机器人

尽管装配机器人在本体上较其他类型机器人有所区别，但在实际运用中无论是直角式装配机器人还是关节式装配机器人都有以下特性：

(1)能够实时调节生产节拍和手部动作状态；

(2)可更换不同手部以适应装配任务的变化，方便、快捷；

(3)能够与零件供给器、输送装置等辅助设备集成，实现柔性化生产；

(4)多带有传感器，如视觉传感器、触觉传感器、力传感器等，以保证装配任务的精准性。

2. 装配机器人的特点

装配机器人的主要优点如下：

(1)操作速度快，加速性能好，缩短工作循环时间；

(2)精度高，具有极高的重复定位精度，保证装配精度；

(3)提高生产效率，解放单一繁重的体力劳动；

(4)改善工人劳作条件，使其摆脱有毒、有辐射的装配环境；

(5)可靠性好、适应性强、稳定性高。

8.5.2　装配机器人应用举例

图8.29所示为日本FANUC公司的直流伺服电动机装配工段平面图，该装配工段应用了4台FANUC机器人进行装配工作。位于工段中央的搬运机器人FANUC M-1用于搬运装配部件；3台装配机器人FANUC A-0用于精密装配。M系列机器人比A系列具有更大的负载能力，但动作不如A系列快，A系列的公差也较小(为±0.05 mm至±0.1 mm)。所有机器人的控制器都集中在工段的后方。

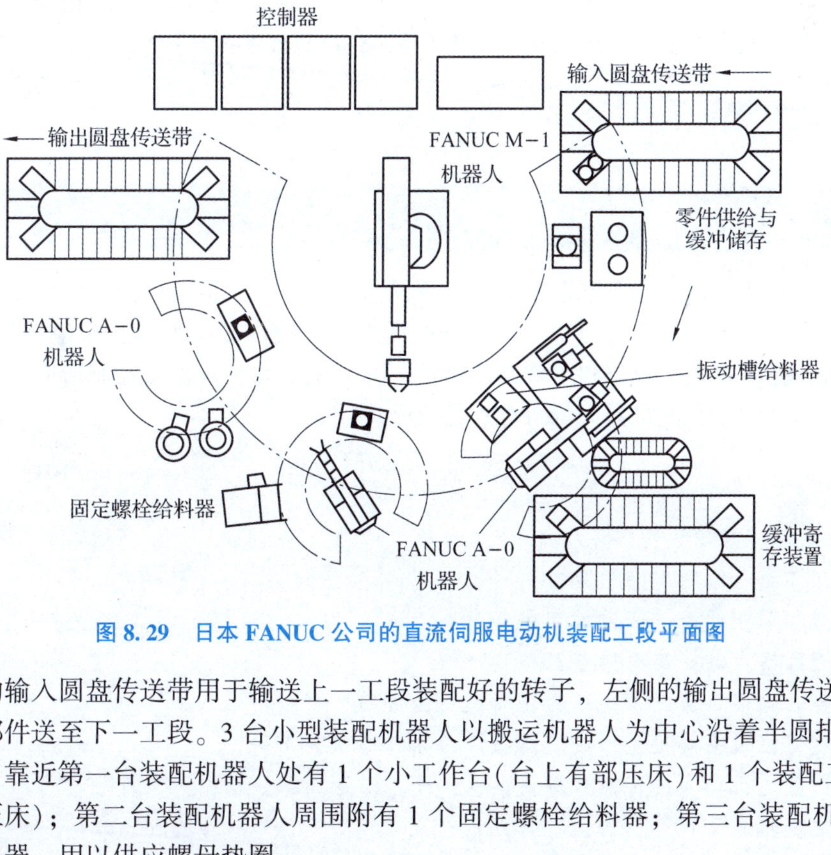

图8.29　日本FANUC公司的直流伺服电动机装配工段平面图

右侧的输入圆盘传送带用于输送上一工段装配好的转子，左侧的输出圆盘传送带用于把装配好的部件送至下一工段。3台小型装配机器人以搬运机器人为中心沿着半圆排列，均有辅助设备。靠近第一台装配机器人处有1个小工作台(台上有部压床)和1个装配工作台(含有另一台压床)；第二台装配机器人周围附有1个固定螺栓给料器；第三台装配机器人附有振动槽给料器，用以供应螺母垫圈。

本工段装配机器人的操作如下。

(1)把油封和轴承装上转子。

(2)把转子装至法兰盘。

(3)加上端盖。

(4)插入固定螺栓。

(5)装上螺线和垫圈，并把它们固紧。

为完成上述操作，搬运机器人把转子从输入圆盘传送带上传送到第一装配工作台。接着，第一台装配机器人把轴承装到转子轴上，然后用压床把轴承推至轴肩处，接下来对油封重复上述相同操作。搬运机器人把装有轴承和油封的转子装配体送到小圆盘传送带上。在此之前，当压床工作时，第二装配工作台已送来端盖。机器人从圆盘传送带上抓起转子装配体，将它置入端盖；工作台上的压床把端盖装配到转子组件上。

由于定子又大又重，所以需要由搬运机器人把它下放到转子外围，并靠在端盖上，然后把装配组件送至下一个工作台。在下一个工作台，机器人把固定螺栓装进宽槽内。为使固定螺栓与机器人配合工作，应用了一台专用搬运装置，它抓起螺栓，并将其从槽内移开，然后旋转 90°，使螺栓处于垂直位置。此后，机器人移过来，把它插入定子定位孔。重复 4 次上述操作，把 4 个螺栓都装到定子上，然后搬运机器人把此装配组件送至下一个工作台。

在最后一个工作台上，装配机器人把 4 个垫圈放进螺栓，然后依次旋入和紧固 4 个螺母。搬运机器人把在本工段装配好的电动机送至输出圆盘传送带上。整个装配系统由 1 个控制系统统一控制。FANUC 公司应用这个装配工段能够在 1 d(三班制 24 h)内装配好 300 台电动机。如果由工人手工装配，那么每个工人每班(8 h)只能装配 30 台，因此，装配成本下降了 30%。

8.6 本章小结

本章主要介绍在工业生产制造中应用广泛的机器人，首先讲述机器人的应用准则和设计规则，为工业机器人的介绍做铺垫。然后分别详细地介绍焊接机器人、搬运及码垛机器人、喷涂机器人各自的特点、分类和工作站的组成，并分别对每种机器人在制造业的应用加以举例。最后简单介绍了装配机器人的分类、特点及应用。

习 题

1. 工业机器人的应用准则是什么？
2. 机器人工作站的一般设计原则是什么？
3. 焊接机器人的分类有哪些？
4. 完整的焊接机器人系统一般由哪几部分组成？
5. 简述变位机在焊接生产线或焊接柔性加工单元的作用。
6. 简述搬运机器人的优点和分类。
7. 搬运机器人工作站由哪几部分组成？
8. 简述码垛机器人的优点、分类以及工作站组成。
9. 简述喷涂机器人的优点、分类以及工作站组成。
10. 简述 EP-500S 机器人的传动机构的特点以及如何实现操作机手把手地集中示教。
11. 简述装配机器人的优点、分类。

参考文献

[1]李宏胜. 机器人控制技术[M]. 北京：机械工业出版社，2020.

[2]SPONG M W，HUTCHINSON S，VIDYASAGAR M. Robot Modeling and Control[M]. New York：JOHN WILEY & SONS，INC，2005.

[3]刘极峰，杨小兰. 机器人技术基础[M]. 3 版. 北京：高等教育出版社，2019.

[4]熊有伦. 机器人学[M]. 北京：机械工业出版社，1993.

[5]KOREN Y，TZAFESTAS P V. Robotis for Engineers[M]. New York：McGraw-Hill Book Company，1985.

[6]SHAHINPOOR M. A Robot Engineering Textbook[M]. New York：Harper & Row，1987.

[7]庞之浩. 探火与探月的异同——从月球车到火星车有多难[J]. 国防科技工业，2020(08)：13-17.

[8]刘英，朱银龙. 机器人技术基础[M]. 北京：机械工业出版社，2021.

[9]范凯. 机器人学基础[M]. 北京：机械工业出版社，2019.

[10]蔡自兴. 机器人学基础[M]. 北京：机械工业出版社，2015.

[11]简琤. 仿生机器人研究综述及发展方向[J]. 机器人技术与应用，2022(03)：17-20.

[12]UEDA J，KURITA Y. Human Modeling for Bio-Inspired Robotics[M]. Amsterdam：Elsevier，2017.

[13]VUKOBRATOVIC M，POTKONJAK V. Dynamics of Manipulation Robots[M]. Berlin：Springer，1982.

[14]周志敏，纪爱华. 人工智能[M]. 北京：人民邮电出版社，2017.

[15]龚仲华，龚晓雯. 工业机器人完全应用手册[M]. 北京：人民邮电出版社，2017.

[16]胡兴柳，司海飞，滕芳. 机器人技术基础[M]. 北京：机械工业出版社，2021.

[17]姚屏. 工业机器人技术基础[M]. 北京：机械工业出版社，2020.

[18]克雷格 J J. 机器人学导论[M]. 4 版. 负超，王伟，译. 北京：机械工业出版社，2018.

[19]樊泽明. 机器人学基础[M]. 北京：机械工业出版社，2021.

[20]斯利格. 机器人学的几何基础[M]. 杨向东，译. 北京：清华大学出版社，2008.

[21]熊有伦. 机器人学：建模、控制与视觉[M]. 武汉：华中科技大学出版社，2018

[22]黄真，赵永生，赵铁石. 高等空间机构学[M]. 北京：高等教育出版社，2006.

[23]杨辰光. 机器人仿真与编程技术[M]. 北京：清华大学出版社，2018.

[24]朱世强，王宣银. 机器人技术及其应用[M]. 杭州：浙江大学出版社，2019.

[25]赵翠俭，周海波，林燕文. 机器人控制系统设计与仿真[M]. 北京：高等教育出版社，2019.

[26]斯庞，哈钦森，维德雅瑟格. 机器人建模和控制[M]. 贾振中，译. 北京：机械工业出版社，2016.

[27]郭彤颖，安冬. 机器人学及其智能控制[M]. 北京：人民邮电出版社，2014.
[28]卢锐. 工业用六轴机械臂的建模与仿真[D]. 太原：中北大学，2015.
[29] LAFMEJANI A S, DOROUDCHI A, FARIVARNEJAD H. Kinematic Modeling and Trajectory Tracking Control of an Octopus-Inspired Hyper-Redundant Robot[J]. IEEE Robotics and Automation Letters, 2020, PP(99): 1-1.
[30]陈晗，李林升. 基于 MATLAB 的 PUMA560 机器人正逆解研究[J]. 制造业自动化，2018，40(12)：34-36.
[31]朱洪前. 工业机器人技术[M]. 北京：机械工业出版社，2019.
[32]孙树栋. 工业机器人技术[M]. 西安：西北工业大学出版社，2006.
[33]KANG C G. Online Trajectory Planning for a PUMA Robot[J]. International Journal of Precision Engineering and Manufacturing, 2007, 8(4): 16-21.
[34]胡寿松. 自动控制原理[M]. 7版. 北京：科学出版社，2019.
[35]陈万米. 机器人控制技术[M]. 北京：机械工业出版社，2017.
[36]杨洋，苏鹏，郑昱. 机器人控制理论基础[M]. 北京：机械工业出版社，2021.
[37]宁祎. 工业机器人控制技术[M]. 北京：机械工业出版社，2021.
[38]胡凌燕，李建华，陈南江. 机器人控制基础与实践教程[M]. 北京：高等教育出版社，2022.
[39]肖增文，杨小兰，刘极峰. 塞拉门弧焊机器人柔性工作站夹具与变位机设计[J]. 焊接技术，2008(01)：30-33+2.
[40]刘极峰，邱胜海，王孜凌，等. 塞拉门弧焊机器人工作站柔性焊接夹具设计[J]. 机械设计与制造，2005(05)：97-99.
[41]刘极峰，闫华，毕光明. 塞拉门弧焊机器人工作站的研究[J]. 机电产品开发与创新，2004(05)：15-17.
[42]郭云曾. 焊接机器人及系统介绍[J]. 焊接技术，2000(S1)：8-11.
[43]徐鑫哲. 汽车钣金件焊接机器人工作站的设计[D]. 广州：广东工业大学，2021.
[44]胡春生，魏红星，闫小鹏. 码垛机器人的研究与应用[J]. 计算机工程与应用，2022，58(02)：57-77.
[45]秦虎. 仓库搬运机器人调度优化及仿真[J]. 物流技术与应用，2022，27(05)：120-123.
[46]苏磊，刘海燕，罗帆，等. 包装搬运机器人手爪结构设计及生产线仿真[J]. 今日制造与升级，2022(04)：46-49.
[47]王海平. 汽车涂装喷涂机器人自动化生产线工艺优化研究[J]. 上海涂料，2022，60(02)：1-6.
[48]曹仁俊. 喷涂机器人工作站的研究与实现[D]. 芜湖：安徽工程大学，2019.
[49]Anonymous. Toyota Invests in Smart Assembly Robots to Improve Productivity[J]. Assembly, 2022, 65(3).